KB201808

# 자연 그대로의 자연

# 자연 그대로의 자연

## 우리에게는 왜 야생이 필요한가

엔리크 살라 지음 양병찬 옮김

**THE NATURE OF NATURE: WHY WE NEED THE WILD**
**by ENRIC SALA**



Originally published in the United States and Canada by National Geographic Partners, LLC as The Nature of Nature. This translated edition published by arrangement with National Geographic Partners, LLC.

**일러두기**

- 이 책의 각주는 옮긴이 주이다.

이 책은 실로 꿰매어 제본하는 정통적인 사철 방식으로 만들어졌습니다.
사철 방식으로 제본된 책은 오랫동안 보관해도 손상되지 않습니다.

지구상 생명체의

다양성과 풍부성을 보존하고자

헌신하는 모든 분께

# 에드워드 윌슨의 서문

이 매력적인 신간 『자연 그대로의 자연: 우리에게는 왜 야생이 필요한가』에서, 엔리크 살라는 우리를 인솔하여 지구의 해양 환경을 둘러본다. 하지만 여느 가이드와 달리, 그는 자연 경관의 아름다움을 보여 줄 뿐만 아니라 대다수의 생태계 구성원이 빚어내는 생명의 하모니도 들려준다. 육지의 건강 못지않게, 바다의 건강은 궁극적으로 우리가 섭취하는 모든 음식과 들이마시는 모든 공기를 좌우한다. 우리는 육지와 바다를 창조할 수는 없지만 파괴할 수는 있다.

과학이라는 도구를 통해 자연을 겨우 이해하기 시작했음에도 불구하고, 인간이 자연의 진가를 충분히 인정하고 있는 것은 천만다행이다. 우리가 대자연Mother Nature에 거의 신적인 지위를 부여하는 이유는 정확히 무엇일까? 생태학자로서 내 인생의 많은 부분을 〈자연에 대한 과학적 연구〉에 바쳤지만, 자연을 말로 정의하는 것은 여전히 나와 대다수 다른 도전자들의 능력을 벗어난다. 자연은 수려한 물상(物象)을 빚어낼 뿐만 아니라 이루 형언할 수 없는 감정을 불러일으킨다. 그러므로 나는 자연을 과학적으로가 아니라 시적(詩的)으로 정의해 보려고 한다.

때때로 대자연이라고도 불리는 자연은 여신goddess으로 여겨지는 데, 이는 인간이 통제할 수 없는 우주의 모든 것 — 감미로운 일몰에서부터 발작적인 뇌우(雷雨)까지, 휘황찬란한 생태계에서부터 어둡고 공허한 빈 공간까지 — 에 대한 메타포적 표현이다.

해양 생물학marine biology에 대한 살라의 접근 방법은 첨부된 사진의 아름다움 외에도 해양 생태학marine ecology을 바라보는 명확한 시각에 있는데, 그의 과학적 비전은 육상 생태학terrestrial ecology의 비전에 비견된다. 해양 생태학과 육상 생태학의 수렴은 특히 생태계의 기원과 진화에 관한 부분에서 두드러지는데, 그는 한편으로 숲이나 초원과 같은 육상 서식지land habitat에 다른 한편으로 산호초 등의 해양 서식지marine habitat에 초점을 맞춘다. 생태계는 거대한 종이접기 같은 관계로 이루어져 있으며, 모든 자연 구조 가운데 가장 복잡한 구조 중 하나다. 공통 기원common origin의 패턴과 법칙을 이해하는 것은 금세기 과학의 가장 중요한 과제 중 하나다. 『자연 그대로의 자연』은 이러한 탐구의 길라잡이가 될 수 있는 책이다.

# 차례

# 1

# 자연의 재현

1991년 9월 26일, 애리조나주 오러클에 있는 축구장 2개 크기의 밀폐된 시설에 8명의 사람들(남자 4명, 여자 4명)이 격리 수용되었다. 그 프로젝트는 바이오스피어 2Biosphere 2라고 불렸는데, 실행 가능한 자급자족적 인간 식민지viable self-sustaining human colony를 건설할 수 있는지 테스트하기 위한 실험을 수행하는 것이 목표였다. 바이오스피어는 생물권(生物圈)으로 번역되며, 진짜 생물권 — 바이오스피어 1Biosphere 1이라고 부를 수 있는 것 — 은 지구상에 형성된 일정한 공간으로, 우리의 삶을 가능케 하는 자급자족적인 생명망web of life을 의미한다. 만약 바이오스피어 2가 성공한다면 다른 행성을 식민지화하는 길을 열 터였다.

그 계획의 골자는, 여덟 사람의 삶을 지탱할 수 있는 단순화된 생물권 모델을 만드는 것이었다. 개발자들은 미래 지향적인 유리와 스테인리스 스틸 구조물 안에, 참가자들이 식량을 재배할 수 있는 농업 지역과 함께 열대우림, 안개가 자욱한 사막, 가시덤불, 사바나, 습지, 맹그로브 숲, 산호초를 재현했다. 이 서식지는 외부 세계와 완벽하게 격리되었으며 최고의 생태학적 지식을 기반으로 설계되었다. 하지만 웬걸, 상황이 의외로 빨리 잘못되기 시작했다.

16개월 후, 바이오스피어 2의 산소 농도는 (대기와 동일한) 건강한 21퍼센트에서 (일부 〈생물권 주민biospherian〉들이 고산병altitude sickness 증상을 보일 정도로) 열악한 14퍼센트로 떨어졌다. 울타리 안으로 반입된 토양에는 (시간이 지남에 따라 식물이 자라기에 충분한 양분을 생산하는 것을 목표로 선택된) 유기물이 매우 풍부했었다. 하지만 토양의 미생물이 유기물을 처리하면서 산소를 흡수하고 이산화탄소($CO_2$)를 축적한 것으로 밝혀졌다. 그와 동시에, 식물은 여분의 $CO_2$를 보상하거나 흡수하는 데 필요한 산소를 생산할 만큼 성장하지 않았다. 게다가 여분의 $CO_2$는 구조물의 콘크리트와 반응하여 탄산칼슘을 형성했는데, 이는 울타리 안의 생명체가 더 이상 탄소와 산소를 사용할 수 없음을 의미했다. 장기적으로는 시스템과 그 주민들을 살리기 위해 산소를 추가로 주입해야 했다.

울타리 안에서 가장 큰 문제 중 하나는 $CO_2$의 증가였다. 이것은 예언적인 결과인데, 그 이유는 오늘날 지구상의 인류 문명에 대한 주요 위협 중 하나가 바로 $CO_2$ 증가이기 때문이다. 그러나 바이오스피어 2에서는 대기뿐만 아니라 야생 동물도 실패했다. 종(種)은 예상보다 빨리 멸종했고, 도입된 동물 중에서 실험에서 살아남은 동물은 거의 없었다. 생태계 설계자들은 벌, 나방, 나비, 벌새를 꽃가루 매개자pollinator로 도입했다. 그들은 또한 다른 척추동물 중에서 뱀, 스킹크,* 도마뱀, 거북이, 박쥐를 추가했다. 그러나 벌과 벌새는 전멸했는데, 이는 식물이 더 이상 스스로 번식할 수 없음을 의미했다. 그러는 동안 광분한 개미와 바퀴벌레를 포함한 엉뚱한 종들이 호황을 누렸고, 나팔꽃**이 다른 식물들보

* skink. 다리가 짧거나 아주 없는 도마뱀.

** 나팔꽃은 꽃이 피기 전에 수술의 꽃가루가 같은 꽃의 암술에 수분(受粉)하는, 자가수분self-pollination 식물이다. 단, 꽃이 핀 후에도 곤충이 꽃가루를 운반하므로, 나팔꽃의 수분이 모

다 무성하게 자랐다. 따라서 생물권 주민들은 농작물을 돌보는 데만 절반 이상의 시간을 소비해야 했다. 실험이 끝날 때까지 25종의 작은 척추동물 중 6종만이 살아남았다.

바이오스피어 2의 첫 번째 임무는 시작한 지 2년 만에 종료되었다. 1994년에 시작된 두 번째 임무는 겨우 6개월 동안 지속되었는데, 주된 원인은 인간 간의 갈등이었다. 일부 생물권 학자들은 에어 로크*를 열어야 한다고 주장했고, 프로젝트의 주요 재정 지원자와 현장 관리 팀 사이의 격렬한 논쟁으로 인해 연방 보안관이 출동하여 접근 금지 명령을 내림으로써 연구팀을 축출했다.

바이오스피어 2가 우리에게 남긴 교훈은 무엇일까? 어떤 생물권 학자들은 〈자급자족하고 예상치 못한 문제를 해결하는 법을 가르쳐 주었다〉는 점을 들어 그 실험이 성공적이었다고 말한다. 그들의 말에는 일말의 진실이 있다. 더 많은 시간이 주어졌다면, 밀폐된 서식지가 자급자족할 수 있었을지도 모른다. 바이오스피어 2의 설계자가 구상했던 것과는 다를 수 있지만, 그럼에도 불구하고 생태계는 나름의 방식으로 기능하고 있었을 것이다. 사실, 첫 번째 임무를 수행한 2년 동안 바이오스피어 2는 점액질 더미로 변하지 않았다.

게다가 과학은 늘 이런 식으로 발전한다. 우리는 실험하고, 실패하고, 그로부터 배우고, 습득한 지식을 바탕으로 새로운 것을 시도한다. 우리는 성공보다 실패에서 더 많은 것을 배우는 경향이 있다. 바이오스피어 2는 비교적 단순한 생태계와 건강한 대기를 유지하는 것이 얼마나

두 자가수분인 것은 아니다.

* air lock. 출입구 등을 이중문으로 하여 양쪽 문이 동시에 열리지 않도록 설계하여 시설 내외의 압력차를 유지함으로써, 문 개방 시 기체의 급속한 유출입을 막고 내부 공기가 외부 공기와 직접 접촉되지 않도록 되어 있는 구조.

어려운지를 매우 직설적으로 가르쳐 준, 대담하고 혁신적인 실험이었다. 그것은 인간의 삶을 위해 지구의 생존 가능성을 복제하는 데 실패했다. 이 실험은 지구상의 생명체가 어떻게 작동하는지에 대한 우리의 무지, 그리고 우리가 그것을 재현할 능력이 없다는 것을 증명했다.

본질적으로, 그것이 보여 준 것은 우리의 행성이 기적이라는 것이다. 지구가 전지전능한 신에 의해 창조되었다고 믿든, 초기 별 주위를 돌던 우주 먼지의 물리적 힘에 의해 성장했다고 믿든, 컴퓨터 시뮬레이션으로 생성되었다고 믿든(물론, 이렇게 믿는 이론 물리학자 그룹도 있다) 상관없다. 우리는 시속 10만 7800킬로미터의 우주선을 타고, 우리 은하의 변두리에서 시간당 82만 8000킬로미터로 이동하는 별 주위를 여행하고 있다. 우리 은하에만 4000억 개의 행성이 있으며, 최소한 1000억 개의 별 주위를 공전하고 있다. 지구를 진정으로 독특하게 만드는 것은 생명체다. 지구상의 생명체와 그들의 놀랍도록 뒤얽힌 복잡성은 인류가 알고 있는 가장 위대한 기적이다.

그러나 만약 우리가 〈지구상의 생물에 대해 알고 있는 모든 것〉에 대한 목록을 작성해야 한다면 페이지의 99퍼센트는 비어 있을 것이다. 지금까지 과학자들이 기술(記述)한 다세포생물, 즉 우리가 볼 수 있는 식물과 동물은 200만 종도 채 되지 않는다. 우리는 새에 대해 꽤 잘 알고 있다. 우리는 또한 포유류, 물고기, 산호, 꽃식물에 대해서도 잘 알고 있지만, 매년 총 6,000종의 새로운 종이 목록에 추가되고 있다. 하지만 과학자들은 종의 총 수가 약 900만 개에 달할 것으로 추정한다. 여기에는 단세포생물, 즉 (우리의 장intestine에서부터 상공의 구름, 지하 3킬로미터까지 모든 곳에서 발견되는) 세균과 고균archaea 같은 미생물은 포함되지 않는다. 미생물은 수효 조사에서 1조 종까지 추가될 수 있지만, 우리는 그들 중 극히 일부만을 알고 있다.

하지만 우리가 확실하게 알고 있는 한 가지는, 우리가 생존하는 데 필요한 모든 것 — 우리가 입에 넣는 음식 한 조각, 숨을 쉴 때마다 흡입하는 산소 한 모금, 목마를 때 마시는 깨끗한 물 한잔 — 은 다른 종들이 한 일의 산물이라는 것이다. 그들은 우리에게 많은 것을 주고 있는데 우리는 어떻게 보답하고 있을까? 보답하기는커녕, 우리는 그들의 노력을 무시하고 취소하고 파괴한다.

우리는 자연 멸종률natural extinction rate보다 1,000배 빠른 속도로 종을 멸종시키고 있다. 2019년 UN 보고서는 〈인간 활동으로 인해 향후 수십 년 동안 100만 종의 동식물(9종 중 1종)이 멸종할 것〉이라고 경고했다. 그리고 우리는 잃어버린 생명의 다양성을 식량 공급원으로 대체함으로써 그 공백을 메우고 — 사실은 변경하고 — 있다. 오늘날 지구상에 존재하는 포유류의 96퍼센트는 인간과 (인간이 사육하는) 가축이다. 코끼리에서부터 들소, 판다곰에 이르기까지, 다른 동물들을 모두 합해 봐야 4퍼센트에 불과하다. 사실, 우리는 1970년 이후 육상 야생 동물의 60퍼센트를 잃었고 지난 세기에는 바다의 대형 어류(상어, 참치, 대구)의 90퍼센트를 잃었다. 지구상에 서식하는 조류의 70퍼센트는 가축화된 가금류 — 대부분 닭 — 이고, 야생 조류는 30퍼센트에 불과하다.

우리는 수천 종의 야생 동물을 몇 종의 농장 동물로 대체하고 있을 뿐만 아니라 판 구조론plate tectonics의 힘에 버금가는 규모로 땅을 변화시키고 있다. 현재 거주 가능한 토지 표면의 절반 이상이 농경지나 목초지다. 이전에 그러한 토양을 비옥하게 했던 숲과 초원은 사라졌고, 농경지의 거의 80퍼센트가 가축을 기르거나 먹이는 데 사용된다.

만약 우리가 지금과 같은 방식을 고수한다면, 머지않아 지구상에 남은 유일한 대형 동물은 인간, 가축, 반려동물이 될 것이다. 그리고 가장 큰 식물 군락은 웅장한 열대 및 아한대 삼림이 아니라, 현재 미국 중서부를 구성하는 광대한 산업형 경작지와 같은 단일재배지monoculture가 될 것이다. 이것이 인류에게 실행 가능한 미래일까? 야생이 없는 지구에서 우리는 살아남을 수 있을까? 최악의 경우, 자급자족하는 인간 사회를 지원할 수 있는 〈실행 가능한 식민지〉를 다른 행성에 건설할 수 있을까?

바이오스피어 2 프로젝트는 30여 년 전에 수행되었다. 그 이후로 우리의 과학과 기술은 눈부시게 발전했다. 사실, 2000년 11월부터 인간은 국제우주정거장International Space Station(ISS)이라는 우주 식민지의 장기 거주자가 되었다. ISS는 평균 고도 409킬로미터에서 지구 궤도를 돌고 있는 공학의 기적이다. 그것은 우주에 존재하는 유일한 인간 식민지이지만, 엄마에게서 너무 멀리 떨어지지 않으려는 유아처럼 중력에 의해 지구에 붙어 있다. 미국, 캐나다, 프랑스, 독일, 러시아, 일본에 관제 센터를 두고 있어, 2~8명의 우주 비행사를 생존시키기 위해서는 매우 복잡한 국제 협력이 필요하다. 초기 비용만 1000억 달러에 달할 뿐만 아니라, NASA에서만 매년 30억 달러가 ISS 운영비로 지출된다. 그도 그럴 것이, 비록 소수일망정 사람들이 최소한 호흡할 수 있는 산소, 마실 물, 먹을 음식을 안정적으로 공급하고, 우주 방사선cosmic radiation과 치명적인 결함에 대한 보호 장치를 확실히 제공해야 하기 때문이다. 우주에서는 모든 것이 당신을 죽이려고 한다. 바이오스피어 2 또는 ISS에서 인간의 생명을 유지하는 데 필요한 일상적인 작업에서 한 가지 배운 것이 있다면, 우리를 살아 있게 해주는 진짜 생물권을 숭배해야 한다는 것이다.

지구에서는 우주 방사선에 대해 걱정할 필요가 없다. (혹시 그런 사람을 만난 적이 있는가?) 그리고 호흡하는 산소에 대해서도 걱정하거나 비용을 지불할 필요가 없다. 물은 하늘에서 떨어지거나 영원한 샘에서 솟아나는 것으로 여겨지므로, 많은 사람들은 우리가 마시는 물에 대해 비용을 지불할 필요성을 느끼지 않는다. 게다가 우리는 (식물을 계속 자라게 하는) 햇빛이나 (과일나무를 수분시키는) 꿀벌에 대해, 또는 (최근까지 우리의 산업형 식품 생산 과정에서 발생한) 환경 파괴에 대해 아무런 대가를 지불하지 않기 때문에 식량에 대한 비용을 과소하게 지불한다.

소수의 인간이 살아갈 수 있을 만큼 작은 생태계를 안정적으로 유지하는 것이 그렇게 어려운 일일진대, 900만 종의 동식물과 1조 종의 미생물은 어떻게 공존하며 우리의 생존을 가능하게 하는 것일까? 이 바이오스피어 1은 어떻게 모든 것을 균형을 유지하며 살아 있게 하는 걸까? 우리는 어떤 방식으로 다른 모든 종에 의존하여 생존하고 있을까?

이 책은 이러한 질문에 답하는 것을 목표로 한다.

나는 지난 30년 동안 자연 생태계를 연구했는데, 그중에서도 나의 주된 관심사는 해양 생태계였다. 앞에서 제기한 질문들은 내가 1986년 대학에서 생물학을 공부하기 시작한 이래로 내 마음속에 자리 잡고 있었으며, 나는 지구 생명체의 압도적인 기적을 이해하기 위해 내 인생의 많은 부분을 할애했다.

나는 학부 시절 스페인 카탈루냐에 있는 코스타브라바Costa Brava의 암석 해안에서 자라는 해조류marine algae를 연구하면서 해양 생물학에 발을 들여놓기 시작했다. 먼저, 나는 그것들을 식별해야 했다. 즉, 모든 식물학자가 참나무와 소나무를 구별할 수 있어야 하는 것처럼, 이건 어떤 종이고 저건 어떤 종인지 알아야 했다. 하지만 카탈루냐 해안에만 500여 종의 상이한 조류가 서식하고 있기 때문에, 이것은 결코 쉬운 일이 아니었다. 인터넷이 생기기 전에는, 대학 도서관이나 조류를 전공하는 극소수 교수의 개인 서재에서 구할 수 있는 전문 학술지에 실린 논문이 유일한 식별 자료였다. 다행히도 고향에 있는 지로나 대학교University of Girona에서 생물학을 공부하던 2학년 때, 그들 중 한 명인 루이스 폴로 Lluís Polo 교수가 내 식물학 교수가 되었다.

여름철에는 지중해 해변에 있는 삼촌의 레스토랑에서 야간 근무를 했다. 마지막 손님이 떠난 후(지중해의 여름철에, 이 시간은 자정 이후를 의미했다), 영수증을 정리하고 바의 냉장고를 다시 채워야 했다. 동료들이 모두 집으로 돌아가거나 동네 디스코텍 중 한 곳에서 파티를 하고 있을 때, 나는 탄산음료, 맥주, 탄산수 상자를 식당 뒤쪽의 식료품 저장실에서 입구 근처의 바까지 운반했다. 나는 새벽 1시 이후에 식당 문을 닫고 녹초가 되어 잠자리에 들기 일쑤였다. 하지만 다가올 일에 대한 조바심 때문에 잠을 제대로 자지 못했다. 여름 관광객 무리가 근처의 만(灣)을 점령하기 전에, 일찍 일어나 해변에 도착해야 한다는 사실을 알고 있었기 때문이다.

오전 8시가 조금 지나서, 나는 문을 닫은 식당, 아직 문을 열지 않은 액세서리 및 향수 판매점, 문을 열었지만 졸고 있는 신문 가판대를 지나쳐 걸었다. 나는 마스크, 스노클, 오리발, 무딘 식칼, 낡은 팬티스타킹, 비치 타월이 들어 있는 망사 백을 메고 다녔다. 바위를 깎아 만든 계단을 내려가는 동안, 나는 (마치 바다를 향해 절을 하는 것처럼 지중해 쪽으로 구부러진) 푸른 소나무로 장식된 주황색과 분홍빛이 도는 바위 사이를 구불구불 걸었다. 계단 아래에는 바위 곶(串)에 둘러싸인 작은 모래 만이 있었다. 잔잔한 아침 바다의 작은 파도가 규칙적으로 해변에 입맞춤을 하고 있어, 모래 위에 잠시만 누워 있어도 스르르 잠이 들 것 같았다. 하지만 그 대신, 나는 칼과 팬티스타킹을 들고 투명한 청록색 물에 뛰어들어, 가능한 한 많은 종류의 조류를 찾아 헤맸다. 나는 한 번도 본 적이 없는 조류를 발견할 때마다 쾌재를 불렀다. 그곳은 나의 작은 낙원이었다.

일주일에 이틀씩은 오전 8시에 버스를 타고 해변에서 36킬로미터 떨어진 지로나로 가서, 폴로의 연구실을 방문했다. 그는 나에게 조류의 놀라운 세계를 소개해 준 사람이었다. 먼저, 나는 해조류를 갈색, 적색, 녹색의 세 가지 뚜렷한 그룹으로 나누는 법을 배웠다. 하지만 갈색으로 보이는 해조류 중 일부는 실제로 홍조류red algae에 속했다. 나는 머리를 긁적이며, 자연은 생각만큼 명확하지 않을 수도 있다는 것을 깨닫기 시작했다. 종 다양성species diversity은 실로 놀라웠다: 약 30센티미터 길이의 크리스마스트리처럼 생긴 갈조류brown algae, 두 개의 세포 두께에 불과한 작은 양상추 같은 녹조류green algae, 사람의 머리카락 하나만 한 굵기의 미세한 홍조류(현미경으로 관찰하면, 붉은색과 투명한 세포가 번갈아 가며 완벽한 대칭으로 갈라진 가지가 드러났다)! 규모만 작을 뿐, 해조류는 그 어떤 이국적인 산호초만큼이나 다양했다. 나중에 나의 멘토이자 가장 친한 친구 중 한 명이 된 또 다른 지역 전문가인 엔리크 (키케) 발레스테로스Enric (Kike) Ballesteros는 수심 40미터에서 샘플을 채취하여, 식당용 쟁반만 한 구역에서 무려 149가지 유형의 조류를 식별했다.

나는 조류들이 아무데서나 발견되지 않는다는 것을 금세 깨달았다. 각 종류마다 선호하는 장소가 있었다. 어떤 조류는 다른 조류의 위에서 자랐는데, 심지어 세 가지 조류가 겹겹이 층을 이루는 경우도 있었다. 그리고 맨 아래에 있는 조류는 바위 위나 홍합 위에서 자랄 수도 있었다. 거기에는 규칙성이 있어서, 수심, 파도에 노출되는 정도, 빛에 노출되는 정도(예: 수중 바위underwater boulder 위와 바위 돌출부rock overhang 가장자리)에 따라 서로 다른 종 — 그리고 그들이 형성하는 뚜렷한 〈군락〉 — 이 발견되었다. 폴로와 발레스테로스는 이러한 조류 군락이 예측 가능한 수심에서 뚜렷한 띠를 형성한다는 것을 가르쳐 주었다. 일부 조류 —

일명 작은 크리스마스트리 — 는 파도에 노출된 거친 지역의 〈바위와 바다 사이의 경계면〉에만 존재했는데, 그 이유는 그곳이 게걸스러운 살레마 포기salema porgy 떼를 피할 수 있는 유일한 장소이기 때문이었다(살레마 포기는 황금색 줄무늬가 있는 직사각형의 은색 몸체를 가진 도미 종으로, 먹으면 환각을 유발할 수 있다). 다른 조류는 수중 바위 위에서 풍부하게 자랐다. 그것들은 거친 파도나 바위 돌출부로부터 보호받을 필요가 없었는데, 그 이유는 물고기의 입맛을 떨어뜨리는 화합물을 생성하기 때문이었다.

실험실에서 조류를 분류하면서, 게, 새우 모양의 단각류amphipod, 나무 이wood louse, 벌레, 달팽이, 갯민숭달팽이 등 수천 종의 작은 생물이 조류의 가지 사이에 살고 있는 것을 발견했다. 이 종들 중 일부는 조류를 먹고 일부는 서로 잡아먹었는데, 모두 물고기를 피해 조류의 임관* 안에 숨어 있었다. 더 많이 배울수록 더욱 새로운 세상이 눈앞에 펼쳐졌다. 내 마음은 늘 굶주렸고, 해양 생물학은 내 삶과 열정이 되었다.

그로부터 10년 후, 나는 박사 학위를 마친 후 캘리포니아주 라호야에 있는 권위 있는 스크립스 해양학 연구소Scripps Institution of Oceanography로 자리를 옮겼다. 대학 교수로서 해양 생태 및 보존 분야의 미래 지도자를 교육하고, 과학 연구를 수행하며, 과학 저널에 논문을 발표하는 것이 내 임무였다. 그러나 내가 연구하던 곳, 내가 깊이 사랑했던 곳은 무자비한 인간의 대형 망치질에 무너지고 있었다. 산호와 해초는 도처에서 죽어 가고 있었고, 물고기는 번식 속도보다 더 빨리 남획되고 있었다. 대형 동물들로 가득했던 울창한 수중 정원은 갈조류와 칙칙한 해파리로 뒤덮인

* canopy. 식물 군락에서 수관crown들이 모여 형성하는 윗부분을 가리킨다. 말하자면 그 군락의 〈지붕〉에 해당하는 부분인데, 순우리말로는 우듬지라고 일컫는다.

죽은 산호초로 변해 가고 있었다.

어느 날 문득 나는 내가 하는 일이 해양 생물의 부고문(訃告文)을 쓰는 것뿐이라는 사실을 깨달았다. 사실, 많은 동료들과 나는 부고문을 점점 더 정확하게 다시 쓰고 있었다. 마치 치료법은 제시하지도 않으면서 어떻게 죽게 될 것인지를 극도로 자세하게 설명하는 의사 같다는 느낌이 들었다.

그래서 나는 학계를 떠나 황폐화된 바다를 복구하는 데 일생을 바치기로 결심했다. 그리고 지난 15년 동안 내셔널지오그래픽에서 상주 탐험가로 활동하면서, 청정 바다 프로젝트Pristine Seas project를 통해 바다의 마지막 야생 지역을 보호하는 데 힘을 보탰다. 이러한 장소를 방문하여, 우리 팀은 온전하고 완벽하게 기능하는 생태계를 엿볼 수 있었다. 나는 극지방에서부터 온대 바다, 열대 지방에 이르기까지 전 세계 여러 곳에서 다이빙하고 탐험하며 연구를 수행했다. 나는 몰락한 곳, 깨끗한 곳, 그리고 그 사이의 어딘가에 있는 많은 곳을 보았다. 어획이 중단된 후, 남획된 곳이 기적적으로 회생하는 것을 보았다. 어떤 곳에서는 자연이 번성하고 다른 곳에서는 자연이 쇠퇴하는 것을 보았다. 나는 소수의 사람들만 볼 수 있는 것을 목격하는 특권을 누렸고, 〈우리 주변에 이 모든 종들이 왜 필요한지〉를 지극히 이성적인 수준에서 최고의 영적 수준까지 이해하게 되었다.

이 모든 것은 내가 종을 구분하고 새로운 친구의 정체를 알 수 있게 된 것에서 시작되었다. 그러한 능력을 바탕으로, 나는 〈누가 누구 옆에, 어떻게, 어디에 사는지〉를 관찰하게 되었다. 그리고 〈누가 누구를 먹는지〉, 그리고 최근에는 〈인간의 활동이 자연계에 어떤 영향을 미치는지〉를 인식하게 되었다.

『자연 그대로의 자연』은 자연계가 어떻게 작동하는지 탐구하고,

인간의 활동에 의해 자연이 어떻게 변화하고 있는지 해설하며, 자연 보존의 사회적·경제적 이점에 대한 설명과 함께 실질적인 해결책을 제시한다. 2장부터 11장까지는 생태학에 대한 단계별 집중 강좌step-by-step crash course — 시쳇말로 급한 사람들을 위한 〈생태학 속성 코스〉 — 로, 〈종들이 무엇을 하고, 어떻게 공존하며, 인간이 만든 환경과 비교할 때 자연계가 어떻게 스스로 조립되고 작동하는지〉를 설명함과 동시에 〈우리 사회와 경제를 더욱 효율적으로 운영하는 방법〉에 대한 시사점을 제공한다. 글의 내용은, 나 자신의 직접적인 경험과 과학 영웅들 — 나는 이들 중 일부와 함께 일하는 특권을 누렸다 — 의 이야기를 적절히 혼합한 것이다. 12장에서는 지구상 생명체의 보존을 향한 도덕적 사례에 대해 논의하는데, 그 이유는 유용성utility이 세상을 바라보는 유일한 렌즈가 될 수 없기 때문이다. 즉, 다른 생명체도 존재할 권리가 있는데, 그 이유가 무엇인지를 설명한다. 13장에서는 자연계를 훼손하지 않고 보호하는 것이 경제적으로 타당한 이유를 설명한다.

14장에서는 이 책의 교훈을 종합하고, 생물권과 인간 사회를 동시에 보호할 수 있는 실질적인 해결책을 제안한다. 나는 이것이 마지막 장(章)이 될 줄 알았다. 하지만 책이 편집되고 인쇄 준비가 된 후 코로나19 팬데믹이 발생했다. 코로나19는 〈자연과의 관계 단절로 인해 인류 건강에 가해진 엄청난 위협〉을 전 세계에 알린 가장 강력한 경종인 것으로 밝혀졌다. 편집자들과 나는 숙의를 거듭한 끝에, 신종 코로나바이러스에 대한 마지막 장을 집필하기 위해 제작 과정을 연기하기로 결정했다.

이 책이 한편으로 뇌와 심장에 말을 걸고 다른 한편으로 호주머니 속으로 손을 뻗어, 지구상의 모든 생명체에 대한 내면의 감사를 일깨우고, 더 큰 겸손함을 심어 주며, 야생과 함께하는 세상world with wild places이 필요한 이유를 납득시키는 데 도움이 되기를 바라는 마음 간절하다.

# 2
# 생태계란 무엇인가

서부 지중해 한가운데에 있는 화강암 섬 코르시카Corsica는 내가 지구상에서 가장 좋아하는 곳 중 하나다. 1993년 박사 과정의 일환으로 처음 연구하러 갔을 때 지도 교수인 샤를프랑수아 부두르스크Charles-François Boudouresque가 말했듯이 〈마치 500년 전의 지중해로 돌아간 것 같다〉.

나는 어린 시절 여름을 붐비는 해변과 콘크리트 벽이 있는 해안 마을에서 보냈다. 심지어 나의 단골 장소인 작은 만 — 내가 해양 생물을 처음으로 관찰한 곳 — 도 빌라, 호텔, 아파트로 둘러싸여 있었다. 하지만 코르시카는 달랐다. 프랑스 본토에서 나를 태운 페리가 섬 남서쪽의 아작시오Ajaccio 해안가에 도착한 것은 해가 뜨기 직전이었다. 나는 갑판에 서서 꾸벅꾸벅 졸면서도 경외감을 느꼈다. 내가 익숙했던 (콘크리트와 아스팔트를 뚫고 초록빛 조각이 삐져나온) 본토와 달리, 높고 당당한 코르시카는 인간이 거주한 흔적이 거의 없는 야생의 땅이었다.

태양이 산 너머에서 고개를 내밀자, 따뜻한 공기가 섬의 향기를 전달했고 내 눈에는 눈물이 가득 고였다. 노간주나무, 월계수, 로즈메리, 머틀, 샐비어, 민트, 백리향, 라벤더 등 코르시카 야생 관목 지대의 정수가 담긴 향기가 아직도 기억에 생생하다. 그것은 곧 나의 과학적 노력의 중심이 된 사랑의 시작이었다.

나는 몇 명의 친한 친구 및 동료들과 함께 섬의 북서쪽에 있는 스칸돌라 해양 보호 구역Scandola Marine Reserve에서 과학 연구를 수행하기 위해 코르시카를 여러 번 방문한 것을 매우 영광스럽게 생각하고 있다. 수년 동안 많은 사람들이 우리와 함께했지만, 처음에는 나의 멘토이자 동료이기도 한 절친한 친구들이 주류를 이루었다. 조류와 자연사에 대해 나에게 가르쳐 준 키케 발레스테로스, 뛰어난 자연학자이자 바르셀로나 대학교의 생태학 교수로 내 박사 학위 논문을 공동 지도한 미켈 자발라Mikel Zabala, 당시 박사 과정을 밟으며 생태계의 역동성이 어떻게 변화하는지 깊이 있게 연구하던 조아킹 가라부Joaquim Garrabou가 그들이었다. 우리 모두는 자연에 매료된 광적인 다이버들이었고, 한시도 가만히 있지 않는다는 점이 우리를 하나로 묶은 원동력이었다. 우리는 모두 녹색 잠수복을 입고 다이빙을 했으며, 1992년 바르셀로나 올림픽에서 우승한 유명한 미국 농구 팀의 별명을 따서 우리를 〈녹색 팀green team〉이라고 불렀다.

일반적으로, 코르시카에서의 현장 작업은 관광객들이 거의 사라지고 보호 구역 관리자가 우리 작업에 집중할 수 있는 10월에 이루어졌다. 코르시카의 10월은 엉망진창이어서, 어떤 날씨가 펼쳐질지 결코 알 수 없다. 어떤 해에는 햇빛과 잔잔한 바다가 있었지만, 어떤 해에는 강한 바람이나 거친 바다로 인해 다이빙 지점에 도달할 수조차 없었다. 하지만 우리는 결코 한가롭게 서 있지 않았고, 바다가 우리를 원하지 않을 때는 야생 버섯 — 주로 맛있는 세페cèpe, 샹테렐레chanterelle, 시저버섯Caesar's mushroom — 을 찾기 위해 오래된 참나무 숲을 탐험했다. 또는 사막 해변을 따라 펼쳐진 우아한 소나무 숲을 걷거나, 해발 2,710미터의 몬테신투Monte Cintu 정상까지 뻗어 있는 장엄한 화강암 산을 하이킹했다.

모든 다이빙과 하이킹 과정을 심해에서 산 정상까지 하나의 횡단면에 모으면, 코르시카의 동식물 분포가 명확하게 드러날 것이다. 수심 60미터 아래에는 흰색과 붉은색의 부채꼴산호sea fan와 (오르간파이프선인장organ pipe cactus처럼 생긴) 노란색 해면류의 숲이 있다. 수심 50미터에서는 올리브나무 미니어처처럼 생긴 오래된 갈조류 숲이 나타나는데, 올리브 씨앗olive pit처럼 보이는 곳에서 울퉁불퉁한 줄기와 가지가 자란다. 수면으로 이동함에 따라 수심 약 30미터에서 다른 종류의 갈조류가 나타나는데, 이 갈조류는 엄지손가락만큼 굵은 갈색 줄기를 가지고 있으며 야자수와 같은 임관으로 덮여 있다. 수면에 가까워질수록 다른 조류 종들이 우세해지며, 다양한 높이와 나이의 숲을 형성한다. 동물들도 이와 비슷한 패턴을 따르는데, 부채꼴산호는 수심이 깊은 곳에 살고 성게는 수면 가까이에 서식한다. 일부 물고기(예: 살레마 포기)는 다양한 수심을 넘나들지만, 대부분의 종은 예측 가능한 범위 내에서 발견된다.

물 밖으로 나와 짙은 녹색 덤불과 (처음 냄새를 맡았을 때 눈물을 흘리게 했던) 향기로운 야생 허브가 흩뿌려진 붉은 화산암을 오르면, 이전의 향기를 떠올리며 달콤한 향수에 젖게 된다. 또는 좌회전하여 석송, 굴참나무, 상록 참나무로 둘러싸인 모래사장을 가로질러 걸으면, 민물거북이 서식하고 하안림*으로 둘러싸인 댐 없는 강을 만날 수 있다. 위로 올라가면 솜털 참나무, 졸참나무, 유럽 오리나무, 단밤나무가 뒤섞인 숲 사이사이에 피나스터소나무maritime pine가 드문드문 있고, 날씨가 너무 거칠어 다이빙을 할 수 없을 때 채취하여 즐겼던 다양한 야생 버섯을 볼 수 있다. 산 위로 올라가면, 기존의 활엽수림은 (남쪽 경사면의) 코르시카소나무 숲과 (북쪽 경사면의) 은빛 전나무, 유럽 너도밤나무 숲으로 대체된다. 해발 약 2,000미터의 삼림한계선forest line 위쪽에서는, 녹색

* riparian forest. 강변에 이루어진 숲.

오리나무, 노간주나무, 플라타너스, 단풍나무, 은자작나무의 관목 지대를 발견하게 된다. 계속 올라가면, 큰 식물이 살기에는 너무 추우므로 화강암 위에서 금욕적으로 자라는 지의류lichen만 볼 수 있다. 몬테신투의 맨 꼭대기는 벌거벗은 바위이며, 겨울에는 눈이 많이 내린다.

지금까지 살펴본 다양한 종류의 식물과 동물 군집들 사이에 경계선을 그리면, 거의 평행한 일련의 띠a series of belts처럼 보일 것이다. 이러한 독특한 동식물 그룹들을 각각 상이한 생태 시스템ecological system, 즉 생태계ecosystem로 정의할 수도 있다.

전문 용어를 이용하여 간략히 말하면, 생태계는 살아 있는 유기체(미생물, 식물, 동물)와 이들이 차지하는 물리적 환경(서식지)으로 구성된 커뮤니티다. 생태학자들은 이러한 유기체와 그들 간의 관계를 〈먹이그물food web〉이라고 부르는데, 먹이그물이란 (상위 포식자가 중위 포식자를 잡아먹고, 중위 포식자가 하위 피식자를 잡아먹고, 종들이 공간과 빛 등의 자원을 놓고 경쟁하는) 중첩된 먹이사슬food chain의 집합체라고 할 수 있다. 하지만 생명체는 화강암이나 화산암, 모래사장이나 내륙 평야 등의 서식지를 점유하는 데 그치지 않고, 산호초와 같이 스스로 서식지를 만듦으로써 많은 생물에게 공간과 먹이를 제공할 수도 있다. 지구상의 생명체가 기적이라면, 생명체가 하는 일은 더욱 경이로운 기적이다.

생태계는 성장하고 축소되고 노화하며, 일부는 젊은 상태young state로 회귀함으로써 휴면종dormant species에게 볕들 날을 선사하기도 한다. 생태계는 결코 정적(靜的)이지 않다. 그것은 생물학적 커뮤니티 내에서뿐만 아니라 살아 있는 유기체와 서식지 사이의 되먹임 고리feedback loop를 통해 자가조절self-regulation을 한다. 비를 만들고 날씨를 조절한다. 대기를 기체 혼합물로 채움으로써, 우리가 숨을 쉬고 생존할 수 있게 해준다. 물을 여과함으로써 우리에게 깨끗한 식수를 제공한다. 홍수로부터 우리를 보호한다. 한 세기가 넘도록 재앙적인 기후변화로부터 우리를 구조해 주고 있다. 하지만 이러한 사실을 알아차린 사람은 지금껏 거의 없었다.

생태계는 수십억 년에 걸친 실험과 시행착오를 통해, 우주에서 가장 효율적인 기계the most efficient machine in the universe로 스스로를 조직해 왔다. 그것은 항상 변화하고 있으며, 최근까지만 해도 늘 예측 가능한 경로를 따라 합리적인 범위 내에서 변동했다. 생태계가 우리를 위해 하는 일 중 많은 부분을 그대로 재현하는 것은 불가능하다. 그러나 죽은 생태계* 때문에 인간은 지구상에서 삶의 주인인 동시에 파괴자가 되었다. 하지만 이 모든 이야기는 나중을 위해 잠시 접어 두기로 하자.

숲과 습지와 강이 생태계의 전부라고 생각하면 오산이다. 우리의 도시도 마찬가지다. 예컨대 뉴욕시의 서식지는 주로 아스팔트, 콘크리트, 유리, 강철로 만들어진 건축 환경이며, 일부 녹지가 산재해 있다. 뉴욕의 야생 동물을 생각할 때, 대부분의 사람들은 시궁쥐, 센트럴파크의 다람쥐, 또는 오피스 빌딩 옥상에 둥지를 틀고 뉴스의 헤드라인을 장식하는 특이한 송골매를 떠올릴 것이다. 하지만 뉴욕은 거의 900만 명에 달하는 뉴욕 시민과 공존하는 수천 종의 동식물 종의 고향이기도 하다. 이 야생 생물에는 코요테, 다람쥐, 박쥐, 스컹크, 주머니쥐, 붉은여우, 흰꼬리사슴, 붉은바다거북, 동부상자거북eastern box turtle, 도롱뇽, 그리고 200여 종의 새가 포함된다. 놀랍게도 뉴욕시의 주변 해역과 허드슨강에는 80종의 물고기가 서식하고 있다. 심지어 혹등고래와 참고래도 관찰되었다. 가장 혐오스러운 콘크리트 정글에서도 삶은 계속된다.

* 죽은 생태계란 사물권necrosphere을 의미하며, 화석연료와 관련되어 있다. 자세한 내용은 8장 〈우리는 어떻게 다른가〉를 참조하라.

만약 인간이 갑자기 뉴욕시를 버린다면, 이곳에 조성된 서식지가 무너질 것이다. 뉴욕시는 수십 개의 터널, 400킬로미터의 지하철 노선, 1만 킬로미터의 하수 관로 및 파이프가 있는 지하 에멘탈 치즈*와 같은 곳이다. 현재 허드슨강, 이스트강, 어퍼베이Upper Bay에서 분당 6만 리터 이상의 물을 배출하기 위해 연중무휴 24시간 작동하는 290개의 펌프실이 없다면 지하철 노선과 터널이 침수될 것이다. 그것은 치즈의 구멍을 더욱 크게 만들고 결국 건물을 무너뜨릴 것이다. 지표면의 구멍과 갈라진 틈새에 먼지가 쌓이고 잔해에 식물이 서식하는 데는 그리 오랜 시간이 걸리지 않을 것이다. 폐허로 변한 주변을 야생 동물들이 뒤덮기 시작할 것이다.

생명체 — 그리고 그들이 형성하는 생태계 — 는 가장 있을 법하지 않은 곳에서도 스스로 재생하고 자가조립self-assembly할 수 있는 놀라운 능력을 가지고 있다. 우리 세대의 사람들은 누구나 1986년 일어난 체르노빌 원자로 폭발 사고를 기억할 것이다. 소련의 과학자, 군인, 광부들의 영웅적인 노력에도 불구하고 방사능이 너무 널리 퍼져, 인근 도시인 프리피야트Pripyat의 주민들이 영구적으로 대피했다. 심지어 방사능 확산을 막기 위해 반려동물까지도 살처분해야 했다. 그러고 나서 자연이 그 자리를 차지했다. 건물은 무너져 관목과 나무에 의해 정복되었고, 도시는 늑대의 영토가 되었다. 인간이 건설한 서식지는 건축가 없이는 살아남을 수 없다. 수천 년 후 두꺼운 녹색 임관 아래에서 다시 발견되었을 때, 프리피야트는 정글 속의 마야Maya 도시처럼 보일 것이다.

구글 지도에서 줌아웃하여 코르시카 숲을 축소하면, 육지와 바다의 구

* 에멘탈 치즈는 스위스의 명물 중 하나로, 표면에 큰 구멍들이 뚫려 있는 노란색의 경질 치즈를 말한다.

분이 뚜렷하게 드러난다. 더 축소하면, 코르시카가 지중해로 둘러싸인 섬 생태계임을 알 수 있다. 더욱 더 축소하면, 지중해는 북쪽으로는 알프스산맥과 카르파티아산맥Carpathian Mountains, 남쪽으로는 사하라 사막과 경계선을 마주하는 뚜렷한 생태계로 보일 것이다. 국제우주정거장의 우주 비행사들의 눈에, 지구 전체는 육지와 바다, 사막과 초목, 도시와 농장 사이를 제외하면 눈에 보이는 경계가 없는 하나의 생태계로 보일 것이다. 그건 당연하다. 생태계ecosystem는 〈가족〉과 〈집〉을 의미하는 고대 그리스어 오이코스*oikos*에서 유래한 단어다.

생태계에 대한 설명은 이 정도면 충분하다.

그런데 이 〈살아 있는 기적〉은 어떻게 작동하고 유지될까? 우리가 볼 수 있는 900만 종의 생물과 볼 수 없는 1조 종의 미생물이 어떻게 상호작용하여 지구 전체에 안정성을 제공할 수 있을까? 이러한 질문에 답하려면 처음부터 시작해야 한다. 두 종이 만날 때 무슨 일이 일어나는지 살펴보기로 하자.

# 3
# 가장 작은 생태계

1934년, 스물세 살에 불과한 소련의 한 생물학자는 『존재를 위한 투쟁 *The Struggle for Existence*』이라는 제목의 책을 출간했다. 오늘날 대부분의 생물학도들에게 알려지지 않은 이 작은 책은 생물학사에서 가장 중요한 연구 중 하나로 평가된다. 왜냐하면 〈자원이 한정된 세계에서 종들이 어떻게 서로 경쟁하고, 어떻게 서로 (그리고 그들 자신을) 파괴하는지〉를 이해하기 위한 최초의 실험적 기초를 제공했기 때문이다.

젊은 생물학자인 게오르기 프란츠세비치 가우제Georgyi Frantsevich Gause는 건축학 교수인 프란츠 가우제Frants Gause와 자동차 철강 공장의 산업 노동자인 갈리나 가우제Galina Gause의 아들이었다. 가우제는 가족과 함께 캅카스Caucasus로 긴 여름휴가를 떠났고, 그곳에서 자연에 대한 사랑을 키웠다. 그는 열일곱 살에 명문 모스크바 주립대학교에 입학했다. 당시 러시아에서는 모든 학생에게 지도 교수가 필요했는데, 한 사람의 삶과 경력에 영향을 미치는 우연한 순간 중 하나에 가우제는 블라디미르 알파토프Vladimir Alpatov에게 배정되었다.

알파토프는 인구 증가에 대한 미국 연구의 영향을 받았는데, 그 연구에서는 〈개체군 밀도가 증가함에 따라 인간을 포함한 모든 개체군의 성장이 느려지는 경향이 있다〉는 가설을 세웠다. 이 가설대로라면, 인구가 끊임없이 증가하여 지구상의 모든 자원을 소진해 버리고 멸망하는 일은 결코 없을 것이다. 그 대신, 인구는 1단계에서 천천히 증가하다가, 2단계에서 매우 빠르게 증가하고, 3단계에서는 마침내 안정화되어 증가하지도 감소하지도 않을 것이다. 생물학자들은 그 이후로 우리 자신을 포함한 많은 종에서 〈느린 성장 → 폭발적인 성장 → 안정화(로지스틱 성장logistic growth이라고 함)〉라는 3단계 패턴을 관찰해 왔다. 이는 〈인류 인구가 2050년까지 약 90억 또는 100억 명 정도에서 안정화될 것〉이라는 예측의 배경이 되는 이론이다.

과학에서, 일단 제안된 이론은 현장 관찰field observation 또는 (이상적으로는) 실험을 통해 검증되어야 한다. 하지만 가우제가 생각하기에, 종(種)들은 모두 진공 상태가 아니라 복잡한 관계망 속에서 상호작용하기 때문에, 현장 관찰로는 이러한 로지스틱 성장 가정logistic growth assumption을 제대로 테스트할 수 없었다. 간단히 말해서, 자연계에는 이 가설을 테스트하는 데 필요한 요인을 분리하기에는 너무 많은 교란 요인confounding factor이 존재한다는 것이다. 그러나 가우제는 실험실에서 모든 요소를 통제하고 단순화된 환경을 구축함으로써 실험을 수행할 수 있다고 생각했다. 그리하여 그는 생물학사상 가장 중요한 연구 중 하나를 시작했다.

가우제는 불과 수십 년 전에 『종의 기원*On the Origin of Species*』을 출판한 찰스 다윈의 영향을 많이 받았다. 다윈의 견해에 따르면, 우리는 〈모든 종이 불가사의한 방식으로 생존경쟁을 한다〉고 가정하는데, 이것은 〈모든 유기체 간의 상호 관계〉에 대한 무지의 소산이었다. 다윈의 생각은 다음과 같이 요약될 수 있었다. 〈각 유기체는 기하급수적 비율geometrical ratio

로 증가하려고 노력하고 있으며, 각각의 유기체는《일생의 어떤 시기》,《1년 중 어떤 계절》,《매 세대》, 또는《몇 세대마다 한 번씩》생존을 위해 투쟁함으로써 큰 파괴를 겪어야 한다.〉

다윈이 언급한 〈기하급수적 성장geometrical growth 또는 exponential growth〉은 폭발적인 성장을 의미한다. 기하급수적 성장을 설명하는 좋은 예로, 인도 왕에게 체스판을 선물한 한 장인(匠人)의 이야기를 들 수 있다. 체스판과 체스 게임에 감탄한 왕은 그 남자에게「원하는 것을 다 줄 테니 뭐든 말하라」고 말했다. 그 남자는 (체스판의 첫 번째 칸에 쌀 한 알을 놓고, 두 번째 칸에는 두 알, 세 번째 칸에는 네 알, 네 번째 칸에는 여덟 알을 놓는 식으로) 64개의 칸이 모두 채워질 때까지 새로운 칸마다 쌀의 수를 두 배로 늘려 달라고 요청했다. 그의 요구를 요약하면 〈$2^0+2^1+2^2+2^3+\cdots+2^{63}$〉이었고, 왕은 이에 동의했다. 하지만 약간의 문제가 있었다. 쌀의 개수를 모두 더하면 $16\cdot10^{18}$알(무게로는 3200억 톤)* 이상으로, 인도 전역을 1미터 두께로 덮을 수 있는 양이었다.

다시 말해서, 모든 종이 기하급수적으로 증가한다면 — 모든 개체가 새끼를 2마리만 낳는다면 대수롭지 않은 것처럼 보일 수 있다 — 지구는 모든 종의 엄청난 수의 개체들로 가득 차게 될 것이다. 하지만 우리가 세상에서 보는 것은 그렇지 않다. 즉, 모든 종이 똑같이 풍부한 것은 아니어서, 아프리카 평원에는 아카시아 나무보다 풀이 더 풍부하고 코끼리보다 누**가 더 많다. 따라서 다윈은 〈가능한 한 많이 번식하려는 모

* 초항(a): 1, 공비(r): 2, 항수(n): 64인 등비수열이므로, 합의 공식에 따라 $S=a\cdot(1-r^n)/(1-r)=1\cdot(1-2^{64})/(1-2)=2^{64}-1=2^4\cdot(2^{10})^6-1>16\cdot(10^3)^6=16\cdot10^{18}$알. 쌀 한 톨의 무게를 0.02그램이라고 하면, $0.02\times16\cdot10^{18}/1{,}000{,}000=$3200억 톤.

** gnu. 소과Bovidae에 속하는 동물로, 아프리카 남동부 지역 세렝게티(마사이족 언어로 〈끝없는 평원〉이라는 뜻)의 생태계에서 매우 중요한 위치를 차지한다. 정식 명칭은 〈누〉이고 영어로는 〈wildebeest〉라고 부른다.

든 종의 욕구에도 불구하고 그들의 풍부함을 억제하는 뭔가, 즉 그들의 성장을 제한하는 일종의 《존재를 위한 투쟁》이 있음에 틀림없다〉고 생각했다. 물론 이 투쟁의 일부는 〈얼마나 많은 먹이를 구할 수 있느냐〉일 텐데, 다윈은 투쟁의 또 다른 부분이 〈생태계에서 각 종과 다른 종 간의 관계〉일 거라고 생각했다.

다윈 시대 이전에는 〈종들이 상호작용을 통해 생태계를 형성하는 메커니즘〉을 아무도 이해하지 못했다. 생물학자들은 〈식물이 빛과 토양 속 영양분을 놓고 경쟁하고, 포식자가 사냥감의 풍부함을 감소시킨다〉는 사실을 알고 있었지만, 〈복잡한 관계의 그물 안에서 종의 풍부함이 어떻게 안정화되는지〉는 이해하지 못했다. 가우제는 유기체 간의 복잡한 관계가 (수학적으로 모델링할 수 있는) 간단한 프로세스에 의해 결정된다는 것을 증명하고 싶었다. 그는 이렇게 썼다. 〈한 종이 다른 종을 잡아먹는 과정, 또는 제한된 소우주microsom에서 소수의 종들이 공동 장소common place를 차지하려고 경쟁하는 과정이 바로 그러한 기본 과정이다.〉

몇 년 전 이탈리아 생물학자 움베르토 단코나Umberto D'Ancona는 아드리아해 북부의 시장 세 곳에서 판매되는 물고기의 수에 대한 통계적 연구를 수행했다. 그는 제1차 세계 대전 중에 상어, 가오리, 홍어와 같은 대형 포식어predatory fish의 수가 소형 피식어prey fish에 비해 상대적으로 증가했다가 얼마 지나지 않아 감소했음을 관찰했다. 그는 〈전쟁 중 급감한 어업이 해양 생태계의 《자연적 균형》을 회복시킨 반면, 종전(終戰) 직후 급증한 어업은 그것을 교란했다〉라고 제안했다. 생태학적 이유를 몰랐던 단코나는 유명한 수학자 비토 볼테라(당시 은퇴한 상태였음)에게 자신의 관찰을 설명하는 수학적 모델을 만들어 달라고 부탁했다. 볼테라는 종 간의 상호작용interactions between species에 대한 최초의 모델을 순식간에 개발했다. 이 모델은 〈자원을 놓고 경쟁하는 종 간의 관계〉와 〈포식자와 먹이 간의 관계〉를 이해하는 기초가 되었다. 1900년대 초에 아드리아해에 적용된 이 모델은 〈전쟁 중에 어업이 감소함에 따라, 포식자인 대형 어류가 인간의 착취로부터 회복할 수 있었다〉라고 제안했다. 즉, 어업 감소로 인해 증가한 포식어가 더 많은 피식어를 잡아먹는 바람에 포식어의 상대적 풍부도relative abundance가 증가했다는 것이다. 하지만 전쟁이 끝난 후 어업이 재개되자, 포식어의 수가 다시 감소하면서 피식어의 수가 반등했다.

가우제는 단코나와 볼테라의 연구에 대해 이미 알고 있었으므로, 실험을 통해 볼테라의 모델을 테스트하기 시작했다. 1900년대 초의 실험실은 오늘날 대학생들이 누릴 수 있는 수준에 비해 상당히 낙후된 경향이 있었지만, 가우제의 창의력은 부족한 자원을 보상했다. 그는 먹이(영양 배지nutritive medium)로 채워진 시험관을 사용하여 자신이 구상했던 소우주를 만든 다음, 탈지면으로 입구를 막았다. 각각의 유리관 안에는 자연에서 발견되는 모든 교란 요인으로부터 격리된 자립적 생태계self-contained ecosystem가 있었다.

가우제의 첫 번째 실험은 〈단일 종이 로지스틱 법칙에 따라 성장할 수 있는지〉 여부를 테스트하기 위한 것이었다. 그가 선택한 종은 (뾰족한 끝이 잘리지 않은) 짧은 시가 모양의 단세포생물인 짚신벌레*Paramecium caudatum*였다. 짚신벌레의 투명한 몸체는 이동과 먹이(세균과 효모 등의 작은 유기체) 섭취에 사용하는 미세한 털 같은 필라멘트로 덮여 있다. 짚신벌레는 크기가 200~300마이크론(중간 크기 쌀알의 20분의 1 크기)에 불과하며, 다른 개체와 교미할 필요 없이 두 개의 딸세포로 분열함으로써 빠르게 번식한다. 따라서 짚신벌레는 여러 세대에 걸친 실험에 이상적인 유기체다.

가우제는 0.5세제곱센티미터(물방울 10개에 해당함)의 영양 배지가 들어 있는 여러 개의 작은 시험관에 5마리의 짚신벌레를 각각 투입했다. 그리고 6일 동안 모든 시험관에 있는 개체의 수를 헤아렸다. 그 수는 처음에는 빠르게 증가하다가 나중에는 천천히 증가하여 넷째 날에는 시험관당 평균 375마리에 도달했는데, 가우제는 이 수치를 〈포화 개체군saturating population〉이라고 불렀다. 소우주에서 짚신벌레의 성장은 로지스틱 곡선logistical curve과 잘 맞아떨어졌다.

다음 단계는, 두 번째 종을 추가하여 미니 생태계를 한 단계 복잡하게 만드는 것이었다. 가우제는 서로 다른 종들이 계통수에서 아무리 밀접하게 연관되어 있어도 환경을 동일한 방식으로 이용하지 않는다고 믿었다. 예컨대 그들은 상이한 양(量)의 먹이를 섭취하고 상이한 양의 대사 산물을 배설해야 한다는 것이다. 그의 의문은 다음과 같았다. 〈두 종이 함께 살면, 각자 따로 살 때와 동일한 포화 개체군에 도달할까? 아니면 한 종이 다른 종을 압도하고 더 많이 번식하게 될까?〉

가우제는 실험 대상을 동일한 먹이를 먹는 두 종의 효모류 — 맥주 양조에 사용되는 효모인 사카로미세스 세레비시아이*Saccharomyces cerevisiae*와 케피르 생산에 사용되는 효모인 스키조사카로미세스 케피르*Schizosaccharomyces kefir* — 로 바꿔, 두 종 간의 경쟁을 평가했다. 두 종 모두 산소가 있든 없든 성장할 수 있는데, 효모가 산소 없이 성장하면 발효가 일어나 부산물로 에탄올을 생성한다. 혼합물에 산소를 추가해도 약간의 발효가 여전히 일어나지만, 효모 세포는 더 빠르게 분열한다. 두 종 모두 알코올 발효를 일으키지만, 케피르 효모는 산소가 없으면 매우 느리게 성장한다.

먼저, 가우제는 포화 개체군을 결정하기 위해 각 종을 따로 분리하여 배양했다. 그런 다음, 그는 5퍼센트의 설탕을 함유한 영양 배지가 있는 시험관에서 그것들을 함께 배양했다. 그는 이 실험을 위해 111개의 소우주를 만든 다음 3가지 처리 — 맥주 효모만 단독으로 배양, 케피르 효모만 단독으로 배양, 두 종을 함께 배양 — 에 대한 결과를 평균했다.

예상했던 대로, 두 종의 효모 모두 단독으로 배양될 때는 로지스틱 곡선을 따라 처음에는 빠르게 성장하다가 성장 속도가 점차 느려져 포화 상태에 도달했다. 성장 둔화는 배지의 모든 설탕이 소비되기도 전에 발생했는데, 그 이유는 부산물인 에탄올이 축적되어 어린 효모 싹bud을 죽였기 때문이다. 케피르 효모는 훨씬 더 느리게 성장했고, 포화 개체군의 크기가 맥주 효모의 절반에도 미치지 않았다. 그런데 두 종을 모두 포함하는 소우주에서 배양된 효모의 총량은 단독으로 배양된 맥주 효모의 양보다도 적었다. 도대체 무슨 일이 일어난 걸까?

두 종이 함께 배양될 때, 각 효모의 양은 단독으로 배양됐을 때 도달한 포화 개체군보다 적었다. 하지만 두 종이 함께 배양될 때 생산된 에탄올의 양은 각각 단독으로 배양됐을 때 생산된 것보다 많았다. 따라서 가우제는 〈두 종이 함께 배양될 때는, 단독으로 배양될 때보다 에탄올이 더 많이 생산되어 일찌감치 독성 수준에 도달한다〉라고 결론지었다.

가우제는 한걸음 더 나아가, 가정용 수족관에 공기를 주입하는 것과 동일한 방식으로 소우주에 공기를 주입함으로써 혼합물에 산소를 추가했다. 그랬더니 주요 결과는 동일했다. 즉, 단독으로 배양된 케피르 효모는 산소가 없을 때보다 훨씬 더 빠르게 성장하여 포화 개체군 크기가 두 배 이상 증가했지만, 함께 배양될 때 각 효모 종의 포화 개체군 크기는 단독으로 배양됐을 때보다 작았다. 결론적으로 말해서, 가우제가 〈존재를 위한 투쟁 계수coefficient of the struggle for existence〉라고 불렀던 수치는 종의 성장 속도에 관계없이 정의된 환경 조건하에서 예측 가능했다.

이는 그가 말했듯이 〈두 종이 각각 따로 성장할 때의 특성을 알면 …… 혼합된 개체군mixed population 속에서 각 종의 성장 상태를 이론적으로 계산할 수 있다〉는 것을 의미한다. 효모의 경우, 두 종 간의 경쟁 결과는 부산물 축적에 의해 결정되었다.

그러나 소비에트의 뛰어난 소장파 과학자는 이 정도의 발견에 만족하지 않았다.

종 간의 상호작용에 대한 분석을 체계화하는 과정의 일환으로, 가우제는 또 다른 종 쌍 — 이 경우에는 그의 오래된 실험 대상인 짚신벌레와, 그 비슷한 종인 애기짚신벌레*Paramecium aurelia* — 을 사용하여 실험을 반복했다. 하지만 그는 하나의 반전을 추가했다. 즉, 먹이가 제한되어 있고 일단 소비되면 더 이상 공급되지 않았던 이전 실험과 달리, 태양에너지를 매일 중단 없이 사용할 수 있는 자연 조건을 반영하기 위해 물과 먹이를 매일 꼬박꼬박 소우주에 추가했다. 이제 가우제의 핵심 질문은 〈자연 조건에서 한 종이 다른 종을 완전히 몰아낼 것인가, 아니면 두 종 사이에 일정한 균형이 이루어질 것인가?〉였다.

실험 결과, 두 종 모두 단독으로 배양될 때는 무럭무럭 성장하여 약 10일 만에 포화 개체군에 도달했지만, 함께 배양될 때 — 즉 같은 먹이를 놓고 경쟁할 때 — 는 애기짚신벌레*P. aurelia*가 약 2주 만에 짚신벌레*P. caudatum*를 전멸시키는 것으로 나타났다. 놀랍게도, 짚신벌레는 애기짚신벌레보다 더 빨리 성장하기 시작했지만, 애기짚신벌레는 노폐물에 대한 저항성이 더 강하여 장기적으로 경쟁적 우위를 점했다.

이 중요한 발견은 나중에 〈경쟁적 배제 원칙competitive exclusion principle〉으로 명명되었으며, 이 원칙에 따르면 동일한 자원을 놓고 경쟁하는 두 종이 일정한 크기의 개체군을 유지하며 공존하는 것은 불가능하다. 즉, 한 종이 다른 종에 비해 조금이라도 우위를 점한다면, 장기적으로 다른 종을 지배하게 될 것이다. 지구상의 나머지 종들과 우리 자신의 상호작용을 비교하면, 더할 나위 없이 오싹한 느낌이 들 것이다.

가우제의 연구에서 다음 단계는, 먹이그물에 또 하나의 단계 — 포식자 — 를 도입하는 것이었다. 그는 계획에 없던 예지력을 발휘하여, 자신의 저서에서 해당 장(章)의 제목을 〈다른 종에 의한 한 종의 파괴The Destruction of One Species by Another〉라고 붙였다. 이제 새롭게 확장된 생태계는 〈세균 → 짚신벌레 → 강섬모충*Didinium nasutum*〉이라는 세 단계로 구성되었다. 강섬모충은 짚신벌레 길이의 절반에 불과하지만, 대부분 짚신벌레를 잡아먹는 통 모양의 단세포생물이다.

로트카-볼테라 방정식Lotka-Volterra equations(동시대의 미국 과학자 알프레드 로트카Alfred Lotka가 독자적으로 개발함)은 〈자연에서 포식자는 먹잇감을 결코 멸종시키지 않을 것〉이라고 제안했다. 이것은 생물학자들이 줄곧 믿어 왔던 통설로, 그 내용은 다음과 같다: 포식으로 인해 먹잇감이 감소하면, 식량 부족으로 인해 포식자가 감소할 것이다. 하지만 포식자가 감소하면, 그로 인해 먹잇감이 다시 증가할 것이다. 더 나아가, 먹잇감이 증가하면 그로 인해 포식자가 증가할 것이고, 그들의 포식으로 인해 먹잇감이 감소하면 식량 부족으로 인해 포식자가 감소할 것이고…… 이런 식으로 무한히 계속된다.

로트카-볼테라 이론은 포식자와 먹이의 주기적인 진동periodic oscillation을 예측했으며, 현장 데이터는 이 이론을 뒷받침하고 있었다. 하지만 실험 결과는 다시 한번 가우제를 놀라게 했다. 그는 자신의 소우주에 짚신벌레 5마리를 넣고, 이틀 후에 포식자 강섬모충 3마리를 추가했다. 그의 말을 빌리면, 〈포식자가 짚신벌레와 함께 배치된 후 후자의 수가 감소하기 시작했고, 포식자는 격렬하게 번식하여 모든 짚신벌레를 게걸스럽게 먹어 치워 결국에는 스스로 멸망했다〉. 즉, 포식자는 모든 먹이를 먹어 치우고, 그 이후에는 먹이가 고갈되어 자멸하게 된다는 것이다. 가우제는 〈시험관의 크기〉와 〈포식자를 추가하는 시간〉을 바꿔 가며 실험을 여러 번 반복했지만 결과는 항상 같았다. 결국 포식자는 자구책을 마련할 수 없었기에 모두 죽음을 면치 못했다.

그러나 포식자와 먹이가 다양한 환경에서 공존하는 자연계에서는 이러한 현상이 관찰되지 않는다. 의도하지 않은 실험을 순수한 의도로 관찰한 결과 발견된 경이로운 사례가 하나 있다. 1800년대 중반부터 가우제의 시대까지 캐나다의 허드슨베이 회사Hudson Bay Company가 가죽을 거래한 기록을 살펴보면, 덫 사냥꾼이 잡은 스라소니(포식자)와 토끼(먹이)의 수가 주기적으로 오르락내리락했음을 알 수 있다. 당시에는 포획된 동물의 수가 야생 개체군의 전체 크기에 비해 적었기 때문에, 포획 실적이 스라소니와 토끼 수의 변화를 설명하는 주요 요인은 아니었을지도 모른다.

포획된 스라소니와 토끼의 수가 야생에서의 개체 수 증감을 반영했다고 가정하기로 하자. 200년에 달하는 기간을 되짚어 보면, 특정한 패턴 — 스라소니의 개체 수가 증가하고 토끼의 개체 수가 감소했다가, 반대로 스라소니의 개체 수가 감소하고 토끼의 개체 수가 증가함 — 이 주기적으로 반복되었음을 알 수 있다. 하지만 스라소니가 토끼를 멸종으로 몰아간 적은 결코 없었다. 마찬가지로 아프리카 평원의 사자, 온대림의 늑대, 산호초의 상어도 먹이를 멸종시키지 않는다. 그렇다면 가우제의 실험적 소우주에서는 어떤 일이 일어났을까?

가우제는 몇 가지 자연 조건을 복제함으로써 자신의 작은 소우주에 다양성을 추가했다. 그의 시험관은 동질적인 생태계homogeneous ecosystem를 구현했었는데, 이것은 현실 세계에 존재하지 않는 생태계였다. 그래서 그는 짚신벌레가 숨을 수 있는 퇴적물을 시험관에 추가했다. 그랬더니 예상대로 강섬모충은 퇴적물 외부의 모든 짚신벌레를 먹어 치웠고, 일부 짚신벌레는 퇴적물 안으로 피신하여 위기를 모면할 수 있었다. 강섬모충은 먹이를 적극적으로 사냥하지 않고 가까이 다가오는 것만 섭취하기 때문에, 퇴적물 속의 먹이는 안전했다. 하지만 이윽고 강섬모충이 섭취할 수 있는 먹잇감이 없어지면서 포식자는 전멸했다. 포식자가 없어지자, 짚신벌레는 포화 개체군에 도달할 때까지 성장을 재개했다. 다시 한번, 가우제는 가장 단순한 먹이사슬의 자연 조건을 재현하는 데 실패한 것이다. 공간적 피난처는 먹잇감의 멸망을 막고 포식자의 멸망을 초래한 반면, 로트카-볼테라 방정식은 포식자-피식자 수의 진동을 예측했다. 가우제의 실험에서 누락된 요인은 무엇일까?

가우제는 이주immigration라는 또 다른 요인을 추가했다. 그는 3일에 한 번씩 몇 마리의 포식자(강섬모충)를 도입했고, 마침내 (캐나다에서 관찰되고 수학적 모델에 의해 예측된) 스라소니와 토끼의 주기적인 진동을 재현할 수 있었다. 포식자와 피식자의 공존은 두 가지 조건(피식자의 은신처가 있고, 포식자가 좁은 공간에 국한되어 있지 않음)하에서 가능했는데, 이는 우리가 자연계에서 관찰할 수 있는 상황에 더 가깝다.

가우제가 보여 준 것은 세 가지로 요약된다. 첫째, 두 종이 동일한 자원을 놓고 경쟁하더라도, 각 종은 경쟁자가 없을 때와 다른 크기의 개체군을 유지하며 공존할 수 있다. 둘째, 환경의 자원을 사용하는 데 있어서 우위를 점하는 종은 〈우점종dominant species〉— 즉, 다른 종보다 더 풍부함 — 이 될 준비가 되어 있다. 셋째, 먹잇감이 포식자로부터 도망칠 수 있는 피난처를 가지고 있는 한 포식자와 피식자가 동일한 환경 내에서 공존할 수 있다.*

* 단, 아무리 그렇더라도 포식자의 일시적인 공백 상태는 발생할 수 있으며, 이 경우 외부

지구에는 수백만 종의 생물이 서식하고, 산호초와 열대림 같은 생태계에는 각각 수만 종의 생물들이 기적처럼 보이는 균형을 이루며 함께 살아가고 있다. 공존이라는 개념을 두 종에서 수만 종으로 확장하려면 어떻게 해야 할까? 개별 종들은 어떻게 모여서 이런 장엄한 생태계를 만들어 낼까? 이러한 질문에 대답하기 시작하려면 여러 시간과 공간에 걸쳐 자연 환경을 연구하는 과학자들이 필요하다.

의 포식자가 이주해 와 이를 메움으로써 생태계의 연속성을 유지해야 한다.

# 4
# 생태적 천이

1970년, 하와이에 기반을 둔 두 명의 해양 생물학자 리처드 그리그Richard Grigg와 제임스 마라고스James Maragos는 〈산호초가 시간이 지남에 따라 어떻게 발달하는지〉를 이해하고 싶었다. 하지만 일부 산호 종은 수명이 길기 때문에 — 수백 년까지는 아니더라도 수십 년을 사는 종이 있다 — 과학자들이 일생 동안 산호를 연구하는 것은 비현실적이었다. 하지만 그리그와 마라고스에게는 한 가지 아이디어가 있었다.

하와이섬에는 킬라우에아 화산Kilauea volcano이 있는데, 이 화산은 여전히 활동 중이며 주기적으로 용암류lava flow를 생성한다. 당신은 붉은 폭포처럼 빛나는 용암류나 타르만큼 끈적거리는 용암 덩어리가 바다에 도달하는 장면을 담은 동영상을 시청한 적이 있을 것이다. 뜨거운 용암이 태평양과 만나면, 탁탁 소리와 쉿쉿 소리를 내며 바닷물이 들끓고 새하얀 증기가 격렬하게 폭발한다. 가장 큰 용암류는 중력에 굴복한 나머지 바닥에 처박혀 응고된 후, 해저의 일부가 될 때까지 수중으로 계속 이동한다.

용암은 생태계의 파괴자다. 용암은 화산의 경사면을 따라 부드럽게 흐르는 동안 경로에 있는 것들을 모두 기화시키고, 나중에 식으면서 모든 희생자들을 (수면 위와 아래에서 모두) 굳어지는 현무암 석관石棺 속에 넣어 버린다. 다른 한편으로 용암류는 생태계를 말살함으로써 종들이 서식할 수 있는 원시 기질virgin substrate을 제공하기 때문에, 생명 재생기regenerator of life라고 할 수도 있다.

그리그와 마라고스는 〈용암류의 정확한 날짜가 1801년부터 기록되었다〉는 사실을 발견하고, 102년 ~ 1.6년 전에 용암류로 뒤덮인 수중 지역에서 각종 산호의 다양성과 풍부성을 측정했다. 그들은 수십 년 동안 실험을 할 필요가 없었다. 왜냐하면 화산이 그들을 위해 이미 실험을 해놓았기 때문이다. 이 자연 실험natural experiment 덕분에, 그들은 상이한 용암류의 나이를 통해 시간을 공간으로 대체할 수 있었다.

측정 결과를 분석하여, 그리그와 마라고스는 모든 산호 종이 동시에 하와이에 도착한 것은 아니라는 사실을 발견했다. 즉, 어떤 산호들은 빠르게 정착하여 성장하는 〈개척자pioneer〉인 반면, 다른 산호들은 더 오랜 시간에 걸쳐 정착지를 건설한다. 따라서 개방된 얕은 해역에서는 산호초가 회복되는 데 20년이 걸리지만, 폐쇄된 해역에서는 산호초가 완전히 회복되는 데 50년 이상이 걸릴 수 있다.

그들의 연구는 우리에게 몇 가지 교훈을 준다. 첫째, 먼저 도착하여 빠르게 성장하는 개척자가 반드시 오래 지속되는 것은 아니다. 또한 개척자는 숲이 불타 버린 후에 자라나는 잡초와 같아서, 안정적인 정착지가 건설되는 시간을 지연시킬 수 있다.

둘째, 시간이 지남에 따라 더욱 안정화되는 환경(예: 파도의 영향이 덜한 깊은 산호초)에서 생태 커뮤니티가 형성되는 데는 더 많은 시간이 걸린다. 왜냐하면, 심해 산호가 성장하는 데는 더 많은 시간이 필요하기 때문이다. 따라서 큰 교란이 없는 안정적인 환경에서는 오래된 산호 군락만 발달할 수 있다. 그리고 그런 산호 군락들은 매우 오래된 역사를 가지고 있을 수 있다. 최근 연구에서, 하와이의 일부 심해 산호 군락은 1만 5000년이나 된 것으로 밝혀졌다. 그와 대조적으로, 얕은 바다에서는 산호초가 열대성 폭풍의 파괴력에 무방비로 노출되기 때문에 빠르게 성장하는 개척자만이 정착지를 형성할 수 있다.

마지막으로, 생태계 형성에 관여하는 요인들은 무수히 많다. 용암류에 관한 연구에서, 시간과 장소에 따라 다양한 특성 — 예컨대, 성장 속도 — 을 가진 종들이 번성하는 것으로 밝혀졌다. 가우제에 의하면, 세 가지 종 — 먹이, 포식자, 최상위 포식자 — 만으로 구성된 단순한 생태계도 복잡할 수 있으며, 종 간의 관계는 환경의 변화에 따라 달라질 수 있다. 그렇다면 어떻게 수천 종의 생물들이 모여서 열대림과 산호초 같은 성숙하고 기능적인 생태계를 형성할 수 있을까? 생태계는 어떻게 발전할까? 혹시 DIY 가구 조립 설명서와 같은 생태계 조립 규칙ecosystem assembly rule이라도 있는 걸까?

집을 생각해 보자. 기초를 다지기 전에는 아무것도 지을 수 없으며, 기초를 다진 후에만 벽을 쌓기 시작할 수 있다. 배관 및 전기 시스템은 벽이 완성된 후에야 설치되며, 문과 지붕도 마찬가지다. 석조(石造) 부분은 파이프가 설치된 후에 건축된다. 그리고 가구는 모든 하드웨어가 제자리에 설치된 후에 배치해야 한다. 요약하자면, 집을 조립하려면 논리적인 연속 단계를 거쳐야 한다. 숲이나 산호초도 일종의 생태학적 단계를 거쳐 집과 같은 방식으로 조립되는 것은 아닐까?

식물 종들이 건축 설계도를 가지고 있는 것은 아니지만, 생태계는 과학자들이 〈생태적 천이ecological succession〉라고 부르는 과정을 따라 조립되는 것으로 밝혀졌다. 하와이의 용암류에서 다양한 산호 종들이 서식하는 것처럼, 생태적 천이는 〈종들이 어떤 장소에 어떻게 도착하여 어떤 순서로 정착지를 건설하는지〉에 관한 몇 가지 규칙에 따라 이루어지며, 이러한 자가조립 과정에서 나타나는 특성들에 의해 좌우된다.

지속적인 교란에 노출된 환경의 생태계가 몇 가지 간단한 단계 이상으로 발전할 수 없다면, 수 세기 또는 수천 년 동안 비교적 안정적인 상태를 유지하는 환경에서는 어떤 일이 일어날까? 숲을 살펴보자.

숲은 육지에서 가장 복잡한 생태계로, 다양한 종류의 식물과 동물의 절반 이상을 포함하고 있다. 성숙한 숲으로 귀결되는 생태적 천이란 무엇일까? 숲은 어떻게 시작될까?

단 한 번도 벌채된 적이 없는, 이른바 원시림이라고 불리는 지구의 고대 숲을 상상해 보라. 축구장 하나만 한 크기의 세쿼이아 군락이 있는 캘리포니아주 시에라의 숲은, 이집트의 마지막 대(大)피라미드가 세워질 때 이미 살아 있었다. 폴란드 동부의 숲에 있는 거대한 참나무는, 콜럼버스가 카리브해에 도착했을 때 도토리에서 돋아난 싹이 지금은 10층 건물을 능가하는 위용을 자랑한다. 아마존 숲의 경우, 브라질너트나무Brazil nut tree 한 그루에서 〈1헥타르의 유럽 토양에서 발견할 수 있는 모든 종〉보다 더 다양한 종들이 자라고 있다. 이 숲들의 정확한 나이를 알 수는 없지만, 〈숲에서 가장 오래된 나무〉보다 오래됐다는 것만은 분명하다. 이것들은 어떻게 조립되었을까?

이번에는 숲의 일부를 잿더미로 만든 화재를 상상해 보라. 초록빛 임관이 있던 곳에, 이제 검게 그을린 맨땅이 있을 뿐이다. 그러나 곧 새로운 생명체가 등장한다. 만약 당신이 유럽산 야생 버섯 애호가라면, 곰보버섯과 아스파라거스가 잿더미에서 잘 자란다는 사실을 알고 있을 것이다. 내가 어렸을 때, (집 근처의 소나무와 참나무 숲에서 불과 몇 시간 전에 채취한 버섯으로 만든) 싱싱한 버섯 볶음에 대한 갈망이 생길 때마다 아버지는 나를 데리고 숲으로 들어가곤 했다(몇 년 후 코르시카에서 해양 탐사를 할 때, 다이빙을 하지 않는 날에 나의 야생 버섯 채취 솜씨는 타의 추종을 불허했다). 설사 그런 애호가가 아니더라도, 불에 탄 지역에서 몇 주 안에 파릇파릇한 풀이 자라는 것을 본 적이 있을 것이다. 모든 잡초와 균류fungus는 다 어디에서 왔을까?

산불은 일반적으로 땅의 윗부분만 태우고 지표면 아래의 토양은 그대로 둔다. 그 토양 속에는, 문자 그대로 볕 들 날을 손꼽아 기다리던 식물들의 씨앗이 있다. 울창한 삼림의 임관 아래에는 빛이 많이 들지 않아, 대부분의 식물은 번성할 수 없다. 하지만 그들의 씨앗은 지하에서 수십 년 동안 살아남을 수 있다. 예컨대 칠레 아타카마 사막의 일부 지역에서는 비가 전혀 — 적어도 인간의 일생 동안 단 한 번도 — 내리지 않는다. 따라서 사막은 눈에 띄는 생명체가 없는 건조한 지역이다. 그러나 2018년에는 100년 동안 비가 내리지 않던 지역에 비가 내렸다. 그러자 며칠 후 황량한 노란색 표면이었던 사막은 형형색색의 야생화 카펫으로 변했다. 이 꽃들은 번식하고 씨앗을 만들어 사막 바닥에 떨어뜨렸고, 기적적인 비의 효과가 사라진 후 말라 비틀어져 버렸다. 먼지와 모래에 뒤덮인 새로운 씨앗들은 15일간의 영광을 되찾기 위해 하염없이 기다릴 텐데, 어쩌면 한 세기가 더 걸릴지도 모른다. 자연은 서두르지 않지만 언제나 일을 해낸다.

균류는 씨앗을 만들지 않는다. 대부분의 경우, 그들은 숲이 자라는 토양에서 거대한 그물을 형성하는 균사hyphae를 통해 퍼진다. 우리가 모두 알고 있는 〈작은 모자를 쓴 버섯〉은 일종의 생식기관*으로, 포자를 생산한 후 바람에 날려 멀리 퍼뜨린다. 일부 균류는 기생충처럼 행동하지만, 다른 균류는 토양과 숲을 하나로 묶는 접착제 역할을 한다. 나무

* 전문 용어로 이것을 자실체fruit body라고 한다. 버섯의 자실체는 크게 갓(균모), 주름, 대(자루)로 나뉘며, 주름 표면에 포자를 형성하고 이를 전파하여 자손을 퍼뜨린다.

를 포함한 많은 식물들은 균류와의 공생 덕분에 토양에서 영양분을 흡수할 수 있다. 따라서 토양은 집의 기초와 같다. 기초가 없으면 집이 없다. 균류, 벌레, 곤충, 미생물을 보유한 〈살아 있는 토양〉이 없으면 숲도 없다.

잡초는 토양과 이전 숲의 재(灰)에 포함된 영양분을 사용하여 자랄 것이다. 그들은 얕은 뿌리를 뻗으며 퍼져 나감으로써 불에 탄 땅을 안정시켜, 바람에 실려 현장에 도착한 다른 식물 종의 씨앗들이 발아하고 자랄 수 있게 해줄 것이다. 잡초는 (자신들의 잎을 먹는) 곤충을 끌어들이고, 곤충은 (자신들을 쪼아 먹는) 작은 새들을 유인할 것이다. 그런 다음, 새는 다른 곳으로 날아가 (덤불의 씨앗이 들어 있는) 배설물을 떨어뜨릴 것이다. 씨앗에서 자라난 덤불은 다른 종들에게 더 많은 서식지를 제공할 것이다. 이 개척자 종은 다른 종의 도착을 촉진함으로써 생태계가 발전할 수 있는 조건을 제공한다.

궁극적으로, 주변의 타지 않은 숲을 지배하던 나무의 씨앗이 불탄 숲으로 날아들 것이다. 모든 씨앗이 살아남아 나무로 자라는 것은 아니다. 시간이 많이 걸리겠지만, 결국에는 오늘날의 숲처럼 무성해진 생태계를 다시 지배하게 될 것이다. 때가 되면 임관이 다시 두꺼워지고 아래의 땅을 그늘지게 할 테니, 풍부한 빛이 필요한 작은 식물은 인내심을 갖고 또 다른 기회를 기다려야 할 것이다. 어쩌면 번개가 나무를 태우고, 나무가 쓰러져 숲에 구멍이 날지도 모른다. 그러면 개척자들이 다시 활약할 기회가 생길 것이다.

1950년대와 1960년대에 미국의 생태학자 유진 오둠Eugene Odum과 카탈루냐의 저명한 생태학자 라몬 마르갈레프Ramón Margalef는 세계의 다양한 지역과 생태계에 대한 연구에서 일련의 패턴을 도출하기 시작했다. 나는 바르셀로나 대학교의 마르갈레프 학파에서 훈련을 받았고 대학 말년에 그의 강의 중 일부를 수강할 수 있는 특권을 누렸기 때문에, 그에 대한 애착을 인정하지 않을 수 없다. 이 생태학의 거인은 방대한 정보 속에서 패턴을 식별하고 통합 모형을 구축하는 경이로운 능력의 소유자였다.

오둠과 마르갈레프는 생태적 천이가 예측 가능한 일련의 과정a sequence of processes that could be predicted이라는 것을 깨달았다. 예를 들어, 숲은 시간이 지남에 따라 많은 종의 관목, 작은 나무, 큰 나무로 이루어진 퍼즐이 될 것이다. 나무들의 양(量)과 분포는 새나 포유류의 파종, 지형의 경사도, 토양의 산도(酸度) 등 많은 요인에 따라 달라진다. 생태적 천이가 정확히 어떤 경로로 진행될지는 예측할 수 없지만, 풀이 먼저 도착하고 그다음으로 관목, 그리고 나무가 뒤를 잇는다는 점은 잘 알려져 있다. 일부 종의 경우, 다른 종의 사전 정지 작업에 의해 도착하기가 용이해진다. 예를 들어 브로멜리아류bromeliads는 바늘처럼 가느다란 잎에서부터 넓고 평평한 잎, 부드럽거나 뾰족한 잎, 녹색이나 금색이나 갈색을 가진 놀랍도록 다양한 식물이다. 그중 일부(예: 스패니시모스Spanish moss)는 다른 식물 — 일반적으로 나무 — 위에 살므로, 〈식물 위〉를 의미하는 그리스어에서 파생된 착생식물epiphyte로 분류된다. 열대 브로멜리아는 크고 무겁게 자라기 때문에 튼튼한 나무가 필요하고, 나무는 토양에서 영양분을 흡수해야 하므로 이에 도움이 되는 지하 네트워크를 제공하는 균류가 필요하다. 이 세상에 독불장군은 없다.

오둠과 마르갈레프가 독자적으로 깨달은 것은, 생태적 천이에 따라 생태계의 유형에 관계없이 어떤 공통적 속성이 나타난다는 것이다. 즉, 산호초, 습지, 숲, 초원, 정원을 방치할 경우 시간이 지남에 따라 예측 가능한 일들이 일어난다.

많은 연구를 통해, 시간이 지남에 따라 생태계가 성숙함으로써 주어진 지역에 서식하는 식물 종의 수가 증가하는 것으로 밝혀졌다. 이는 생태계의 살아 있는 구조를 제공하는 종(숲의 식물, 암초의 산호)의 풍부성이 증가하는 동시에 생태계의 3차원적 복잡성이 증가하기 때문이다. 생물의 종류만 증가하는 것이 아니라, 총 바이오매스biomass — 종의 풍부함을 무게(이를테면 〈제곱미터당 몇 킬로그램〉)로 판단하는 척도 — 도 시간이 지남에 따라 포화될 때까지 증가한다(가우제의 시험관에서 자라는 미생물을 생각해 보라). 그러다가 어느 순간 물리 법칙이 개입하여, 단위 면적당 〈나무의 크기〉와 〈잎의 수〉를 제한한다.

구멍과 구석, 균열과 틈새, 키 큰 나무와 덤불, 죽은 나무줄기가 많을수록 다양한 종들이 서식할 수 있는 미세 서식지가 더 많이 존재한다. 예컨대 일부 균류는 죽은 나무줄기에서만 자란다. 영국에서는 매우 희귀한 균류 종이 기적적으로 재발견된 적이 있는데, 한 사유지 소유주가 오래된 고목(枯木)을 방치함으로써 자연적 천이에 따라 자연히 분해되도록 한 결과 거둔 성과였다. 그에 반해, 죽은 나무를 베어 땔감이나 뿌리 덮개*로 사용할 요량으로 운반하는 나머지 지역에서는 이러한 균류를 찾아볼 수 없다. 죽었거나 죽어 가는 나무는 목질이 부드럽기 때문에, 많은 딱따구리들이 둥지 짓기용으로 선호한다. 저지대 열대우림에서는 모든 식물 종의 4분의 1이 난초와 같은 착생식물일 가능성이 높다. 난초는 자신이 자라는 나무 종에 대한 선호도를 드러낼 뿐만 아니라, 키 큰 나무의 임관에서 높이 자라는 것을 선호하기도 한다. 하지만 키 큰 나무가 숲바닥에 드리운 그림자도, 그늘에 잘 견디는 난초에게는 더할 나위 없는 서식지다. 미세 서식지의 사례는 그 밖에도 무수히 많다.

* mulch. 교목의 뿌리목 둘레에 있는 포장도로에 설치하는 격자판으로, 물, 공기, 영양분 따위가 들어가 토양이 단단해지는 것을 예방하는 시설물.

개척자들은 제너럴리스트 — 즉, 어디서나 뭐든 먹고 자랄 수 있는 종 — 인 경향이 있다. 하지만 생태적 천이가 진행됨에 따라 스페셜리스트 — 즉, 한 가지 열대식물의 꽃에서만 꿀을 먹는 벌새 종과 같이, 생존에 필요한 조건의 폭이 비교적 좁은 종 — 가 도착한다. 생태계는 마르갈레프가 〈자연의 바로크baroque of nature〉라고 부른 복잡성을 향해 발전한다.

그리고 다양한 종들이 제공하는 서비스 — 그들이 수행하는 자연적 과정 — 도 시간이 지남에 따라 변화한다. 숲이 성장하는 동안, 시간 경과에 따라 나무와 잎의 양이 증가한다. 숲의 생산성은 한계에 도달할 때까지 증가하다가 포화된다. 나무가 더 이상 자랄 물리적 공간이 없을 때, 숲은 한계에 도달하게 된다. 이 시점에서, 나무는 임관을 만들어 숲의 식물들이 사용할 수 있는 햇빛을 모두 독차지한 상태다. 나무의 크기와 나이를 감안할 때, 더 이상의 성장은 물리적으로 불가능하다.

초기 천이 단계에서는 잡초가 빠르게 자라므로, 일주일 안에 바이오매스가 두 배로 늘어날 수 있다. 그에 반해 오래된 나무가 지배하는 성숙한 숲은 인간의 눈에는 변하지 않는 것처럼 보일 것이다. 즉, 생태계가 성숙할수록 더 많은 주민들이 살고 그들이 더 복잡하게 연결되므로, 변화가 느리고 회전율이 낮아진다.

우리는 숲의 성장을 당연하게 여기지만, 곰곰이 생각해 보면 믿기지 않는 자연의 연금술이자 마법이며, 전 세계적인 기후 재앙을 피하는 데 도움이 되는 현재진행형 과정이다. 식물은 햇빛을 이용하여 공기 중의 〈보이지 않는 가스〉를 바이오매스로 전환하는데, 바로 여기에 마법이 숨어 있다. 보이지 않는 가스는 지구 대기에서 자연적으로 발견되는 이산화탄소($CO_2$)다. 식물은 햇빛에 포함된 에너지를 사용하여 이산화탄소와 물에서 포도당과 산소를 만든 다음

($6CO_2+6H_2O \rightarrow C_6H_{12}O_6+6O_2$), 포도당은 식물의 구성 요소를 만드는 재료로 사용하고 산소는 대기 중으로 방출한다. 공기 중에서 탄소를 추출하여 식물의 재료로 바꾸는 과정을 탄소 격리carbon sequestration라고 하는데, 지구상의 식물 — 바다의 미세 조류microscopic algae에서부터 미국 서부의 자이언트 세쿼이아에 이르기까지 — 은 매년 탄소 오염의 약 절반을 이런 방식으로 제거한다. 생태적 천이를 거쳐 성숙해짐에 따라, 숲은 나무뿐만 아니라 토양에도 점점 더 많은 탄소를 저장하는 마법을 부린다.

더 많은 나뭇잎이 생산될수록 숲바닥에 더 많은 낙엽이 쌓이는데, 얼핏 보면 낙엽은 자연의 쓰레기인 것처럼 보인다. 하지만 숲바닥이 쓰레기 매립지라면, (우리가 주변에서 흔히 볼 수 있는 쓰레기 더미처럼) 낙엽수 숲 아래 땅바닥에 수 미터 두께의 〈낙엽 카펫〉이 형성되어 있어야 할 것이다. 하지만 실상은 그렇지 않은데, 그 이유가 뭘까? 잎은 진정한 유기물이어서, 생분해된 후 완전히 재활용되기 때문이다. 그러므로 낙엽은 전형적인 퇴비라고 할 수 있다. 즉, 오래된 숲에는 수많은 곤충, 균류, 세균이 있어서, 낙엽을 먹고 분해하여 기본 영양분으로 만들고, 이 영양분은 다시 숲의 먹이사슬에 편입되어 물과 함께 나무의 뿌리로 이동한다. 자연계는 낭비가 전혀 없는 진정한 순환 경제circular economy로, 모든 것이 다른 것을 생산하기 위해 재사용되기 때문에 폐기물이 전혀 없다. 아이러니하게도 생태계가 성숙할수록 더 많은 쓰레기가 생성되지만, 이 쓰레기는 숲을 번창하게 하는 영양분을 재생하는 데 중요한 역할을 한다.

이야기는 여기서 끝나지 않는다. 우리 모두는 숲이 지구의 허파라는 말을 귀에 못이 박히도록 들었지만, 실제로 대기 중 산소의 대부분은 바다의 미생물과 미세 조류에 의해 생성된다. 사실, 숲에서 생산된 산소의 대부분은 그 안에서 활동하는 모든 동물의 호흡(문자 그대로, 에너지를 생성하기 위한 연소)에 사용될 수 있으며, 동물은 이 산소를 이용하여 숲에서 생산된 모든 식물성 물질을 소비한다. 그렇다면 엄밀히 말해서, 숲은 지구의 허파가 아니라 땀샘이라고 해야 옳다. 나무는 토양에서 물을 끌어올려 가지로 이동시킨 후, 그중 대부분을 잎을 통해 수증기로 방출한다. 우리가 땀을 흘리는 것과 유사한 이 과정을 증산작용transpiration이라고 하는데, 식물은 증산작용을 통해 토양 속의 물을 잎으로 이동시키거나 주변의 공기 속으로 (수증기 형태로) 방출한다. 우리가 흘리는 땀이 증발되어 우리 몸을 식히는 것처럼, 증산작용은 숲 전체를 식힌다.

천이의 마지막 단계에서 생태계는 〈클라이맥스〉라고 불리는 성장 과정의 정점에 도달하는데, 이 시기의 생태계는 가장 바로크적이면서도 가장 효율적이다. 하지만 특정 생태계와 그 클라이맥스는 얼마나 오래 지속될까?

내 친구이자 동료인 존 판돌피John Pandolfi는 고생물학자다. 그가 화석을 연구하는 것은, 지질학적 근과거(近過去)에 지구상의 생명체가 어떻게 진화했는지 이해하기 위해서다. 존은 11만 5000년 전으로 거슬러 올라가는 마지막 빙하기 이후에 나타난 고대 단구terrace에서 카리브해 연안의 산호초를 연구했다. 그는 빠르게 자라는 아크로포라*Acropora*속 산호 중 두 종 — 사슴의 뿔처럼 원통형 가지를 가진 석산호staghorn coral와 말코손바닥사슴moose의 뿔처럼 뚱뚱하고 납작한 가지를 가진 엘크혼산호elkhorn coral — 이 얕은 산호초의 화석 기록을 지배한다는 사실을 발견했다. (엘크elk는 말코손바닥사슴의 유럽식 이름이고, 북아메리카에서는 와피티사슴을 가리키므로, 혼동을 피하기 위해 엘크혼산호는 〈무스산호〉로 개명해야 할 것 같다.) 이들은 빠르게 성장하는 〈개척자 산호〉이자 일

종의 〈잡초 산호〉다. 카리브해의 모든 산호초는 약 10년에 한 번씩 허리케인에게 두들겨 맞는데, 그때마다 얕은 산호들이 어김없이 부서지지만, 아크로포라가 빠르게 성장하여 정착지를 다시 건설하기 때문에 산호초가 재건될 수 있다.

카리브해 연안에서는 허리케인과 파도의 작용으로 인한 피해가 비교적 빈번하기 때문에, 전형적인 얕은 산호초의 생태적 천이는 엘크혼 산호(얕음)와 석산호(약간 더 깊음)로만 구성된 군락 이상으로 발전한 적이 없다. 허리케인 → 산호 잔해 → 아크로포라속 산호초 → 허리케인 → 산호 잔해 → 아크로포라속 산호초…… 식의 순환은 적어도 20세기 후반까지 계속되었지만, 그 이후에는 인간 활동으로 인해 환경이 변화하는 바람에 아크로포라속 산호가 생존하기 어려워졌다.

오래된 생태계가 조립되는 데는 수 세기 또는 수천 년이라는 오랜 시간이 걸린다. 그러므로 그에 대한 정보가 축적되려면 오랜 시간 — 그리고 오랜 시간에 걸쳐 연속적으로 일어나는 사건들 — 이 필요하다. 하지만 이 모든 것을 무너뜨리는 사건은 일순간에 비극적으로 일어나는 경향이 있다. 화재는 수천 년 동안 성장한 숲을 파괴하고, 용암류는 수백 년 된 산호초를 망가뜨리고, 새우 양식장을 짓는다는 것은 수백 년 된 맹그로브 숲을 단 며칠 만에 벌목하는 것을 의미할 수 있다.

산불, 번개 또는 용암류와 같은 자연적 교란은 생태계의 일부에서 천이 시계successional clock를 재설정한다. 번개에 의해 큰 나무가 쓰러져 열대림의 임관에 구멍이 뚫리거나 온대림 바닥을 샅샅이 뒤지는 대형 초식동물이 나타나면 천이가 다시 시작될 수 있다. 따라서 오래된 숲이라고 해서 반드시 오래된 나무들로 이루어진 두꺼운 임관을 형성하는 것은 아니며, 상이한 천이 단계에 있는 부분들 — 오래된 임관, 클라이맥스에 달한 숲, 막 생겨난 공터, 수십 년 전에 생겨난 공터와 젊은 임관

— 의 모자이크일 가능성이 높다. 건강하고 성숙한 생태계는 단색의 그림이 아니라 환경과 그 자체의 변화에 반응하며 진화하는 다채로운 퀼트와 같다.

우리의 건축 환경도 천이의 원칙을 따른다. 중국은 지금 비교적 빠르게 거대한 도시를 건설할 수 있지만, 과거에는 도시들이 유기적으로 성장했다. 뉴욕시의 경우에도 사정은 마찬가지였다. 최초의 네덜란드 정착민들이 맨해튼에 건물을 짓기 시작했을 때, 나무 판잣집과 몇 가지 기본적인 일자리가 있었을 뿐 공공 서비스는 거의 없었다. 수백 명의 이주민으로 구성된 허름한 도시에서, 환경미화원, 의사, 반려견 미용사 등 수천 개의 다양한 직업 — 비인간 생태계nonhuman ecosystem를 구성하는 다양한 종의 등가물 — 을 가진 800만 명 이상의 인구를 거느린 메트로폴리스로 성장하는 데 200년 이상이 걸렸다. 오늘날 뉴욕시는 원래의 주거지를 보존하고 있지 않지만 다양한 벽돌, 강철, 유리 건물을 전시하고 있는데, 그중에는 1층 건물부터 94층 건물(높이 541미터)*까지, 20세기 이전에 건축된 곳에서 현재 건설 중인 곳까지, 도어맨이 있는 곳과 없는 곳, 엘리베이터가 있는 곳과 없는 곳이 혼재되어 있다. 숲과 마찬가지로, 뉴욕시의 성장률도 시간이 지남에 따라 둔화되었다. 초기 정착지의 규모는 1년 이내에 두 배로 늘어났을지 모르지만, 현재의 연간 변화는 규모와 복잡성에 비해 미미하다. 건물이 철거된 일부 지역에서만 숲의 공터처럼 다시 성장할 수 있다.

이러한 유사성에도 불구하고 생태계 발전과 인간의 발전 사이에는 본질적인 긴장이 존재한다. 인간은 질보다 양, 발전보다 성장, 보존보다 생산을 원하는데, 이는 일반적으로 가장 비효율적인 방식으로 실현된다. 자연 생태계는 종 풍부성, 유기체의 크기와 연령, 바이오매스, 생산

* 9.11 테러로 붕괴했다가 재건된 세계 무역 센터, 즉 원 월드 트레이드 센터를 가리킨다.

성, 유기물 재활용의 효율성, 살아 있는 유기체가 만들어내는 3차원 구조, 안정성 등 다양한 속성의 향상을 통해 스스로 조직화된다. 그러나 인간은 하나의 아이디어에 집착하며 맹목적으로 집중한다. 우리는 성숙한 생태계를 가장 단순한 생태계인 단일재배지로 바꾼다. 아이오와주의 옥수수밭이나 칠레 피오르의 연어 양식장처럼, 속성 재배를 위해 선택한 한 종에만 우선순위를 부여하고, 모든 노력을 경주함으로써 주변 종에 해를 끼친다. 이러한 단일재배는 우리를 먹여 살리기 위한 것이지만, 아이러니하게도 생태계 성숙도의 측면에서 보면 황량한 풍경 — 반클라이맥스* — 에 가장 가깝다. 우리가 만든 환경은 자연 생태계의 조립과 생산성을 재창조하려는 잘못된 시도로, 우리만의 필요를 충족시키기 위해 설계되었다.

우리는 생물권 전반의 생태적 천이를 갑작스럽게 중단시키고, 대부분 역전시켜 복잡한 생태계를 〈높은 회전율을 가진 단순하고 동질적인 시스템〉으로 바꾸고 있다. 즉, 우리는 생물권을 가속화·파편화fragmenting하고 있다. 이것은 우리가 자연으로부터 우리 자신을 고립시키고 있다는 것을 의미할까? 아니면 자연이 감당할 수 없을 정도로 깊이 자연에 몰입하고 있다는 것을 의미할까? 이것은 우리가 자연의 방식에서 배우려고 할 때 던질 가치가 있는 질문이며, 이러한 질문에 답하는 방법은 생태계 사이의 경계를 살펴보는 것이다.

* anti-climax. 서사나 이야기가 급격히 실망스럽게 전개되거나, 중요한 사건에서 진부하거나 중요치 않은 사건으로 전개되는 양상.

# 5
# 생태계의 경계

남아프리카 해안에서는 일 년에 한 번 기적이 일어난다. 해안과 평행하게 부는 계절풍은 해안을 따라 표층수surface water를 이동시킨다. 멀리 이동하는 물은 깊은 곳에서 올라오는 심층수deep water로 대체된다. 영양분이 풍부한 심층수의 용승upwelling은 미세 조류인 식물성 플랑크톤phytoplankton을 꽃피우며, 이 조류는 심해에서 올라온 비료와 풍부한 햇빛을 이용하여 번성한다. 위성 사진에서 볼 수 있는 아름다운 녹색 반점과 소용돌이처럼, 이러한 조류 대번식algae bloom 현상은 우주에서도 볼 수 있다.

영양분이 풍부한 깊은 곳의 바닷물이 수면으로 올라오면, 쓰러진 나무가 숲의 천이를 다시 시작하는 것과 같은 방식으로 플랑크톤 천이planktonic succession가 시작된다. 먼저, 광합성을 하는 아주 작은 세균과 소형 식물성 플랑크톤이 발달한다. 그다음에는, 규조류diatoms — 바닷물에 용해된 이산화규소silica($SiO_2$)를 사용하여 유리질 골격을 만든다 — 와 같은 더 큰 식물성 플랑크톤이 등장한다. 풍부한 먹이는 필연적으로 포식자에게 더 많은 기회를 제공한다. 이렇게 큰 식물성 플랑크톤이 풍부해지면 작은 동물 포식자가 나타나고, 차례로 더 큰 포식자들이 나타나 4~5단계의 놀라운 먹이그물이 형성된다. 식물성 플랑크톤의 포식자인 동물성 플랑크톤zooplankton 역시 미세한 크기를 가졌으며, 그중 대부분은 새우와 비슷하게 생겼다. 동물성 플랑크톤의 바이오매스가 발달하면, 수십억 마리의 정어리 — 동물성 플랑크톤 포식자 — 가 나타나 연례 잔치를 벌인다. 남아프리카 해안을 따라 길게 늘어선 정어리 떼의 길이는 때때로 최대 8킬로미터에 달하기도 한다.

그리고 단 몇 주 만에 세계에서 가장 놀라운 먹이그물 중 하나가 형성된다. 참치, 상어, 바닷새, 바다사자, 돌고래, 대형 고래와 같은 대형 포식자들이 엄청난 규모의 정어리 떼에 이끌려 모여든다. 아마도 자연 다큐멘터리에서 이러한 섭식 열풍feeding frenzy을 본 적이 있을 것이다. 포식자에게 완전히 포위되자, 정어리 떼는 방어 메커니즘의 일환으로 똘똘 뭉쳐 단단한 공 — 이를 미끼 공bait ball이라고 한다 — 을 형성한 후 미친 듯이 회전하기 시작한다. 빠르게 움직이는 미끼 공은 포식자가 한 개체를 추격하는 것을 매우 어렵게 만든다. 정어리의 입장에서는 머릿수가 많으면 안전하다. 하지만 포식자의 입장에서는 피식자의 수가 많을수록 사냥의 효율성이 증가한다. 참치와 돌고래는 미끼 공을 수면에 더 가깝게 밀어 올려, 정어리의 탈출 능력을 감소시킨다. 그러나 위험은 바다뿐만 아니라 하늘에서도 찾아온다. 부비새 등 수백 마리의 바닷새가 바다로 뛰어들어 정어리를 하나씩 낚아챈다. 사방에서 공격을 받은 정어리 떼는 속수무책으로 당하고, 공의 부피가 급격히 줄어든다. 정어리 관(棺)에 마지막 못을 박는 것은, 어부지리를 노리는 고래일 수 있다. 입을 크게 벌린 채 깊은 곳에서 올라온 큰 고래는 한 번에 수만 마리의 정어리를 집어삼킬 수 있으니 말이다. 결국 정어리 떼가 남기는 것은 해저에 비처럼 쏟아져 내리는 반짝이는 비늘들뿐이다.

이 경이로운 광경에서 우리는 어떤 생태학적 원리를 도출할 수 있을까? 그리고 이것이 우리가 자연 생태계를 착취하는 것과 무슨 관련이 있을까?

플랑크톤 대번식이 일어나는 곳 — 그리고 나중에 거대한 정어리 떼가 모여드는 곳 — 과 주변 바다 사이의 경계는 첨예하고 비대칭적이다. 한쪽에는 플랑크톤과 정어리로 이루어진 걸쭉한 수프가 있고, 몇십 센티미터 떨어진 곳에는 바닷물만 있기 때문이다. 하지만 그 경계는 투과성permeable이 있고 활성화active되어 있어서, 포식자가 드나들 수 있다. 게다가 유기체의 생존에 필요한 에너지 — 먹이의 형태로 존재함 — 도 경계를 가로질러 이동한다.

경계 한쪽의 플랑크톤 대번식 내부에서, 우리는 천이 초기 단계early stages of succession의 생태계 — 높은 회전율을 보이며 빠르게 성장하는 미세 조류 — 를 찾을 수 있다. 플랑크톤의 번식력은 믿기 어려울 정도로 왕성해서, 개별 식물성 플랑크톤이 하루에 한 번 이상 분열한다. 경계 반대편에 있는 생태계는 회전율이 훨씬 낮은 대형 척추동물의 서식지다. 예컨대 고래 개체군의 크기가 두 배로 늘어나는 데 걸리는 시간은 수십 년이다.

가장 덜 성숙한 생태계the least mature ecosystem에서 생산된 에너지 — 식물성 플랑크톤(나중에는 동물성 플랑크톤)이라는 먹이의 형태로 존재함 — 는 경계를 넘어 주변의 더 성숙한 생태계more mature ecosystem — 해양 포유류가 서식하는 외해*와 바닷새가 서식하는 해안 지역 — 로 이동하게 된다. 이런 식으로, 더 성숙한 생태계는 덜 성숙한 생태계를 착취한다. 에너지는 오로지 한 방향(덜 성숙한 생태계→더 성숙한 생태계)으로 이동하지만, 통제력은 반대 방향으로 행사된다. 남아프리카의 예에서 보는 바와 같이, 식물성 플랑크톤의 생산성은 주변에 사는 포식

* open sea. 육지와 인접하지 않은 넓은 바다.

자(동물성 플랑크톤, 정어리)에게 전달되지만, 정어리의 수명을 결정하는 것은 대형 포식자다. 대형 포식자는 먹이의 풍부성과 생태 커뮤니티의 구조를 조절한다.

이것은 대부분의 비대칭적 경계asymmetrical boundary에서 발견되는 일반적인 패턴이다. 가장 덜 성숙한 쪽에서 생성된 에너지는 활성화된 경계active boundary를 통과하여, 더 성숙한 쪽으로 하여금 생태적 천이 경로를 따라 나아가게 하는 원동력으로 작용한다. 이러한 패턴은 바다뿐만 아니라 육지에서도 관찰된다. 예컨대 사슴과 같은 산림 동물forest animal은 숲에 은신하지만, 풀을 뜯기 위해 공터나 인근의 초원으로 이동한다. 사슴은 초원의 식물이 많이 자라기 전에 먹어 치우므로, 방목은 초원으로 하여금 생태계 천이의 미성숙 단계를 벗어나지 못하게 한다. 초원의 풀이 생성한 에너지는 초원 커뮤니티가 천이 경로를 따라 나아가는 데 사용될 수 없지만, 그 에너지는 사슴의 배설물을 통해 숲으로 배출되어 (숲의 성숙한 상태를 유지하는 데 도움이 되는) 비료 역할을 한다. 요컨대, 초원은 기존 바이오매스의 몇 배에 해당하는 새로운 바이오매스(풀)를 생산하지만, 자신이 생산하는 에너지보다 훨씬 적은 에너지를 호흡한다(또는 연소시킨다). 그와 대조적으로, 성숙한 숲은 생산된 에너지를 모두 호흡하므로 초과 생산이 발생하지 않을 수 있다. 이 경우에는 숲이 초원을 착취하고 있는 것이다.

단일 커뮤니티 내에서의 생태적 천이는 동일한 추세를 기반으로 한다. 즉, 하나의 천이 단계에서 생산된 에너지는 생태계 전체의 성숙도를 높이는 데 사용된다. 하지만 때로는 커뮤니티가 더 이상 성숙해지지 않을 수도 있다. 이런 일이 발생하는 데는 두 가지 중요한 이유가 있을 수 있다.

첫째, 하와이의 산호초 환경에서 보았듯이, 지속적인 고에너지 물리적 교란high-energy physical disturbance은 〈커뮤니티가 생태적 천이 경로를 따라 얼마나 멀리 나아갈 수 있는지〉를 제한한다. 그곳에서는, 얕은 산호초를 강타하는 파도의 에너지로 인해 복잡한 구조를 가진 큰 산호 군락이 형성될 수 없다. 둘째, 더 성숙한 시스템의 착취 때문에 특정 커뮤니티의 천이가 중단될 수 있다.  포식자에게 사냥당하는 정어리의 경우가 여기에 해당한다. 착취가 없다면, 플랑크톤 대번식과 주변 해역 사이의 뚜렷한 경계가 사라지는 데 걸리는 시간이 단축될 것이다. 마찬가지로, 초원에서 풀을 뜯는 사슴의 경우, 숲과 공터 사이의 경계는 (더 안정적인 생태계인) 숲이 공터를 착취하는 경우에만 지속될 것이다.

그런데 모든 경계는 두 개의 인접한 생태계 사이에서 생겨날까? 반드시 그런 것은 아니다. 서로 멀리 떨어져 있는 생태계 사이에도 경계가 발생할 수 있다. 캘리포니아의 스크립스 해양학 연구소에서 일할 때, 나는 〈기회가 생기면 귀신고래gray whale를 찾겠다〉는 일념으로 책상 위에 항상 쌍안경을 올려놓고 있었다. 귀신고래는 일 년에 두 번 알래스카와 멕시코의 바하칼리포르니아Baja California 사이를 이동하는데, 여름철에는 알래스카의 풍요로운 바다에서 먹이를 찾기 위해 북쪽으로 헤엄친다. 남반구에서도 혹등고래가 이와 비슷한 이동을 하는데, 그들은 콜롬비아 연안의 열대 동태평양과 칠레의 피오르 사이를 헤엄친다.

귀신고래가 여름철에 알래스카로 이동하는 것은, 일조량 증가로 인해 플랑크톤 대번식이 일어나면서 무척추동물과 연안 어류가 폭발적으로 증가하기 때문이다. 여름은 회전율이 비교적 높은 계절로, 포식자의 소비 능력을 초과하는 식량이 생산된다. 귀신고래는 이 절호의 기회를 이용하여, 먹이가 더욱 풍부해지는 북쪽으로 이동하여 번식기에 대비한다. 가을에는 반대 방향으로 헤엄쳐 바하칼리포르니아 해안의 얕은 석호lagoon에 도착하는데, 이곳에서 추위를 피해 짝짓기를 하고 새끼를 낳는다. 새끼 고래가 웬만큼 성장하면, 귀신고래는 다시 북쪽으로 헤엄쳐 알래스카로 돌아갈 것이다. 이 예에서, 이동 중인 동물은 3,700킬로미터 떨어져 있는 두 생태계 사이에 활성화된 경계를 만든다.

새들은 계절에 따라 이동하며 훨씬 더 큰 규모의 활성화된 경계를 넘나든다. 작은 바닷새인 사대양슴새sooty shearwater는 매년 베링해와 남극 해역 사이를 이동한다. 이 새는 태평양 전체를 8 자 모양으로 횡단하며 1년에 6만 4000킬로미터를 이동한다. 114그램의 북극제비갈매기는 매년 그린란드와 남극 대륙 사이를 7만 킬로미터 이상 비행한다. 이 새들은 비행기를 자주 타는 사람들에게 부러움의 대상이 될 것이다.

곤충이 풍부한 북유럽의 여름에 둥지를 트는 많은 새들은 겨울이 되면 아프리카로 이동한다. 내가 가장 좋아하는 새 중 하나는 지중해 섬의 깎아지른 석회암 절벽에 둥지를 트는 엘레오노라매Eleonora's falcon다. 이 매는 지중해의 다른 어떤 매보다도 늦게 새끼를 키우는데, 둥지 짓는 시기가 유럽 제비의 남하 이동 시기와 일치한다. 매가 새끼에게 무엇을 먹이는지는 두말할 필요도 없다. 이는 철새들이 계절에 따라 상이한 생태계를 착취하고, 따라서 이동하면서 활성화된 경계를 만드는 또 다른 예다.

자연의 모든 경계가 비대칭적인 것은 아니다. 산 전체가 보이는 거리에서 바라보면 코르시카의 참나무 숲과 소나무 숲의 경계가 뚜렷한 선처럼 보인다. 그러나 산으로 올라가서 숲들 사이의 전환점에 서면 선이 모호해진다. 처음에는 참나무가 우세한 숲을 볼 수 있고, 조금 더 올라가면 참나무 사이에서 첫 번째 소나무가 나타난다. 결국 소나무가 우세한 숲에서 마지막 참나무를 볼 때까지 참나무의 수가 계속 줄어들게 된다. 두 숲 사이에 선을 그으면 (양쪽에 비슷한 수의 참나무와 소나무가 있는) 과도기적 혼효림mixed forest이 나타나기 때문에, 이러한 유형의 경계는 대칭으로 간주될 수 있다. 건축 환경에도 이와 유사한 대칭적 경계가 존재하는데, (도심에서 문어가 촉수를 뻗은 것처럼 보이는) 도시 교외와 주변 자연 환경 사이의 전환이 바로 그러한 예다.

자연 생태계 사이의 경계는 (한 생태계에서 다른 생태계로의 변화가 순조로운) 대칭형일 수도 있고, (커뮤니티 간의 변화가 급격한) 비대칭형일 수도 있다. 비대칭적 경계는 강둑과 같은 물리적 장벽에 의해 유지되거나, 경계 한쪽의 생태계가 다른 쪽을 착취함으로써 유지될 수 있다. 착취하는 쪽은 더 성숙한 생태계인 경향이 있으며, 착취당하는 쪽에서 착취하는 쪽으로 에너지가 순유입net flow된다. 이것은 인간 생태계와 나머지 생물권과의 상호작용에 대해 무엇을 의미할까?

인간은 자연 생태계에서 목재, 화석연료, 살아 있는 유기체 등의 형태로 에너지를 추출하고, 이를 통해 생태계의 천이를 역전시킨다. 남아프리카 해안에서 고래가 정어리를 잡아먹는 것처럼, 인간은 자연 생태계가 생태적 천이 경로를 따라 더 성숙해지고 발전하는 것을 방해한다. 우리는 자연의 궁극적 착취자다. 우리가 주변의 자연계에서 추출한 에너지는 한 방향으로만 흐르는데, 그 수혜자는 우리와 (우리가 만든) 환경이다.

그 과정에서 우리는 〈자연 생태계 내부〉와 〈자연 생태계와 인간 생태계 사이〉에 비대칭적인 경계를 만든다. 자연 생태계 내부의 경계는 숲과 (벌목꾼이 벌채한) 공터 사이의 경계일 수 있다. 자연 생태계와 인간 생태계 사이의 경계는 뉴욕 JFK 공항 인근 염습지salt marsh의 가장자리일 수 있다. 이것들은 모두 비대칭적 경계이며, 자연계에 대한 고질적인 착취가 계속되기 때문에 매우 활성화되어 있다.

남쪽에서 번식하기 위해 북쪽의 에너지를 사용하여 지구를 종단하는 새처럼, 인간은 지구 전체에 비대칭적 경계를 만든다. 예컨대 세계에서 가장 다양한 종을 부양하는 성숙한 생태계인 보르네오의 풍부한 열대림을 생각해 보라. 인간은 그 숲을 벌채하여, 다양성이 거의 제로에 가까운 단일재배지인 기름야자oil palm 농장으로 바꿨다. 단일재배 농장보다 생태적으로 덜 성숙한 곳은 불에 그을린 숲밖에 없을 것이다. 기름야자는 전 세계 도시에서 식품으로 소비되겠지만, 인간은 그 대가로 생태계에 아무것도 돌려주지 않을 것이다. 인간이 농장을 유지하는 한 그 서식지는 이전의 생태적 영광을 결코 되찾지 못할 것이며, 숲과 농장 사이의 비대칭적 경계는 지속될 것이다.

한쪽이 다른 쪽을 착취하는 경계를 만들고 유지하는 이러한 생태학적 원리가 인간 간의 상호작용에도 적용될 수 있을까? 문화, 국가, 문명, 심지어 이웃 사이에도 자연 생태계와 동일한 특성을 가진 경계가 존재할까? 만약 존재한다면, 가장 어려운 사회적 문제를 해결하기 위해 자연으로부터 무엇을 배울 수 있을까?

예컨대 미국과 멕시코의 접경지대에 위치한 도시 — 티후아나Tijuana와 샌디에이고San Diego — 사이의 경계는 국경선 전체와 마찬가지로 비대칭적이고 첨예하다. 이 같은 정치적 실체political entity 간의 비대칭적 경계는 세계 어디에나 존재하지만, 오늘날의 활성화된 경계는 물리적으로 인접할 필요가 없다. 국제적 여행, 운송, 무역이 더 많은 활성화된 경계를 만들어 냈기 때문이다.

자연계에서 더 성숙한 생태계는 경계를 공유하는 덜 성숙한 생태계를 착취함으로써 후자가 천이 경로를 따라 나아가는 것을 방해한다. 이는 착취적인 민족국가가 다른 국가의 발전을 방해할 수 있음을 시사한다.

국내총생산gross domestic product(GDP)은 대부분의 정부가 발전을 가늠하는 데 사용하는 황금 우상golden idol이다. 1년 동안 한 국가에서 생산된 모든 완제품과 서비스의 금전적 가치인 GDP는 경제 규모와 성장률을 추정하는 데 사용되지만, 인간의 번영을 나타내는 최악의 지표 중 하나다. 첫째, 그것은 자연계의 파괴를 계산에 넣지 않으며, 실제로 이러한 파괴적 결과를 제조 능력에 유리하도록 외화*한다. 예컨대 홍수로 마을이 파괴된 경우, 빗물을 저장하는 건강한 생태계가 있었다면 홍수 자체를 예방할 수 있었음에도 불구하고 복구 활동으로 인해 GDP가 증가할 것이다. 둘째, GDP는 〈공식적이고 조직화된 시장의 일부로 측정될 수 있는 것〉이 사회의 유일한 가치라고 가정한다. 예컨대 원주민 부족에 의한 산림 보호는 GDP에 포함되지 않지만, 목재를 다른 국가에 판매할 요량으로 산림을 벌채하는 것은 GDP에 포함된다. 셋째, GDP는 웰빙과 행복을 측정하지 않는다. 〈저개발less developed〉 국가들은 선진국에 공급할 농작물 재배를 위해 숲을 벌목하라는 요구에 시달리고 있다. 에너지의 대부분은 그것을 생산하는 생태계에서 사용되지 않고, 오히려 더 부유한 국가를 지원하고 심지어 부양하는 데 사용된다. 이것은 〈플랑크톤 대변식을 착취하는 포식자〉나 〈숲 가장자리에서 풀을 뜯는 사슴〉과 동일한 상황으로, 〈저개발〉 국가의 문화적 성숙을 가로막고 심지어 문화적 퇴보를 조장한다.

모든 인간 사회가 고유한 문화적·생태적 천이를 실현하고 있음을 인정하는 것이 중요하다. 육지의 모든 생태계가 숲으로 발전하지 않는 것처럼, 인간 사회에도 단 하나의 클라이맥스가 있는 것이 아니라 다양

* externalization. 헤겔의 용어로, 어떤 존재가 자신 안에 있는 것 또는 자신의 본질을 자신에게 낯선 것, 자신에 대립되는 것으로 간주하는 것을 뜻한다.

한 클라이맥스가 존재한다. 모든 국가가 뉴욕시나 두바이를 건설할 필요는 없다. 내 친구이자 동료인 내셔널지오그래픽의 상주 탐험가 웨이드 데이비스Wade Davis는 다음과 같이 아름답게 표현했다. 〈인간의 원초적인 천재성과 잠재력을 (서구의 위대한 역사적 업적처럼) 놀라운 기술 혁신을 통해 발휘하든, 아니면 (호주 원주민의 주요 관심사인) 신화에 내재된 복잡한 기억의 실타래를 풀어냄으로써 구현하든, 그것은 단순히 선택choice과 방향성orientation, 적응적 통찰력adaptive insight과 문화적 우선순위cultural priority의 문제다.〉

많은 원주민 집단은 상이한 천이 단계에 있는 그림 조각으로, 자연환경의 한가운데서 모자이크를 이루며 살아가고 있다. 이들의 생활 방식은 훨씬 더 미세한 결을 가진 대칭적 경계를 만들어 내는데, 이는 그들이 고향이라고 부르는 생태계의 자연적 다양성을 보존하는 데 도움이 된다(위성 사진에서, 비원주민들의 가축과 농업을 위해 네모반듯하게 잘린 갈색 농지와 대조적으로, 매우 푸르게 보이는 브라질 아마존 원주민들의 토지를 생각해 보라). 많은 사람들이 생각하는 것과 달리, 원주민의 문화적 선택은 〈덜 발전한〉 것이 아니다. 서양인들이 숲을 상품commodity이 아닌 신성한 존재sacred entity로 여겼다면, 기후변화로 인한 인간적·경제적 피해는 훨씬 줄어들었을 것이다.

인간 세계에서 경계가 어떻게 불평등을 만드는지 보여 주는 예로, 뉴욕으로 돌아가 보자. 뉴욕시와 업스테이트* 농경지 사이의 경계는 비대칭적이고 활성화되어 있다. 뉴욕은 해운과 항공 교통을 통해 전 세계 100개 이상의 국가와 연결되어 있기 때문에, 북쪽에 있는 농지라는 물

* 뉴욕주 중에서 뉴욕 대도시권에 속한 곳을 제외한 지역을 의미하며, 현재 뉴욕의 북부, 중부, 서부를 가리킨다.

리적 경계보다 훨씬 더 많은 경계를 가지고 있다. 뉴욕시는 성숙한 도시 생태계라고 할 수 있다. 800개의 다양한 언어가 사용될 정도로 뉴욕의 인적 다양성은 놀라운데, 언어는 도시에 거주하는 사람들의 국적을 나타내는 좋은 지표다. 콘크리트, 금속, 유리 등 무생물 구조물 — 숲으로 치면 나무에 해당함 — 의 질량은 엄청나다. 그리고 회전율이 비교적 낮아, 건설 현장은 어디에나 있지만 도시 기반 시설의 연간 성장률은 유의미해 보이지 않는다.

그러나 나는 뉴욕시가 인위적으로 유지되는 과성숙 생태계hypermature ecosystem이며, 경계를 넘어 다른 많은 생태계를 착취하는 덕분에 유지된다고 주장한다. 예컨대 뉴욕시는 식량을 많이 생산하지 않는다. 미국과 그 밖의 농업 지대에서 식량이 반입되지 않는다면, 대규모 인구 감소가 일어날 것이다.

뉴욕시는 에너지 생산량도 많지 않아, 대부분을 다른 주(州)에 있는 발전소에서 수입해야 한다. 자체적인 담수가 없기 때문에, 도시 북쪽의 캐츠킬산맥Catskill Mountains에서 물을 끌어와야 한다. 도시를 유지하기 위한 대부분의 물자도 사정은 마찬가지다.

만약 불투과성 경계impermeable border — 세상의 다른 지역과 격리하는 높은 장벽 — 가 뉴욕시를 둘러싸고 있다면, 경계 내부의 인구는 극도로 부대낄 것이다. 뉴욕시의 성숙도를 유지하는 것은, 미국의 다른 주와 전 세계 다른 국가에 대한 착취다. 이 원리를 미국 전체로 확장해 보자. 과거에는 (독특한 생물 다양성biodiversity을 지닌) 풍부하고 다양한 키 큰 잔디가 자라는 대초원prairie이었던 중서부 농지와 전 세계 여러 나라의 개발로 인해, 미국의 도심은 소비가 생산을 훨씬 초과하고 실제로 필요한 것보다 더 많은 자원이 소비되는 과개발 상태hyperdeveloped state를 유지하고 있다. 물론 미국은 조직화된 시장에서 이러한 자원에 대한 비용을 지불하며, 글로벌화된 세계에서 어떤 국가도 자급자족을 기대해서는 안 되지만, 현실은 다른 국가에서 미국으로 에너지가 순유입되고 있다는 것이다. 오늘날 중국도 서양식 천이 경로를 따라 다른 나라를 착취하면서 발전하고 있다.

에너지와 자원이 〈가난한〉 국가에서 〈부유한〉 국가로 흘러가는 한, 전자는 사회가 원하는 것이 무엇이든 간에 그 에너지를 자신의 천이 경로를 따라 나아가는 데 투자할 수 없을 것이다. 부유한 나라와 가난한 나라 사이의 경계는 지속될 것이며, 이러한 경계의 비대칭성은 전 세계적 불평등을 영속화할 것이다. 이러한 비대칭적 경계와 그로 인해 영속화되는 에너지와 생산성의 관계가 유지되는 한, 그리고 강대국들이 〈인류의 진보를 측정하는 방법은 하나뿐이다〉라고 주장하는 한, 전 세계적으로 지속 가능한 개발worldwide sustainable development이라는 UN의 목표는 환상에 불과할 수 있다.

〈GDP가 인간 사회의 성숙도를 정확하게 측정하는가?〉라는 질문으로 돌아가 보자. 내가 제안하는 것은, 그 대신 〈환경에 존재하는 다른 종에 대한 우리의 지식 수준〉과 〈그들과 지속 가능한 관계를 발전시켜 온 정도〉를 평가할 수 있어야 한다는 것이다. 이것은 인류가 오랜 시간 동안 축적해 온 정보이며, 자연 환경을 남용abuse하지 않고 이용use하는 데 도움이 될 수 있는 정보다. GDP 대신 환경 성숙도 지수Environmental Maturity Index(EMI)를 측정해 본다면, 부풀려진 GDP를 자랑하는 많은 부유한 국가들이 EMI 목록에서 최하위권에 머물러 있다는 사실에 놀랄 것이다.

세상을 바라보는 방법에는 여러 가지가 있는데, 나는 지금 생태학자의 관점을 이야기하고 있다

비대칭적 경계를 인식하는 것은, 생태계 간에 에너지가 어떻게 이

동하는지를 이해하는 열쇠다. 또한 〈자연 생태계 남용〉과 〈선진국과 다른 국가 사이에 존재하는 불평등〉을 이해하는 데 도움이 될 수 있다. 하지만 자연에서는 이러한 규모의 남용이나 불평등을 찾아볼 수 없다. 왜 그럴까? 우리처럼 생태계를 변화시킬 잠재력을 가진 최상위 포식자top predator가 존재하지 않아서 그럴까? 우리 인간처럼 경계를 넘어 지배력을 행사할 수 있는, 다른 종보다 더 강력한 영향력을 가진 종이 없어서 그럴까?

# 6

# 모든 종은 평등할까

로버트 T. 페인Robert T. Paine은 명실상부한 거인이었다. 키가 180센티미터를 훌쩍 넘었을 뿐만 아니라 중요한 과학적 공헌을 했기 때문이다. 스크립스 해양학 연구소에서 박사 후 연구를 마친 후, 그는 시애틀에 있는 워싱턴 대학교에서 교수직을 맡았다. 나는 1999년 스크립스의 교수로 부임하기 직전에 페인, 즉 밥Bob을 만났다. 그는 작은 실험이 어떻게 자신의 삶과 생태학을 영원히 바꾸어 놓았는지 이야기해 주었다.

밥은 미시간 대학교에서 프레드 스미스Fred Smith의 제자였다. 그는 스미스가 대학 캠퍼스에 있는 나무를 가리키며 학생들에게 왜 초록색인지 물었던 수업을 기억했다. 〈엽록소〉는 삼척동자도 아는 쉬운 답이었다. 태양으로부터 에너지를 추출하는 데 도움이 되는 나뭇잎의 색소이니 말이다. 〈엽록소가 나뭇잎에 초록색을 띠게 하는 것은 맞지만, 이 나무에는 왜 잎이 있는 걸까? 애벌레는 왜 그것들을 모두 먹어 치우지 않을까? 매우 풍부한 식량 공급원처럼 보이는데 말이야!〉 스미스의 질문에 대한 보다 정교한 대답은, 포식자가 초식동물을 견제하기 때문에 초식동물이 모든 식물성 물질을 소비할 수 없어서 세상이 초록색이라는 것이었다. 즉, 새들이 애벌레를 잡아먹기 때문에 애벌레가 많지 않다는 것이다. 그의 생각은 나중에 〈녹색 세계 가설green world hypothesis〉로 알려지게 되었고, 밥은 이 가설을 통해 〈환경을 형성하는 데 있어서 포식자가 수행하는 역할〉에 대해 곰곰이 생각하게 되었다.

1963년, 워싱턴 대학교의 신임 교수인 밥은 〈포식자가 생태계에 미치는 영향〉을 연구할 장소를 찾고 있었다. 그는 태평양 연안과 그 조간대intertidal zone — 밀물 때 바닷물에 잠겼다가 썰물 때 마르는 지역 — 를 발견했다. 조간대는 바다와 육지 사이의 대칭적 경계를 나타낸다. 이곳에 사는 해양 생물은 6시간마다 한 번씩 영양분이 풍부한 물을 충분히 공급받지만, 한 번에 몇 시간씩 물 밖에서 생존해야 한다. 바다와 육지의 경계는 리드미컬하게 왔다 갔다 하기를 반복하는데, 두 세계의 가장자리에서 사는 삶에는 장단점이 있다.

밥은 워싱턴 해안의 조간대가 풍요롭고 생산적이며, 말미잘, 성게, 삿갓조개, 따개비, 홍합, 해면, 독특한 불가사리인 오커불가사리*Pisaster ochraceus* 등 무척추동물과 해조류가 풍부하다는 것을 발견했다. 오커불가사리는 보라색과 주황색을 띠고, 보디빌더의 팔처럼 두껍고 구부러진 5개의 팔을 가지고 있다. 밥은 그 생태 커뮤니티를 열반nirvana이라고 불렀다. 그는 훌륭한 자연사학자답게 현장에서 셀 수 없이 많은 시간을 보내며, 그곳에 사는 종에 대해 알아보고 누가 누구를 잡아먹는지 관찰했다. 그는 불가사리와 성게를 뒤집어 입에 무엇이 들어 있는지 살펴보고, 달팽이가 어떤 종류의 따개비를 공격하는지 관찰하고, 밀물이 들어올 때 홍합이 껍데기를 열어 플랑크톤을 가득 채우는 모습을 지켜보곤 했다.

밥은 시애틀에서 서쪽으로 (승용차로) 3시간 30분 거리에 있는 마카베이Makah Bay의 먹이그물에 집중했다. 그는 여기서, 해조류를 먹는 성게와 삿갓조개, 따개비를 먹는 달팽이, 그리고 모든 무척추동물을 잡아먹는 최상위 포식자인 오커불가사리를 발견했다. 그는 최상위 포식자를 제거하면 어떻게 될지 궁금했다. 밥은 불가사리를 물끄러미 쳐다보다가, 약간의 궁리 끝에 그것을 집어 들어 더 깊은 물속으로 던졌다. 바로 그 순간 밥의 삶과 실험 생태학experimental ecology, 그리고 내 삶까지 송두리째 바뀌었다.

밥은 또 다른 불가사리를 더 깊은 바다에 던지고, 제3, 제4, 제5의 불가사리를 계속 던졌다. 그는 비파괴적인 방법으로 하나의 불가사리 개체군을 제거한 것이었다. (놀랍게도, 그 불가사리들은 더 깊은 바다에서도 살아남았다.) 그러나 그와 동시에, 그는 다른 지역을 손대지 않은 채 대조군으로 남겨 두었다. 이것은 과학 실험이 수행되는 일반적인 방식으로, 한 그룹에서 이해하려는 요인을 조작하고 다른 그룹에서는 동일한 요인을 변경 없이 유지한 다음 결과를 비교하는 것이다. 의학 연구자들이 무작위 대조 실험randomized controlled trial(RCT)이라고 부르는 이것은 과학 연구의 필수 요소sine qua non다. 자연에서 뭔가를 조작했는데 그 효과를 알고 싶다면, 조작되지 않은 대조군과 비교해야 한다. RCT는 모든 분야의 과학 연구에 두루 적용된다.

밥은 여름에 썰물 때에 맞춰 자신의 연구 장소로 차를 몰고 가서, 오커불가사리의 서식지를 청소하고 실험 구역과 대조 구역에서 다양한 종의 개체 수를 센 후 시애틀의 집으로 돌아왔다. 그는 동료들에게 「1년 반 만에 생태학적 노다지를 캤다는 걸 알았다」라고 말했다. 도대체 무슨 일이 있었을까?

불가사리가 제거되었을 때, 홍합은 포식자의 위협에서 해방되었다. 따라서 홍합은 조간대의 바위들을 더 많이 차지하며 영토를 확장할 수 있었다. 그곳에 살던 다른 종들도 바위를 차지하고 있었지만, 요행히도 경쟁적 우위competitive advantage는 홍합에게 있었으므로(가우제의 시험관에서 애기짚신벌레가 짚신벌레를 지배한 것을 상기하라) 조간대는 거의 홍합의 독무대였다. 그래서 홍합은 다른 종들을 모두 압도하고 질식시켰다. 홍합처럼 환경의 바닥에 달라붙어 바닷물을 여과하여 먹고사는 동물에게, 가장 중요한 것은 공간을 확보하는 것이다. 게다가 포식자마저 없는 상황에서, 홍합의 앞길을 막을 자는 아무도 없었다.

오커불가사리가 제거된 지 불과 1년 반 만에 조간대의 생태계를 구성하는 생물 종은 15종에서 8종으로 줄어들었다. 그리고 7년 만에 홍합으로 단일화되었다. 최상위 포식자인 오커불가사리를 제거할 때만 해도, 밥은 그 아래에 있는 다른 종들의 개체 수가 모두 증가할 거라고 예상했었다. 하지만 그 결과는 놀라웠다. 다른 모든 종을 몰아내고 홍합이 패권을 잡았으니 말이다.

오커불가사리가 정말 특별한 존재인지 확인하기 위해, 밥은 다른 종을 커뮤니티에서 제거해 봤다. 하지만 다른 종을 제거할 때는 효과가 미미한 것으로 것으로 밝혀졌다. 조지 오웰이 그의 책 『동물농장』에서 말했듯이 〈모든 동물은 평등하다. 그러나 어떤 동물은 다른 동물보다 더 평등하다〉. 생태학적 측면에서 보면, 모든 종이 자신들이 거주하는 커뮤니티에 동일한 영향을 미치는 건 아니다. 밥은 간단한 실험을 통해, 한 종 — 오커불가사리 — 이 생태계 전체의 구성을 결정할 수 있다는 사실을 처음으로 증명했다. 얼마 지나지 않아 밥은 생태학에서 가장 중요한 논문 중 하나를 발표하여 〈핵심종keystone species〉이라는 아이디어를 제안하고, 자신이 연구해 온 오커불가사리가 조간대 생태계의 핵심종임을 보여 주었다.

핵심종이라는 개념은 쐐기돌keystone이라는 건축 용어에서 유래한다. 건축에서 쐐기돌이란 아치형 구조물의 상단 한복판에 있는 돌을 말하는데, 아치를 하나로 묶고 세워 주는 역할을 한다. 이것을 제거하면 구조물 전체가 무너진다. 그와 마찬가지로, 오커불가사리를 제거하면 조간대 생태계의 구조 전체가 사라진다. 밥은 핵심종을 〈자신이 잡아먹는 종〉뿐만 아니라 〈생태계 전체〉에 영향을 미치는 종으로 정의했다. 그리고 그 자체의 개체군 크기를 감안할 때, 핵심종은 지나치게 큰 영향력을 행사한다. 즉, 어떤 포식자의 개체 수가 상대적으로 적음에도 불구하고 개체당 영향력이 불균형적으로 클 때, 생태학자들은 그 종을 핵심종이라고 부른다. 만약 해당 종을 제거하면 커뮤니티가 극적으로 변화하여, 일반적으로 다양성이 줄어들고 훨씬 더 단순해진다.

그러나 생태계에는 핵심종만 있는 게 아니다. 대부분의 핵심종은 최상위 포식자이지만, 먹이사슬의 최상위에 있지 않음에도 불구하고 생태계에 막대한 영향을 미치는 종이 존재한다. 그들은 누구이며, 인간 활동이 자연계를 어떻게 변화시키는지 이해하는 데 무슨 도움이 될까?

미국 실험 해양 생태학의 또 다른 거인인 폴 데이턴Paul Dayton은 밥 페인의 지도하에 박사 학위 과정을 밟으며 워싱턴주 연안의 조간대를 연구했다. 그는 틈틈이 시간을 내어 남극 대륙에서 과학 다이빙 프로그램을 진행하며, 동료들과 함께 섭씨 영하 1.5도의 물에서 낡은 잠수복을 입고 총 500회의 다이빙을 수행한 영웅적인 시기를 보냈다. (참고로, 오늘날 우리는 건식 잠수복*을 착용하고 세 겹의 기능성 속옷을 껴입은 채 그 바다로 다이빙한다!)

폴은 미국이 운영하는 과학 기지 중 하나인 맥머도McMurdo 기지를

* dry suit. 천의 재질은 습식 잠수복과 같으나 방수 지퍼를 사용해서 잠수복 안으로 물이 들어가지 못하도록 만들어졌기 때문에, 오랫동안 체온을 유지할 수 있어서 추운 곳에서나 장시간 잠수할 때 많이 쓰인다. 또 잠수복 안으로 공기를 넣었다 뺐다 할 수 있어서 부력 조절기가 따로 필요 없다.

거점으로 삼았다. 육지, 얼음, 바다에서의 활동으로 인한 오염과 함께, 인간의 영구적인 거주 자체가 이전의 깨끗한 생태계에 악영향을 미칠 것이라는 우려가 팽배했다. 위대한 자연사학자이자 생태학자인 그는 먼저, 만(灣)에 형성된 생태 커뮤니티의 짜임새를 이해하려고 노력했다. 그는 환경 오염이 커뮤니티의 각 종에 미치는 영향을 개별적으로 연구하는 데 오랜 시간과 막대한 자금이 필요하다는 것을 금방 깨달았다. 특히 잠수복을 입더라도 차가운 바닷물로 인한 고통 때문에 한 번에 30분 이상 잠수할 수 없는 환경에서, 오염 물질이 커뮤니티 내 모든 종의 상호작용에 미치는 영향을 측정하는 것은 비현실적일 터였다. 그는 지름길을 생각해 내야 했다.

그래서 폴은 커뮤니티의 구조에 불균형적으로 중요한 영향을 미치는 종을 식별해야 한다고 생각했다. 일단 그것이 식별되면 오염 물질이나 기타 교란이 그들에게 미치는 영향을 고려하기가 더 쉬워질 테니, 커뮤니티의 나머지 부분에 간접적으로 미치는 영향을 고려하기도 한결 수월해질 것 같았다. 이를 위해 폴은 〈기반종foundation species〉이라는 개념을 도입했지만 기반종과 핵심종을 명확히 구분했다. 그 차이점이 뭘까? 가장 좋은 예 중 하나는 폴의 후기 연구에서 나왔다.

워싱턴 대학교에서 박사 학위를 취득한 후, 폴은 스크립스에서 일하면서 거대 다시마giant kelp 숲에 대한 최장기간 연구를 시작했다. 거대 다시마는 〈바다의 세쿼이아〉로, 기둥 같은 긴 가닥이 수심 40미터에서 시작하여 수면까지 뻗어 있으며 때로는 하루에 약 50센티미터씩 자란다. 모든 다시마는 원뿔 모양의 부착기 망mesh of holdfast에 의해 바닥에 고정되어 있으며, 부착기에서 수십 개의 줄기 — 이것을 가경stipe이라고 한다 — 가 나온다. 가경 위에는 가스로 가득 찬 올리브만 한 크기의 주머니 — 기낭air bladder — 들이 흩어져 있으며, 각 주머니는 넓은 잎 모양의 가엽blade으로 덮여 있다. 거대 다시마는 수면 위로 올라온 후에도 계속 성장하여 수면 위에 임관을 만들어, 마치 성당의 스테인드글라스처럼 햇빛이 투과하는 장면을 연출한다. 솔직히 말해서, 나는 폴과 그의 다시마 숲을 편애한다. 그도 그럴 것이, 스크립스로 자리를 옮긴 후 그의 지도하에 다시마에 대한 연구를 수행했기 때문이다.

거대 다시마는 생태 커뮤니티 전체의 구조를 제공한다. 그들의 복잡한 부착기에는 수백 마리의 벌레, 갑각류, 해면류, 기타 많은 생물들이 살고 있다. 다시마의 가엽은 작은 관벌레tube-forming worm와 그 밖의 무척추동물로 덮여 있다. 다시마 숲 바로 아래에는 (성게, 전복, 달팽이 등이 서식하는) 다육질의 산호 빛깔 홍조류와 함께 작은 다시마의 하층식생이 형성되어 있다. 물고기는 (육지 숲의 새들처럼) 거대 다시마 숲의 모든 층에 서식하는데, 어떤 물고기는 다시마의 가경에 사는 새우 같은 생물을 전문적으로 먹고, 다른 물고기는 하층식생의 해조류를 뜯어 먹으며, 또 다른 물고기(예: 우락부락한 흑농어)는 먹이그물상의 다른 모든 것들을 잡아먹는다. 거대 다시마는 이 커뮤니티 전체의 기반종으로, 종의 다양성과 풍부성을 위한 조건을 제공한다. 만약 다시마를 제거하면 대부분의 다른 종들이 사라질 것이다.

따라서 핵심종은 생태계를 계속 유지하는 반면, 기반종은 생태계의 구조적 기반 — 물리적 서식지 — 을 제공한다. 핵심종은 소수이고 강력하며 생태계에 큰 영향을 미칠 수 있지만, 기반종은 매우 많고 어디에나 존재하는 경향이 있다. 오커불가사리(핵심종) 몇 마리만으로도 조간대 커뮤니티의 구조를 조절할 수 있지만, 다양한 종으로 구성된 다시마 숲을 형성하려면 수많은 다시마(기반종)가 필요하다. 그렇다면 동일한 생태계에 핵심종과 기반종이 공존할 수 있을까? 만약 공존이 가능하다면, 그들은 서로 어떻게 상호작용하며 생태계에 어떤 영향을 미칠까?

1960년대에 워싱턴주 타투시섬Tatoosh Island의 조간대 웅덩이에서, 밥 페인은 다시마를 모두 먹어 치운 성게가 가득 차 있는 광경을 목격했다. 초식동물이 식물성 먹이를 고갈시킨다는 것은 스미스의 녹색 세계 가설에 명백히 위배되는 일이었다. 그래서 그는 과거에 효과를 봤던 방법 — RCT — 을 실행에 옮겼다. 그는 일부 웅덩이에서 모든 성게를 제거하고 나머지 웅덩이는 그대로 두었다. 결과는 거의 즉각적으로 나타났다. 성게가 없는 웅덩이에서 다시마가 빠르게 자라기 시작한 것이다. 하지만 그는 성게가 자연적으로 왜 그렇게 풍부한지에 대해 여전히 의문을 품었다.

또 다른 과학자인 짐 에스테스Jim Estes는 뜻밖의 발견 — 그리고 밥의 영향력 — 에 감명을 받아 답을 내놓았다. 짐은 키가 크고 인상적인 과학자로, 잘생긴 외모와 부드러운 말투의 소유자였다. 그는 알래스카에서 귀여움의 대명사인 털북숭이 해양 동물인 해달을 연구하고 있었다. 짐은 술집에서 밥을 만나(이건 농담이 아니다), 「다시마 같은 해조류에서 범고래 같은 대형 포식자에 이르기까지, 알래스카 생태계의 먹이 그물에서 에너지가 어떻게 흐르는지를 고려하여, 해달의 생리학을 연구할 예정이에요」라고 야심만만하게 말했다. 짐의 말을 들은 밥은 그 아이디어가 그다지 흥미롭지 않다고 대놓고 말하면서, 그 대신 해달이 생태계에서 무슨 역할을 하는지 파헤쳐 볼 생각은 없냐고 물었다. 밥의 종 제거 실험species removal experiment을 적용해 볼 수 있을 것 같았지만, 구체적인 방법이 문제였다. 일부 다시마 숲에서 해달을 제거하고, 다른 숲에서는 계속 살게 하려면 어떻게 해야 할까?

알래스카에서는 한때 해달이 번성했는데, 1700년대 중반부터 해달의 모피 거래가 시작되어 그즈음에는 대부분의 해달이 자취를 감춘 상태였다. 하지만 몇몇은 살아남았고 1911년 해달을 보호하기 위한 법이 통과되면서 알래스카 해안에 해달이 다시 서식하게 되었다. 짐이 잘 알고 있던 섬 중 일부(예: 암치트카Amchitka)에서도 해달의 개체군이 회복되었다. 암치트카에는 성게가 흔했지만 개체의 크기가 매우 작았고, 다시마가 풍부했다.

그러나 짐은 암치트카를 제쳐 놓고, 어떤 이유에서인지 해달이 돌아오지 않는 셰미야섬Shemya Island에서 잠수했다. 〈내 인생에서 가장 극적인 깨달음은 1초도 안 되는 순간에 일어났다. 그것은 셰미야섬의 물속에 머리를 담근 순간이었다.〉 짐은 몇 년 후 이렇게 회고했다. 〈그곳은 성게만 있고 다시마는 없는 초록빛 바다였다.〉 셰미야의 수중 세계는 타투시에 있는 밥의 웅덩이처럼 보였다. 지배적 초식동물인 성게가 먹이인 다시마를 모조리 먹어 치웠으니 그럴 수밖에……. 다시마가 사라지자, 발붙일 곳이 없게 된 다른 종들(해달 포함)도 모두 사라졌다.

해달은 성게를 즐겨 먹으므로, 짐은 〈해달의 부재가 성게의 폭발적인 증가를 초래했을 가능성이 높다〉는 것을 깨달았다. 이로써 그는 또 다른 핵심 포식자keystone predator — 핵심종 겸 최상위 포식자 — 를 발견했는데, 바로 〈다시마→성게→해달〉로 구성된 먹이사슬의 꼭대기에 있는 해달이었다. 마구잡이 사냥으로 인한 해달의 부재는 육식동물에서 초식동물, 식물에 이르기까지 먹이사슬 전체에 간접적인 영향을 미쳤다. 밥 페인은 이러한 도미노식 효과를 〈영양단계 연쇄효과trophic cascades〉 — 포식자가 생태계를 하향식으로 통제하는 상황 — 라고 불렀다.

그로부터 20년 후 짐은 알래스카에서 해달을 찾는 데 어려움을 겪고 있었는데, 해달이 감소하는 것처럼 보였음에도 납득할 만한 설명을 찾기가 어려웠다. 먹이가 충분하다는 점을 감안할 때, 굶주림이 원인이 될 수는 없었다. 게다가 그들은 질병의 징후를 보이지도 않았다. 그러나 어느 날 저녁 암치트카섬에서 만난 동료 브라이언 햇필드Brian Hatfield로부터, 범고래 한 마리가 해달 무리를 공격하는 장면을 목격했다는 말을 들었다. 짐은 회의적이었다. 범고래 — 일명 킬러 고래 — 는 바다에서 가장 무시무시한 포식자로, 덩치 큰 동물 — 고래, 큰바다사자steller sea lion, 심지어 무서운 백상아리까지 — 을 닥치는 대로 잡아먹는다. 대형 동물, 특히 조직에 지방이 많은 동물은 범고래가 선호하는 먹이다. 스테이크(기름기 많은 대형 동물)를 먹을 수 있을 텐데, 그까짓 사탕(해달)을 먹을 리 만무했다. 그러나 햇필드는 다음 날 정확히 같은 장소에서 또 다른 공격 장면을 목격했다. 이듬해 겨울, 짐의 기술자인 팀 팅커Tim Tinker도 아닥섬Adak Island에서 해달을 잡아먹는 범고래를 발견했다.

알래스카의 클램 라군Clam Lagoon은 실험을 위한 또 다른 특별한 자연 장소를 제공했다. 석호lagoon에는 좁은 입구가 있었는데, 해달은 드나들 수 있었지만 범고래가 드나들기에는 무리였다. 범고래가 인근 해역을 주름잡는 가운데, 짐과 그의 동료들은 안전한 석호에서 군집을 형성한 해달을 발견했다. 그렇다면 알래스카에서 해달을 위기로 몰아넣은 주범이 범고래였을까? 결론부터 말하면, 범고래는 중간 행동책에 불과했다. 짐은 다양한 원인(〈또 다른 핵심종〉, 〈더 긴 영양단계 연쇄효과〉, 〈간접적 영향에 대한 특별한 이야기〉)을 검토했지만, 클램 라군에서 먹이그물의 최상위에 있는 동물은 다름아닌 인간으로 밝혀지게 된다. 수십 년에 걸쳐 생태계 전반에 예상치 못한 변화를 일으킨 주범은 바로 인간이었던 것이다.

페어뱅크스에 있는 알래스카 대학교의 앨런 스프링어Alan Springer는 이 같은 〈해달-범고래 현상otter-orca phenomenon〉을 설명하기 위해 흥미로운 가설을 구상했다. 제2차 세계 대전 이후 일본과 러시아 포경업자들은 산업적인 규모로 고래를 잡기 시작했다. 1960년대 후반까지 그들은 북태평양에서 10마리당 9마리의 고래를 제거했다. (범고래는 너무 작아 채산성이 떨어졌기 때문에, 산업형 포경으로 인해 개체 수가 직접적으로 감소하지는 않았다.) 그런데 범고래의 한 종류는 대형 고래를 죽이는 데 특화되어 있었다. 따라서 연안에서 벌어진 대형 고래 사냥은 일련의 변화를 촉발했다. 사냥감인 대형 고래가 없어지자, 범고래는 해안 가까이로 이동하여 다른 종을 잡아먹어야 했다. 먼저, 범고래는 바다사자보다 몸집은 작지만 더 뚱뚱하고 에너지가 풍부한 잔점박이물범harbor seal을 사냥했다. 잔점박이물범 개체군이 고갈되자 바다사자를 잡아먹기 시작했고, 바다사자가 얼마 남지 않자 급기야 해달을 잡아먹기 시작했다. 해달이 줄어들자, 그들의 먹이인 성게가 번성하여 다시마를 먹어치웠고, 마침내 건강한 다시마 숲이 지탱하는 모든 동물이 사라진 불모지가 만들어졌다. 짐이 말했듯이 〈놀라운 부분은, 20세기 중반 북태평양 먼바다에서 시작된 포경이 성게와 다시마 같은 연안 생태계 구성원들에게 영향을 미칠 수 있다는 개념이다. 공상 과학 소설에나 나올 법한…… 놀라운 일이다〉.

내가 밥 페인, 폴 데이턴, 짐 에스테스의 연구에 대해 알게 된 것은, 1980년대로 거슬러 올라가 바르셀로나 대학교 학부생이던 때였다. 장기간의 현장 연구, 실험, 생태학 이론이라는 삼박자를 겸비한 그들의 연구 방식은 나에게 매력적으로 다가왔다. 나는 수중에서 아무리 많은 시간을 보내도 만족하지 않는 열렬한 다이버였다. 18세가 되어 합법적으로 스쿠버 다이빙을 할 수 있게 된 후, 대부분의 초기 다이빙은 카탈루냐의 코스타브라바에서 이루어졌다. 나는 알래스카의 섬처럼 맑은 물과 작은 물고기 몇 마리, 그리고 너무 많은 성게가 다시마를 먹어 치운 바람에 불모지가 된 해저에 익숙해져 있었다. 그러고 나서 프랑스와 스페인의 국경에서 가깝고 낚시가 금지된 메데스 제도Medes Islands의 해양 보호 구역에서 첫 다이빙을 했다. 그곳에서, 나는 짐이 셰미아야에서 본 것과 정반대 풍경을 보았다. 보호 구역 내에는 큰 물고기가 많았고, 성게는 드물었으며, 작은 해조류 숲이 바닥을 덮고 있었다.

나는 박사 학위 논문의 주제를 정하고, 해양 보호 구역과 인근의 보호되지 않은 지역을 자연 실험 장소로 삼아 포식성 어류 제거의 효과the effects of removing predatory fish를 연구하기 위해, 어류를 실험적으로 제거함으로써 포식자의 영향을 테스트하기로 마음 먹었다. 나는 수중에서 수백 시간을 보냈다. 작은 해조류 숲과 그 안에 있는 수백 마리 작은 생물의 샘플을 긁어모아, 나중에 현미경으로 식별하며 개체 수를 헤아렸다. 잠수하면서 물고기와 성게의 수를 세었다. 물고기가 무엇을 먹는지 관찰하고, 수중에 플라스틱 케이지를 설치하여 물고기가 먹이에 접근하지 못하게 함으로써 포식 요인predation factor을 제어했다. 그리고 단순히 주변에서 일어나는 일을 지켜보며 몇 시간을 보내기도 했다. 3년간의 현장 연구 끝에, 나는 방대한 데이터를 통해 내 과학적 영웅들의 이야기가 모두 사실임을 증명했다. 어업이 금지된 곳에서는 물고기가 풍부하고 생태 커뮤니티가 번성하고 있었다. 모두 거기에 있었다. 크고 작은 물고기, 해조류, 동일한 생태계에서 번성하는 작은 종들 모두, 심지어 성게도 있었지만 너무 많지는 않고 숨어 있었다. 그에 반해 어획으로 인해 물고기가 사라진 자리에서는 성게가 번성하여, 해조류 숲을 마구 갉아먹고 황량한 해저를 남겼다. 한마디로, 지중해의 영양단계 연쇄효과를 적나라하게 보여 준 장면이었다.

나는 포식자가 먹잇감의 개체 수를 줄일 뿐만 아니라 그들의 행동도 변화시킨다는 사실을 발견했다. 지중해의 얕은 바위투성이 바닥은 육지와 마찬가지로 계절을 거친다. 겨울에는 바닷물 온도가 섭씨 12도까지 떨어진다. 낮이 짧고 해조류가 풍부하지 않지만, 봄과 여름을 거치면서 낮이 길어지고 해수 온도가 높아짐에 따라 생태계가 번성한다. 해조류는 빠르게 자란다. 작은 숲은 높이가 30센티미터까지 증가하며, 때로는 만찬용 접시보다 크지 않은 지역에 100가지 이상의 다양한 해조류가 서식하기도 한다. 따뜻한 몇 달 동안, 메데스 제도 해양 보호 구역의 바위는 — 마치 일종의 해양 생물학적 가발biological wig을 착용한 듯 — 아래쪽 3분의 1을 제외한 모든 부분이 건강한 갈조류와 홍조류로 뒤덮여 있었다. 이발사가 바위의 밑동을 면도날로 깨끗이 민 것처럼 말이다. 그런 특이한 무늬가 생긴 이유가 뭘까?

자세히 살펴보니 바위와 해저 사이의 공간에 성게가 박혀 있었다. 아마도 그들이 범인일 것 같았다. 낮에 온갖 포식성 물고기들이 헤엄치는 동안, 이 성게들은 바위 밑에 숨어 있었을 테니 말이다. 그렇다면 대부분의 물고기들이 휴식을 취하는 밤에는 무슨 일이 일어났을까? 알아낼 수 있는 방법은 하나뿐이었다. 나는 밤에 보호 구역으로 돌아와, 바위 위에서 다이빙을 했다. 예상했던 대로 큰 물고기는 어디에서도 보이지 않았지만, 바위 밑에서는 방금 기어 나온 성게가 근처에서 자라는 해조류를 뜯어 먹으며 바위 주위에 약 1미터에 이르는 후광을 만들고 있었다. 1미터라면, 성게가 밤에 기어다니다가 낮에 숨기 위해 돌아올 수 있는 거리다. 다른 생태계(예: 카리브해의 해초밭)에서도 유사한 후광이 관찰되었다. 성게의 행동을 요약하면, 낮에는 포식자의 눈을 피해 바위 밑에 몸을 숨기고, 밤에는 그곳에서 기어 나와 암초 주변을 맴돌며 해초를 뜯어 먹는다.

어디를 봐도 동일한 패턴이 발견된다. 포식자가 있는 곳에서, 피식자는 겁에 질려 발길이 뜸해지기 마련이다. 공포감을 조성하는 풍경이지만, 커뮤니티에는 그보다 더 다양한 이야깃거리가 있다. 그리고 결정적인 것은, 최상위 포식자를 제거하면 생태계가 붕괴된다는 것이다.

야생 생물학자들은 온대림에서, 늑대의 존재로 인해 (그들의 먹이인) 사슴이 야외에서 초목을 뜯어 먹는 시간이 줄어들어 숲의 성장이 촉진된다는 사실을 발견했다. 초원에서, 메뚜기는 거미가 있는 곳에서 더욱 경계한 나머지 풀을 적게 갉아먹기 때문에 풀의 성장이 촉진된다. 라인 제도Line Islands의 킹먼 환초Kingman Reef와 같은 자연 그대로의 산호초에서도 사정은 마찬가지다. 낮에 상어가 많이 헤엄쳐 다니지만 먹이는 거의 보이지 않는데, 이는 먹이들이 산호 사이에 숨어 있기 때문이다. 호수에서는, 포식성 큰입우럭이 동물성 플랑크톤을 먹는 피라미의 개체 수를 제어한다. 피라미가 큰입우럭을 피해 숨는 데 더 많은 시간을 보내다 보니 그들의 먹이인 동물성 플랑크톤이 늘어나고, 늘어난 동물성 플랑크톤은 그들의 먹이인 식물성 플랑크톤의 개체 수를 줄임으로써 호수의 물을 수정처럼 맑게 만든다. 이와 비슷한 사례가 지구촌 곳곳의 생태계에서 발견된다.

이쯤 되면, 누가 봐도 명백하다. 다양하고 풍요로운 세상을 원한다면 포식자를 그대로 놔둬야 한다. 핵심인 포식자는 특히 중요하면서도 가장 취약하다. 개체 수는 가장 적지만 생태 커뮤니티에 가장 큰 영향을 미치는 종이며, 늑대 · 상어 · 해달과 같이 인간이 생태계에 나타날 때 가장 먼저 제거되는 경향이 있는 종이기도 하기 때문이다.

그러나 핵심종뿐만 아니라, 커뮤니티 전체를 위한 구조를 제공하는 기반종도 중요하다. 먹이그물의 한가운데에 있다는 사실이 중요한 경우가 많지만, 그들의 존재 자체가 중요할 수도 있다. 카리브해에 서식하는 긴가시성게long-spine sea urchin(학명: *Diadema antillarum*)를 예로 들어 설명해 보겠다.

카리브해에서 벌어진 수십 년에 걸친 남획으로, (해조류를 먹는)

큰 패럿피시parrotfish와 (다 자란 긴가시성게를 먹는) 쥐치 및 도미를 포함한 대형 어류의 수가 크게 감소했다. 1980년대까지만 해도, 긴가시성게는 자메이카에서의 평균 밀도가 제곱미터당 10마리에 달할 정도로 엄청나게 풍부했다. 해조류를 탐식하는 긴가시성게 덕분에 해조류의 성장이 억제되어, 산호초는 (산호에 의해 지배되는) 건강한 상태를 유지했다.

그러나 1983~1984년, 긴가시성게는 (지금까지도 확인되지 않은) 정체불명의 질병으로 인해 카리브해 전역에서 대량 폐사했다. 그런데 허리케인과 농업으로 인한 영양염류 유출 증가로 인해, 산호초 사이에 대형 갈조류가 번성하고 있었다. 과거 수십 년 전에는 패럿피시와 쥐곰치surgeonfish가 갈조류를 견제했을 것이다. 대형 어류가 사라진 후에는, 긴가시성게가 얼떨결에 〈최후의 중요한 초식동물〉로 등극하여 생태계의 섬세한 균형을 유지하는 중책을 맡게 되었다. 하지만 성게마저 멸종하자, 포식자에서 해방된 대형 갈조류는 무성하게 자라나 산호를 질식시켰다. 그리하여 카리브해 산호초의 관에 또 하나의 못을 박았다.

밥 페인, 폴 데이턴, 짐 에스테스와 같은 열정적인 현장 생태학자들의 연구 덕분에, 우리는 몇몇 대형 종들이 핵심종 또는 기반종으로서 얼마나 중요한 역할을 수행하는지 이해하기 시작했다. 하지만 안타깝게도, 우리는 대부분의 종들이 수행하는 역할을 알지 못한다. 모든 종이 커뮤니티에 미치는 영향을 파악하는 데 필요한 수천 건의 실험을 수행하는 것은 비현실적이다. 하지만 밥의 말처럼 한 가지 확실한 것은 〈하향식 효과가 존재하다는 사실을 무시할 경우 큰 낭패를 볼 수 있다〉는 것이다.

〈커뮤니티에서 종의 역할〉을 생각하는 한 가지 방법은, 그들을 생태적 직업ecological job에 종사하는 존재로 생각하는 것이다. 도시에 비유하자면, 뉴욕에는 시장에서부터 피자 요리사, 반려동물 미용사에 이르기까지 수천 가지의 다양한 직업이 있을 것이다. 각 직업은 지역사회 — 도시에서 생태계의 등가물 — 내에서 각기 다른 역할을 수행하고 상이한 영향력을 행사한다. 생태계를 구성하는 수많은 종 중에서 〈있어도 그만, 없어도 그만〉인 종이 있을까? 음, 해당 종이 무슨 역할을 수행하는지에 따라 다를 것이다. 도시의 비유로 돌아가서, 만약 뉴욕시의 모든 반려견 스타일리스트가 사라진다면 어떻게 될까? 비록 어퍼이스트사이드의 일부 여성들은 화를 내겠지만, 도시는 여전히 완벽하게 작동할 것이다. 하지만 환경미화원이 사라진다면 질병과 사회 불안이 발생하고 결국 사회적 재앙으로 이어질 것이다.

그러나 자연계의 종들 사이에서 동일한 종류의 가치 판단을 내리는 것은 쉽지 않다. 그들 중 하나는 생태계를 하나로 묶어 주는 〈조용한 생태계 쐐기돌〉로, 그 종을 제거하면 생태계 전체가 무너질 수 있다. 또 어떤 종은 우리가 모르는 사이에 우리의 생존에 필수적인 서비스를 제공하는 종일 수 있다. 예컨대 우리가 먹는 과일을 생산하는 나무를 수분시키는 수많은 곤충들처럼 말이다.

밥 페인이 몇 년 전에 말했듯이, 모든 종이 평등함에도 불구하고 어떤 종은 다른 종보다 더 평등하지만, 우리는 아직 누가 누구인지 알지 못한다. 하지만 주지하는 바와 같이, 지난 수천 년 동안 인간은 자연계에서 최상위 포식자를 하나둘씩 제거해 왔다. 최상위 포식자는 생태계를 한데 묶어 주는 접착제 역할을 하는 경향이 있기 때문에, 이러한 충동적 행동은 우리 세상을 단순화시켰다. 지구상의 모든 생태계가 마법처럼 보이는 — 사실이 그렇다 — 방식으로 서로 연결되어 있다는 사실이 알려진 것은 비교적 최근의 일이다.

# 7
# 생물권

국제우주정거장을 타고 여행하면 지구를 한 바퀴 도는 데 90분이 걸린다. 그 짧은 시간 동안에 사막, 산, 강, 호수, 도시 등 모든 것이 휘리릭 지나간다. 그런 경험을 한 우주 비행사들은 이구동성으로 무한한 허공 속을 여행하는 〈작은 파란색 구슬〉을 내려다보며 한없이 초라한 느낌이 들었노라고 토로했다. 얇고 흐릿한 층(層)으로 나타나는 대기를 보면, 우리가 사는 세계와 인류라는 존재가 얼마나 연약한지 알게 된다. 우주 비행사들은 거의 신비로운 깨달음 — 경외감과 경이로움, 그리고 우리 세상이 얼마나 하찮은지 — 에 대해 이야기한다. 그들은 일체감sense of unity에 대해 이야기한다. 그도 그럴 것이, 지상에서 너무나도 분명했던 생태계 사이의 경계가 거의 사라지기 때문이다. 국가 간의 경계도 마찬가지다. 우주에서는 모든 경계가 무의미해 보인다. 우리는 모두 서로 연결되어 있으며, 우리가 속한 자연계와도 연결되어 있다. 우주 비행사들은 이것을 〈조망 효과〉*라고 부른다.

1974년 생물학자 제임스 러브록James Lovelock과 린 마굴리스Lynn

* overview effect. 미국의 작가 프랭크 화이트Frank White가 처음 사용한 말로, 아주 높은 곳에서 세상을 바라본 뒤 일어나는 가치관의 변화를 뜻한다.

Margulis는 우리 모두에게 〈생물권을 하나의 살아 있는 유기체로 보라〉고 촉구했다. 그들은 그것을 〈가이아 가설Gaia hypothesis〉이라고 부르며, 생물권은 모든 것이 서로 연결된 초유기체superorganism처럼 행동하며, 지구의 한 부분에 문제가 생기면 다른 부분이 이를 보상하거나 조절하는 역할을 한다고 제안했다. 마치 서로 다른 기관들이동시에 작동하는 신체처럼 말이다. 그 당시의 많은 과학자와 진지한 사상가들은 러브록과 마굴리스의 주장이 지나치다고 생각했다. 하지만 그들의 아이디어는 새로운 것이 아니었다. 많은 문화권의 전통 지식은 이미 모든 자연계를 〈상호 연결되고 상호 의존적인 하나의 시스템〉으로 간주했다. 가이아 가설이 등장한 이후로, 과학 지식은 〈원주민들이 수 세대에 걸친 경험과 자연사 지식을 통해 배운 것〉과 〈우주 비행사들이 우주에서 지구를 바라보며 경험한 것〉을 조금씩 밝혀내고 있다. 상호 연결interconnection은 소규모에서 대규모로, 지역에서 전 세계로 이어지며 끊임없이 나를 놀라게 한다. 레버를 당기고 약간의 변화를 주면 예상치 못한 일이 일어나며, 특히 핵심종들이 관련되어 있을 때 더욱 그렇다.

세균부터 소규모로 시작해 보자. 프로클로로코쿠스*Prochlorococcus*는 해양 남세균cyanobacteria의 한 속(屬)으로, 크기가 100만분의 1밀리미터에 불과한 세균이다. 너무 작아서 1988년에 와서야 그 존재기 발견됐지만, 지구상에서 가장 풍부한 생물중 하나다. 바닷물 한 방울에 약 2만 마리의 프로클로로코쿠스가 살고 있다. 그들은 얕은 바다에서 햇빛을 이용해 바닷물 속의 이산화탄소와 영양분을 에너지로 전환하고, 그 과정에서 산소를 방출한다. 이는 식물이 육지에서 광합성을 하는 것과 유사한 과정이다. 하지만 육상 식물, 즉 숲과 초원은 우리가 호흡하는 산소의 절반만 생산한다. 지구 산소의 나머지 절반은 바다 — 해안의 해초, 외해(外海)의 미세한 식물, 프로클로로코쿠스 같은 식물성 플랑크톤 —

에서 나온다. (30년 전까지만 해도 몰랐던) 작은 세균과 (대부분의 인간에게 알려지지 않은) 다른 해양 생물들은 우리가 숨을 쉴 때마다 산소를 공급한다. 이 미생물들은 지구상에서 가장 작지만 가장 중요한 기반종 — 쉽게 말해서 생명의 토대 — 중 하나다. 그들은 작지만 강력하다.

참고래와 대왕고래 같은 수염고래류baleen whale는 얕은 바다에 사는 크릴krill이나 작은 물고기와 같은 소형 생물을 잡아먹는다. 허먼 멜빌의 『모비 딕』으로 유명한 향유고래 같은 이빨고래류toothed whale는 심해에서 대왕오징어를 잡아먹는다. 어부들 — 그리고 수산업계의 지원을 등에 업은 일부 과학자들 — 은 〈고래가 크릴과 물고기를 너무 많이 잡아먹기 때문에 인간에게 더 많은 물고기를 공급하려면 고래를 죽여야 한다〉고 주장해 왔다. 이러한 주장은 일본 선박들이 지속적으로 고래를 살육하는 남극해에서 특히 노골적으로 제기된다. 하지만 상황은 그렇게 간단하지 않다. 고래가 줄어든다고 해서 크릴과 물고기가 늘어나는 것은 아니다. 사실, 고래의 개체 수가 감소함에 따라 크릴의 개체 수도 감소했다. 그 이유가 뭘까?

고래는 (조직에 상당한 양의 철분을 함유한) 크릴과 작은 물고기를 대량으로 먹는다. 고래는 그 철분의 일부를 흡수하지만, 숨을 쉬기 위해 수면으로 올라올 때 많은 양을 대변으로 배출한다. 바다의 식물성 플랑크톤은 엽록소 — 광합성 과정에서 햇빛을 흡수하는 녹색 색소 — 를 합성하기 위해 철분이 필요하다. 그런데 철은 바닷물에 쉽게 녹지 않기 때문에, 많은 해양 지역에는 철분이 부족하다. 따라서 고래는 철분이 많은 배설물을 방출함으로써 얕은 바다를 비옥하게 하고, 식물성 플랑크톤의 성장을 촉진하여 맑은 물을 초록색으로 바꾼다. 크릴도 풍부한 식물성 플랑크톤을 배불리 먹고 번식한다. 물고기가 크릴을 먹고 개체 수가 증가하면, 펭귄, 물개, 고래, 범고래 등의 개체 수도 잇따라 증가한다.

그러나 더 있다. 고래는 종종 깊은 곳에서 먹이를 먹는다. 예컨대 향유고래는 수심 1킬로미터가 넘는 심해에서 오징어를 사냥한다. 잠수하는 고래의 위아래 움직임은 표층수와 심층수를 혼합함으로써, 저층부에서 상층부로 더 많은 영양분을 끌어 올리는 데 도움을 준다. 실제로 한 연구에 따르면, 해양 동물이 바람과 조수(潮水)를 합친 것만큼이나 많은 해양 혼합ocean mixing을 유발하는 것으로 추정된다. 고래에 의한 포식과 혼합이 없다면 수많은 크릴이 죽어 바닥에 가라앉을 테니, 얕은 바다는 영양분이 없어 척박해질 것이다.

요컨대, 과학적 관찰에 따르면 고래는 바다의 먹이를 고갈시키지 않는다. 고래의 행동은 실제로 더 많은 식물성 플랑크톤, 더 많은 크릴, 더 많은 물고기가 번성하는 데 도움이 된다. 사실 고래가 없다면 얕은 연안 해역은 사막이 될 수도 있다. 우리가 정말로 던져야 할 질문은 다음과 같다. 〈인간이 이렇게 많은 고래를 죽이지 않았다면 얼마나 더 많은 물고기들이 헤엄치고 있을까?〉

해양의 먹이그물에서 육상의 토양까지, 자연이 지금 이제야 막 우리에게 드러내고 있는 상호 의존성의 또 다른 예가 있다. 숲속을 걸을 때 우리는 나무를 보지만, 나무들 — 그리고 다른 모든 식물들 — 을 가능하게 만드는 것이 무엇인지 놓치고 있다. 세계적인 과학 잡지 『사이언스』의 편집자들은 2004년 발간한 토양에 관한 특별호에 〈우리 발밑의 땅은 여러 면에서 먼 행성만큼이나 낯설다〉라고 썼다. 〈지표의 상부 몇 센티미터에서 일어나는 과정은 마른 땅에 서식하는 모든 생명체의 기초이지만, 토양의 불투명성으로 인해 그 기능에 대한 우리의 이해가 심각하게 제한되어 있다.〉 이게 과장된 표현이라고 생각한다면, 앞으로 나올 내용을 기다리기 바란다.

건강한 토양에는 지상의 먹이그물처럼 복잡하게 자가조직화된self-organized 복잡하고 다층적인 먹이그물이 포함되어 있으며, 엄청난 다양성과 함께 육지의 모든 생명체에 영향을 미친다. 건강한 토양 한 줌에는 우리가 볼 수 있는 비교적 큰 유기체(예: 지렁이, 곤충) 외에도, 1조 마리의 세균, 1만 마리의 원생동물(아메바와 같은 단세포생물), 1만 마리의 선충류, 25킬로미터에 달하는 매우 가느다란 균사 등이 들어 있다. 이러한 지하 생태계의 상호 의존성과 상호작용은 놀랍기 그지없다.

숲바닥에서, 곤충은 유기물 잔해 — 예컨대 낙엽, 썩은 나무, 죽은 설치류, 새의 사체 — 를 잘게 부수어, 토양 세균으로 하여금 작은 쓰레기를 쉽게 분해함으로써 영양분이 풍부한 배설물을 토양에 추가하게 한다. 유익균beneficial bacteria은 공간을 선점하여 병원균이 토양을 점유하는 것을 방지함으로써, 식물들에게 예방적 건강 관리preventive health care를 제공한다. 선충과 원생동물은 세균을 잡아먹고, 질소를 똥으로 만들어 토양에 되돌려준다.* 지렁이는 미세한 터널을 만들어 산소가 토양에 침투하도록 도와주고, 자신의 배설물을 축적하여 토양을 비옥하게 해준다. 이 모든 생물들의 활동은 수 킬로미터에 달하는 균사와 함께 토양에 구조를 부여하는 복잡한 그물망을 형성함으로써, 수분을 유지하고 식물을 병원균으로부터 보호하는 데 도움이 된다. 토양 생태계가 식물에게 얼마나 필요한지는 여러 실험을 통해 입증되었다. 즉, 식물은 씨앗이 균류와 미생물이 풍부한 소나무 숲의 자연 토양에 파종될 때 번성하지만, 멸균된 토양에서는 살아남지 못하는 것으로 밝혀졌다.

지하 세계의 균류는 지구상에서 가장 과소평가된 유기체 중 하나

* 원생동물은 주로 토양 세균을 잡아먹고 산다. 원생동물은 세균만큼 많은 영양분을 필요로 하지 않기 때문에, 세균을 잡아먹으면 여분의 영양분을 식물이 이용할 수 있는 형태로 배설한다. 식물과 다른 미생물 모두 이러한 영양소, 특히 질소를 사용한다.

다. 우리는 송로버섯을 좋아하고 엄청난 금액을 지불하지만, 토양 속의 다른 균류는 송로버섯보다 훨씬 더 중요한 역할을 수행하며 광범위한 생태적 상호 연결 시스템ecological interconnection system을 위한 토대를 마련한다. 식물의 뿌리와 균류는 지구상에서 가장 중요한 공생 관계 중 하나에 관여한다. 이것을 균근mycorrhizae이라고 하는데, 그리스어에서 유래한 단어로 문자 그대로 〈버섯+뿌리〉를 의미한다. 전 세계 식물의 약 80퍼센트가 균근에 의존한다. 균사체mycelium를 구성하는 균사는 뿌리의 약 60분의 1 굵기로, 토양 속의 매우 좁은 공간으로 침투하여 인근 식물들이 필요로 하는 영양소(예: 인, 질소)에 접근한다. 균류와 식물 뿌리의 상호 의존적인 그물망인 균근을 통해, 균류는 (식물이 생산하는) 당분과 (자신이 획득한) 영양소를 교환한다.

또한 균류는 글로말린glomalin이라는 끈적끈적한 단백질을 생성하는데, 이 단백질은 토양의 입자를 결합하는 접착제인 동시에 토양에 갈색을 부여하는 착색제다. 정원사와 농부들은 이것을 〈틸스tilth〉 — 손가락 사이로 지나가는 〈건강하고 입자가 고운 흙〉의 느낌 — 라고 부른다. 연구에 따르면, 글로말린 하나만으로도 토양 속에 있는 모든 탄소의 3분의 1을 저장할 수 있다. 따라서 이 과소평가된 작은 균류는 대기 중 탄소 오염의 상당 부분을 토양 속에 격리하는 데 핵심적인 역할을 한다. 하지만 안타깝게도, 우리는 토양을 〈생명체의 복잡한 그물망〉으로 인식하지 않고 〈일회용 소모품〉으로 취급해 왔다. 산업형 농업은 토양을 비료 — 과도한 영양분이 대부분 바다로 흘러들어 가 죽음의 해역*를 생성한다 — 와 농약으로 오염시켜, (자연적으로 토양의 생산성을 높이는) 세균, 균류, 무척추동물을 몰살시킨다. 이러한 관행을 바꾸면 전 세계적인 파급 효과를 기대할 수 있다. 최근 연구에 따르면, 현재의 농업을 재

* dead zone. 물속의 산소가 부족하거나 고갈되어 생명체가 살 수 없는 해역을 말한다.

생 농업regenerative agriculture — 토양의 생명력을 창조하고 복원하도록 설계된 농업 — 으로 전환할 경우 대기 중의 과도한 이산화탄소 중 대부분을 격리할 수 있다고 한다.

지금까지 살펴본 바와 같이, 토양 생태계는 우리에게 식물과 나무와 숲을 제공하는 비범한 능력을 지니고 있다. 하지만 이것은 이야기의 시작에 불과하다.

수잰 시마드Suzanne Simard는 캐나다 브리티시컬럼비아의 숲속에서 자랐다. 그녀는 숲바닥에 등을 대고 누워, 장엄한 나무의 하늘에 닿을 듯한 수관crown을 바라보며 시간을 보내곤 했다. 400만 회 이상 시청된 훌륭한 TED 토크에서 그녀가 설명했듯이, 산림 관리인으로 일한 짧은 기간 동안 오래된 숲이 무자비하게 파괴되는 것을 보고, 그녀는 나무에 대해 제대로 공부하기 위해 학교로 돌아갔다. 그녀는 〈소나무 묘목 뿌리가 다른 소나무 묘목 뿌리로 탄소를 전달할 수 있다〉는 결과가 나온 실험이 있다는 소문을 들었다. 자연에서도 그런 일이 일어날 수 있다는 생각이 들어, 그녀는 그것을 증명하기 위해 직접 실험해 보기로 결심했다. 연구비 지원 기관은 그녀의 아이디어를 높이 평가하지 않았기 때문에, 그녀는 대학에서 정교한 장비, 방사성 탄소 가스, 섬세한 실험실 도구를 빌려, 백화점에서 구입한 비닐봉지, 덕테이프, 그늘막 천 같은 일상적인 재료와 결합해야 했다.

시마드는 세 가지 나무 — 자작나무, 미송, 미삼나무 — 를 키울 수 있는 야외 부지를 마련했다. 그녀는 세 가지 나무를 한 세트로 묶어, 80세트(총 240그루)의 나무를 심었다. 그녀는 몇 그루의 나무를 투명한 비닐봉지로 씌우고, 다양한 탄소 동위원소 — 식물의 조직을 표지(標識)하여, 쉽게 확인되게 하는 화학 원소 — 를 주입했다. 즉, 자작나무가 들어 있는 비닐봉지에는 탄소-14(방사성 붕괴를 겪는 불안정한 동위원소)를 포함한 이산화탄소를, 미송이 들어 있는 비닐봉지에는 탄소-13(안정한 동위원소)을 포함한 이산화탄소를 주입했다.

1시간 후, 시마드는 비닐봉지에 다가가 나뭇잎 위에 가이거 계수기를 갖다 댔다. 가이거 계수기는 자작나무 잎 근처에서 딱딱 소리 — 가이거 계수기가 방사능을 검출했음을 알려 주는 전형적인 소리 — 를 냈는데, 이는 자작나무가 광합성을 통해 방사성 이산화탄소를 흡수했음을 의미한다. 다음으로, 그녀는 미송이 들어 있는 비닐봉지에 가이거 계수기를 들이댔다. 유레카! 가이거 계수기는 미송 잎 근처에서도 딱딱 소리를 냈는데, 이는 방사성 탄소가 한 식물에서 다른 식물로 이동했음을 의미한다. 나무들은 비닐봉지 안에 격리되어 있었기 때문에, 탄소가 자작나무에서 미송으로 이동하는 유일한 방법은 지하, 토양, 근계root system를 통해서였다.

동위원소 표지에 주목하면서, 시마드는 실제로 탄소가 두 가지 방식으로 — 자작나무에서 미송으로 또는 그 반대로 — 전달된다는 사실을 발견했다. 하지만 탄소는 종들 사이에서 아무렇게나 교환되는 것이 아니라, 나름의 방법이 있었다. 나무들은 실제로 상부상조하고 있었다. 즉, 비닐봉지 안의 자작나무는 그늘막 천 아래에 있던 인근의 미송에게 탄소를 보냈다. 여름철에, 햇빛을 쬐는 성체 자작나무는 그늘에 있는 미송을 돕는 것으로 밝혀졌다. 하지만 가을이 되어 자작나무(낙엽 활엽수)가 잎사귀를 잃어버리지만 미송(침엽수)이 여전히 녹색 잎을 가지고 있을 때, 자작나무에게 영양분을 보내는 것은 미송이다. 이 믿을 수 없는 지하 통신망underground communication network의 핵심은 균근이며, 이를 통해 균류의 균사체가 숲의 상이한 개별 나무들을 연결한다. 놀랍게도 자작나무와 미송은 서로 소통하지만, 전혀 다른 네트워크에 접속한 것으로 추정되는 미삼나무와는 소통하지 않았다.

시마드의 발견은 숲에 대한 우리의 관점을 근본적으로 바꿔 놓았으며, 나무가 단순히 빛과 영양분을 놓고 경쟁하는 존재가 아니라 서로 협력하는 존재라는 것을 보여 주었다. 하지만 더 있다. 어떤 나무는 허브hub, 즉 모수mother tree로서 다른 나무보다 숲에서 더 큰 역할을 수행하는 또 다른 유형의 기반종이다. 모수(母樹)는 수백 그루의 다른 나무와 연결될 수 있다. 그들은 그늘 아래에서 자라는 어린 묘목을 키운다. 시마드의 실험에 따르면, 모수로부터 탄소를 공급받은 묘목은 독립적으로 자라는 묘목보다 생존 가능성이 4배나 높았다. 하나의 의문은 또 다른 의문으로 이어졌고, 시마드는 모수가 자신의 친족kin — 자신의 씨앗에서 싹튼 묘목 — 을 인식하는지 여부를 테스트하기 위해 또 다른 실험을 수행했다. 그녀는 모수(미송) 근처에 미송 묘목을 심었고, 그 결과는 그녀의 직관을 확인시켜 주었다. 모수는 제살붙이를 위해 팔을 걷고 나서, 뿌리 성장을 수용할 만한 공간을 확보하여 더욱 광범위한 균근망을 발달시키고, 다른 모수에서 유래한 묘목을 제쳐 놓고 더 많은 탄소를 보낸다. 이것만으로 부족한 경우, 다치거나 죽어 가는 모수는 지하 통신망을 통해 방어 신호defense signal를 보내어 어린 나무들이 향후 스트레스를 더 잘 견딜 수 있도록 해준다.

나무들이 서로 이야기하고, 서로에게 먹이를 주고, 서로 소통하는 모습은 영화 「아바타」에 나오는 판도라 행성의 생태계를 연상시킨다. 언뜻 들으면 공상 과학 소설 같지만 절대 그렇지 않다. 규모를 다시 확장해 보자. 나는 방금 복잡한 토양 생태계에 의존하는 회복력 있는 숲resilient forest을 언급했는데, 그 이상 뭐가 더 있을까?

아마존 분지의 야노마미족Yanomami 사람들 사이에는 〈자연림의 토종 나무는 비를 부르는 반면, 조림지(造林地)의 나무는 그렇게 할 줄 모른다〉는 믿음이 있다. 나무가 비를 불러오다니! 많은 사람들은 이것이 전설이라고 생각할 것이다. 그러나 과학은 이 전설 속에 일말의 진실이 있음을 보여 줄 수 있다.

아마존의 나무는 땅에서 물을 흡수하여 잎으로 이동시키는데, 그 중 일부는 증산작용을 통해 대기 중으로 방출된다. 광활한 아마존 숲 위의 엄청난 양의 수증기가 응축되어 비가 되어 땅으로 떨어지면 기압이 낮아지고, 이는 다시 대서양 상공의 습한 공기를 끌어당긴다. 이 과정은 〈하늘의 강〉, 말하자면 숲이 스스로 비를 만들어 숲에 물을 공급하는 거대한 컨베이어 벨트라고 할 수 있다. 전문가들은, 아마존강이 지구상에서 가장 큰 강임에도 불구하고 아마존강 자체보다 〈하늘의 강〉에 더 많은 물이 있다고 추정한다. 그렇다면 이제 야노마미족의 전통 지식을 믿어야 할까?

그러나 더 많은 사연이 있다. 숲에 의해 숲 위에서 만들어진 구름은 안데스산맥의 높은 산 장벽에 부딪히면서 비를 뿌린다. 비는 철과 이산화규소 — 대부분의 해변에 있는 모래 알갱이를 구성하는 물질 — 를 함유한 안데스산맥의 암석을 침식하고, 이산화규소는 궁극적으로 해안선으로 내려간다. 대서양에 도달한 이산화규소는 식물성 플랑크톤 — 남아프리카에서 정어리 떼를 끌어모으는 것과 유사한 규조류 — 에 의해 흡수된다. 규조류는 이산화규소로 자신들의 골격을 만드는데, 그것은 현미경으로 보면 유리로 된 아름다운 타원형 또는 원형 케이지처럼 보인다. 규조류는 다른 식물성 플랑크톤과 마찬가지로 엄청난 양의 산소를 생산한다. 그들은 죽어서 바다 밑에 가라앉고, 시간이 지남에 따라 수천 년 동안 가라앉은 수조 개의 규조류 골격은 압력에 눌려 사암(沙巖)이 된다. 지질학적 시간 — 수백만 년 — 에 걸쳐, 해저는 고대 규조류의 이산화규소로 이루어진 사막으로 변할 수 있다.

하지만 이야기는 아직 끝나지 않았다. 사하라 사막의 모래 폭풍은 이산화규소와 철분 같은 영양분이 가득한 먼지를 대서양으로 밀어내고, 종종 대서양을 가로지르는 8,000킬로미터의 여정에 오른다. 그리하여 남아메리카에 상륙한 먼지는 아마존에 정착하여 숲을 비옥하게 만든다. 수백만 년이 걸릴 수도 있지만, 숲은 뿌린 것 중 일부를 거두고 있다.

요약하면, 토양 속 세균과 균류 같은 〈작은 생태적 영웅들〉은 나무가 자라도록 돕고, 나무는 비를 부르는 숲을 이루고, 비는 전 세계의 기상 패턴에 영향을 미쳐 대륙의 최고봉을 침식하고, 이산화규소는 바다의 미세한 조류에 흡수되어 수백만 년 후 사막이 될 곳에서 모래를 만들며, 모래는 다시 숲 토양의 미세한 생명체를 배불리 먹이는 데 도움이 될 것이다. 이쯤 되면 가이아는 정말 존재하는지도 모른다.

복잡한 생태계는 지구의 생물권 내에서 하나로 연결되어 있다. 그런데 놀랍게도, 인체도 생물권에 못지않은 생태계를 내장하고 있다.

우리 몸은 약 30조 개의 세포로 구성되어 있는데, 이것은 우리 은하의 별보다 많은 숫자다. 나는 납득이 가지 않는다. 더 충격적인 것은, 우리 몸에는 세포와 비슷한 수의 미생물이 존재한다는 점이다. 30조 마리의 미생물은 대부분 장에 살거나 피부를 덮고 있다. 이 모든 미생물들은 도대체 무슨 일을 할까?

모유부터 시작하자. 여기에는 신생아가 소화할 수 없는 복잡한 당(糖) 분자 — 올리고당oligosaccharide — 가 포함되어 있다. 신생아에게는 필요한 효소가 부족해서, 수년 동안 영양학자들을 당혹스럽게 만들었다. 하지만 의료 기술의 발전으로, 이러한 복합당complex sugar은 아기가 아니라 비피도박테리움 인판티스*Bifidobacterium infantis*라는 아기의 장내 미생물gut bacterium을 위한 식량인 것으로 밝혀졌다. 이 세균이 배불리 먹으면, 증식하여 장내 공간을 선점함으로써 유해한 미생물의 정착을 방지한다. 또한 B. 인판티스는 이러한 복합당을 소화하여 아기의 장 세포에 영양을 공급하는 지방산을 방출한다. 마지막으로, B. 인판티스는 감염과 염증으로부터 아기를 보호하는 데 중요한 장 내벽lining of the intestine의 무결성integrity을 유지하는 데 도움을 준다.

대부분의 장내 세균은 출생 시 획득되지만, 다른 세균은 먼지나 반려동물로부터 획득되기도 한다. 최근 연구에 따르면, 반려견을 키우는 가정의 자녀나 밖에서 많이 노는 어린이는 그렇지 않은 어린이보다 천식이나 폐 알레르기 발병률이 낮다고 한다. 세균은 사람들 사이에서도 교환된다. 우리는 움직이고 숨을 내쉴 때마다 시간당 3700만 마리의 세균을 공기 중으로 지속적으로 방출한다. 유익균에 노출될 경우에는 면역계와 전반적인 건강에 도움이 된다. 일단 우리 몸 안에 들어온 세균의 유전자는 수평적 유전자 이동lateral gene transfer(LGT)이라는 과정을 통해 우리 유전자에 침투할 수 있다. 사실 인류의 진화 과정에서 적어도 145개의 세균 유전자가 우리의 DNA에 침투한 것으로 알려져 있다. 항생제를 남용하는 현대의 경향은 사람의 자연 발생 미생물의 다양성과 풍부성을 감소시키며, 비만과 제2형 당뇨병의 발병률을 높이는 등 부정적인 결과를 초래하는 것으로 밝혀졌다.

장내 미생물은 우리의 몸과 마음을 건강하게 유지하는 데 도움이 된다. 그들은 면역계에 영향을 미치는 호르몬, 효소, 비타민, 분자의 합성에 중요한 역할을 한다. 이러한 분자 중 일부는 스트레스 조절을 돕고, 심지어 기분에도 영향을 미친다. 장내 미생물이 기분에 영향을 미친다면 이상하게 들릴지도 모른다. 하지만 사람을 대상으로 한 임상 시험의 전 단계로, 실험용 시궁쥐를 대상으로 한 일련의 실험을 통해 이 가설이 검증되었다. 연구진은 우울증 환자와 그렇지 않은 사람의 대변 — 장내 미생물이 포함되어 있다 — 을 채취하여 쥐에게 이식했다. 그 결과, 우울증 환자의 장내 미생물을 이식받은 쥐는 우울증 특유의 행동 및 대사 변화 — 예컨대 사회화 감소 또는 신체적 위축 — 를 보인 반면, 대조군 쥐는 그렇지 않은 것으로 나타났다. 이 실험은 우울증이 장내 미생물 생태계의 종 풍부성과 다양성 감소로 인해 발생할 수 있음을 시사한다. 그에 더하여, 장내 미생물은 우리의 행동을 매개하고 뇌의 발달 및 기능과 행동을 조절할 수 있다.

지구의 생물권은 크고 작은 생태계가 여러 겹으로 중첩된 일종의 마트료시카 인형* 으로, 수백만 종의 생물들이 모든 수준에서 상호 연결되고 상호 의존하는 글로벌 자가조직화 시스템global self-organizing system이다. 지구상의 모든 생명체의 상호 의존성은, 더 높이 올라갈수록 더 분명하게 드러난다. 그러므로 국제우주정거장에서 내려다보면, 지구가 하나의 시스템이라는 것을 쉽게 알 수 있다. 이러한 초월적 조망 효과를 경험하고, 생물권을 〈무시하거나 남용할 대상〉이 아닌 〈하나의 유기체〉로 대하는 것은 우리의 미래를 위해 필수적이다. 하지만 현재의 우리는 생물권 전체에 압도적인 영향력을 행사하고 있다. 그 이유는 무엇일까? 우리는 도대체 어떤 유형의 핵심종이기에 그럴까?

* 큰 인형 안에서 작은 인형이 나오고, 작은 인형 안에서 더 작은 인형이 계속해서 나오는 러시아의 전통 목각 인형.

# 8
# 우리는 어떻게 다른가

2019년 5월, 나는 14킬로미터 길이의 밀레니엄 환초* — 여러 개의 산호섬이 모여 바나나 모양의 고리를 형성하고 있으며, 캐롤라인섬Caroline Island이라고도 부른다 — 의 바다에 뛰어들었다. 물거품이 걷히자마자, 나는 10여 마리의 산호상어 — 그레이 리프 샤크gray reef shark — 에게 둘러싸인 나를 발견했다. 하지만 그들은 공포감을 조성하기는커녕 나에게 큰 기쁨을 가져다주었다. 그들은 번성하는 해양 생태계의 화신이었다.

내셔널지오그래픽에서 주관하는 청정 바다 프로젝트의 일환으로, 나는 동료들과 함께 태평양 전역의 고립되고 사람이 살지 않는 환초**와 섬을 많이 탐험했다. 일부 섬은 가장 가까운 유인도에 도달하는 데 5일이 걸리기도 한다. 아무도 살지 않고 산호초에서 낚시하는 사람도 없으므로, 그곳의 생태계는 자연 그대로의 모습을 간직하고 있다. 각 섬에서, 우리는 가장 작은 물고기부터 가장 큰 물고기까지 — 작은 청베도라치

* Millennium Atoll. 라인 제도와 키리바시공화국의 최동단(最東端)에 위치한 무인도다.

** 화산섬에 산호가 자란 뒤 섬이 침강하면서 고리 모양으로 배열된 산호초만 남은 것으로, 열대의 바다에 많다.

blennies에서부터 상어에 이르기까지 — 다양한 물고기의 바이오매스를 측정했다. 그리고 이 청정한 산호초에서, 최상위 포식자가 어류 바이오매스의 대부분을 차지한다는 사실을 일관되게 발견했다. 성숙하고 깨끗한 산호초에서, 포식자가 왕 노릇을 하고 먹잇감은 너무 눈에 띄지 않도록 조심하는 살풍경이 펼쳐진 것이다. 생태적 천이의 종착점에서 상어가 최대 개체 수에 도달하다니!

인간에 의해 교란되지 않은 생태계에서, 포식자는 먹잇감의 개체 수를 제어할지언정 완전히 제거하지는 않는다. 포식자와 피식자, 먹는 자와 먹히는 자는 수백만 년 동안 공존해 왔으며, 만약 그러지 않았다면 둘 중 하나 — 또는 둘 다 — 가 생태계에 존재하지 않을 것이다. 캐나다의 스라소니와 토끼처럼, 포식자와 먹잇감의 개체 수는 주기적으로 진동할 수 있다. 즉, 포식자가 사냥을 계속하면 먹잇감이 줄어들고, 그러다가 먹잇감이 고갈되면 포식자도 결국 감소하고, 포식자가 감소하면 먹잇감이 다시 늘어나는 식의 순환이 무한히 반복된다.

그러나 인간의 종 착취exploitation of species는 전혀 다른 패턴을 만들어 내는 경향이 있다. 우리가 포식자가 되면 먹잇감의 개체 수가 감소하고 종종 멸종하는 반면, 인구는 계속 증가한다. 마지막 카리브해몽크물범은 1952년 자메이카 남쪽에서 관찰되었고, 한때 수십억 마리의 거대한 무리로 북아메리카의 하늘을 어둡게 했던 여행비둘기의 마지막 개체 — 마사Martha — 는 1914년 신시내티 동물원에서 사망했다. 그 밖에도 많은 종들이 영원히 사라져, 지금은 건조되거나 방부 처리된 표본으로 관찰되거나 병에 담긴 채 박물관에 소장될 뿐이다.

그뿐만 아니라, 인간은 종을 생태적으로 멸종시키기도 한다. 즉, 먹잇감이 지구상에서 완전히 제거되지 않더라도, 그 수가 너무 적어지면 더 이상 생태적 역할을 수행할 수 없다. 다시 말해서, 그들은 생태적으로

무의미한 존재가 된다. 전 세계 바다에 500마리도 채 남지 않은 지중해몽크물범과, 모로코 남부에 100~500마리만 남아 있는 것으로 추정되는 민물 홍합(학명: *Unio foucauldianus*)이 그 예다. 지중해몽크물범은 지중해 전역에서 예전의 최상위 포식자 역할을 수행하지 않으며, 민물 홍합 개체군도 예전만큼 많은 민물을 걸러 내고 있지 않다. 생태적 멸종ecological extinction은 전 지구적 멸종 이전의 마지막 단계다.

사실, 인간은 자연계의 배경 멸종률*보다 적어도 1000배 빠른 속도로 종을 멸종시키고 있다. 〈스라소니와 토끼〉 사이와 달리, 〈인간과 야생 종〉 사이에는 주기적 진동이 존재하지 않는다. 왜 그럴까? 왜 우리는 지구상의 나머지 생명체들과 동일한 생태적 과정을 거치지 않을까?

한 과학 회의에서, 캐나다 달하우지 대학교에서 해양 생태학을 가르치는 독일인 교수인 내 친구 보리스 웜Boris Worm은 밥 페인에게 다음과 같이 질문했다.「해달과 오커불가사리가 태평양 북서부의 핵심종이라면 우리는 뭔가요?」이 질문에 대해 밥은 이렇게 대답했다.「우리는 초핵심 포식자hyper keystone predator예요.」

보리스와 밥은 이 아이디어에 대한 논문을 공동 집필하기로 합의했다. 그들은 과학 문헌을 검토한 결과, 인간이 육상 초식동물 — 멧돼지, 페커리pecarry, 하마, 라마, 사슴, 기린, 영양, 야생 양, 염소와 같이, 발가락 개수가 대부분 짝수인 유제류 — 을 다른 포식자와 비슷한 수준으로 착취한다는 사실을 발견했다. 하지만 그러나 우리가 다른 포식자들과 다른 점은, 육상 육식동물과 최상위 포식자 — 예컨대 늑대, 스라소니, 사자, 호랑이 — 를 다른 종보다 4~10배 높은 강도로 착취한다는 것이다. 더욱 충격적인 것은, 우리가 다른 동물보다 11~15배나 높은 강

* background extinction rate. 인간이 멸종의 일차적 원인이 되기 전 지구의 지질 및 생물학사에서 통용된 표준 멸종률을 말하며, 정상 멸종률이라고도 한다.

도로 해산물을 남획한다는 것이다. 해양 생물이 먹이그물의 어느 부분에 있든—보잘것없는 정어리에서부터 강력한 백상아리에 이르기까지—인간은 모든 해양 생물을 다른 어떤 포식자보다도 월등히 빠른 속도로 거덜 내고 있는 것이다.

우리가 고갈시키는 종 중 일부는 핵심종인데, 이는 우리가 생태계 전체에 연쇄적으로 악영향을 미친다는 것을 의미한다. 우리는 현재 지구상의 거의 모든 종(지각 속 깊은 곳에 사는 미생물 제외)을 망라하는 전 지구적 먹이그물global food web의 최상위에 위치하고 있다. 우리는 지역적 먹이그물local food web의 최상위에 있는 핵심종들을 제거함으로써 지구 전역의 생태계를 파괴하고 있다. 생태계의 흥망은 비대칭적이다. 생태적 성숙을 향해 천천히 나아가며 구조와 정보를 축적하는 데는 수십 년, 수백 년, 또는 심지어 수천 년이 걸리지만, 우리가 너무 자주 관찰했듯이 모든 정보는 몇 시간 만에 사라질 수 있다.

알렉산드리아 도서관은 고대 세계에서 가장 큰 지식 저장소였다. 학자와 철학자들이 그 모든 지식을 축적하는 데 수 세기가 걸렸다. 하지만 약 2,000년 전 도서관은 몇 시간 만에 불타 버렸고,* 그와 함께 고대 철학자와 과학자의 지식이 대부분 소실되어 다시는 사용할 수 없게 되었다. 잃어버린 지식 중 일부가 잿더미 속에서 재발견됐을지 모르지만, 고대의 지혜가 모두 보존됐다면 오늘날 세상이 어떻게 달라졌을지 상상해 보라.

자연 생태계도 마찬가지다. 보르네오의 열대우림에서는 수만 종의

* 알렉산드리아 도서관의 소실에 대한 4가지의 가설이 존재한다. 기원전 48년 알렉산드리아 전쟁에서 율리우스 카이사르의 방화, 3세기경 아우렐리아누스의 침략, 391년 콥트 정교회 교황 데오빌로의 칙령, 642년 이후 무슬림의 알렉산드리아 점령이 그것이다. 이 가설들은 신빙성에 대해서 지금까지도 의혹이 남아 있지만, 그중에서도 알렉산드리아 전쟁에서 율리우스 카이사르의 방화가 제일 유력한 가설로 알려져 있다.

동식물이 옹기종기 모여 복잡한 상호 의존 관계망을 이루며 살아가고 있다. 하지만 기업이 불도저를 투입한다면, 단 며칠 만에 울창한 숲을 야자나무 단일재배지로 대체할 수 있다. 그렇게 될 경우, 모든 유전 정보, 바로크적인 자연의 복잡성, 종 간의 수백만 가지 상호작용, 그리고 그들이 우리에게 제공하는 모든 서비스는 영원히 사라질 것이다. 알렉산드리아 도서관이 그랬던 것처럼, 이러한 정보의 손실은 우리가 알아채든 알아채지 못하든 여러 세대에 거쳐 반향을 일으킬 것이다.

육지의 경우, 서식지 파괴habitat destruction는 실제로 생물 다양성 손실의 주요 원인이다. (바다의 경우에는, 지구상에서 가장 큰 사냥 활동인 어업이 그 원인이다.) 지구의 땅 중 절반 이상이 우리에게 식량을 공급하거나 도시를 건설하기 위해 변형되었다. 농업과 축산업은 거주 가능한 토지의 절반을 변형시켰으며, 사용 가능한 담수의 75퍼센트를 사용하고 있다. 미국 본토에서만, 48개 주에 있는 토지의 41퍼센트가 가축 사육에 사용된다. 이 모든 일은 대규모 서식지 파괴의 전형적 사례다. 인도네시아나 말레이시아의 오래된 열대우림이 팜유 농장을 만들기 위해 벌목되든, 미국 중서부의 광활한 초원이 옥수수밭이나 수만 에이커에 달하는 방목지가 되든, 그것은 치명적인 생물 다양성 손실로 귀결된다. 앞에서 살펴본 바와 같이 생태적 천이는 오랜 시간이 걸리는 과정으로, 한 단계에서 축적된 에너지가 다음 단계의 발달을 촉진하는 데 사용되려면 일련의 단계를 거쳐야 한다. 자연은 생태적 천이를 뒷받침하지만, 우리 인간은 생태적 퇴행을 부추긴다.

설상가상으로, 우리는 사냥이나 서식지 파괴와 같은 직접적인 방법뿐만 아니라, 간접적인 방법으로도 종을 전멸시키고 있다. 독성 화학물질 사용은 간접적인 방법의 한 예다.

포경업자들은 20세기에 대형 고래를 멸종 직전까지 몰고 갔고, 그

유탄을 맞은 범고래는 해안 가까이로 이동하여 울며 겨자 먹기로 바다사자와 해달을 잡아먹게 되었다(6장 참조). 하지만 범고래는 인간이 환경에 저지른 또 한 가지 못된 짓의 희생양이 되었다. 최근 연구에 따르면, 30년 전에 금지된 독성 화학물질 — 폴리염소화비페닐polychlorinated biphenyls(PCB) — 로 인해 앞으로 30~40년 후(2050~2060년)에 전 세계 범고래 개체 수의 절반이 붕괴할 것으로 예상된다. PCB는 페인트, 냉각수, 축전기capacitor에 사용되던 화합물인데, 1970년대 중반 사람에게 암을 유발할 가능성이 있는 것으로 밝혀져 사용이 줄어들다가 2000년대 초에 금지되었다. 하지만 PCB는 변압기와 일부 선박용 페인트 등의 기존 제품 속에 아직도 버젓이 존재한다. PCB는 수명이 길므로, 매우 천천히 분해되며 환경에 스며들어 먹이그물로 유입된다. 범고래는 먹이그물의 최상위(인간 바로 아래)에 있으므로, 생물 농축*을 통해 지방 조직에 PCB가 다량 축적된다. 이제 그들은 지구상에서 가장 많이 오염된 동물 중 하나이며, 그들의 면역계와 번식 능력은 PCB에 의해 돌이킬 수 없을 정도로 손상되었다. 이것은 해달에게는 희소식일 수 있지만, 범고래 개체 수가 감소함에 따라 태평양 북서부 해양의 커다란 먹이그물은 덜 복잡하고 덜 건강하게 될 것이다.

소음 공해는 우리 인간이 자연 세계에 미치는 간접적 영향의 또 다른 예다. 대도시의 지하철역이나 공항의 귀가 먹먹할 정도의 소음에서부터 수 킬로미터 떨어진 곳에서도 들리는 도시의 끊임없는 웅웅거림 소리에 이르기까지, 온갖 소음이 세상 곳곳을 점령하고 있다. 사정이 이러하다 보니, 자연의 소리를 즐길 수 있는 곳 — 또는 거의 정적에 가까운 장소 — 을 찾는 것은 거의 불가능하다. 최근 연구에서, 국립공원과

* 생태계 내에서 생물의 영양단계가 높아질수록 특정 유기화학 물질(또는 중금속 원소)의 농도가 증가하는 현상을 말한다.

자연 보호 구역도 소음에서 벗어날 수 없는 것으로 나타났다. 미국 내 보호 구역의 63퍼센트에서, 인간이 내는 소리로 인해 배경 소음 수준이 두 배로 증가했으니 말이다. 보호 구역의 21퍼센트에서는 인간 소음이 자연 배경 소음의 10배 또는 그 이상이었다. 이 정도면 야생 동물이 감내할 수 있는 한계를 크게 벗어난다.

2014년 10월, 나는 청정 바다 프로젝트를 위한 탐험의 일환으로 아프리카 가봉 연안의 원유 생산 플랫폼oil platform 아래에서 다이빙을 하고 있었다. 플랫폼의 철탑은 진흙투성이 해저에 하나밖에 없는 경질 기판hard substrate이었는데, 온통 해면·해조류·금빛나팔돌산호orange cup coral로 뒤덮여 일종의 인공 산호초가 되어 있었다. 플랫폼 주변에서는 낚시가 금지되어 있어, 작은 자리돔에서부터 큰 도미와 참치에 이르기까지 다양한 어류가 풍부했다. 하지만 그날 가장 기억에 남았던 순간은 전혀 색다른 소리를 들은 것이었다. 그것은 일명 〈바다의 사이렌〉, 즉 혹등고래의 노랫소리였다. 섬뜩하면서도 최면을 거는 듯한 혹등고래의 노래는 수십 킬로미터 밖에서도 들을 수 있다.

유일한 단점은, 근처에서 진행되는 석유 시추 작업으로 인해 윙윙거리고 덜컹거리고 딸깍거리는 소리가 끊임없이 들린다는 것이었다. 그것은 다이빙하는 동안 내내 나의 신경을 거슬렀다. 하지만 일개 방문객인 내가 겪는 불편함은 그곳의 거주자들이 일상적으로 겪는 극심한 고통에 비할 바 아니었다. 원유 생산 플랫폼, 선박 소음, 에어건air gun, 기타 인간이 만들어내는 소음은 해양 포유류를 미치게 만들고 있다. 그중에서도 에어건 발파는 유해하기로 특히 악명이 높다. 해저 아래에 매장된 석유와 가스를 찾기 위해, 특수 선박은 10초에 한 번씩 — 한 번에 며칠에서 몇 달 동안 — 매우 큰 폭발음을 내는 에어건(압축 공기)을 바다에 투하한다. 이러한 폭발음은 3,200킬로미터 이상 수중으로 이동하며,

음향 환경을 교란하고 (청각에 의존하여 먹이를 찾고 의사소통하는) 고래와 돌고래의 청각 기관을 파괴할 수 있다. 지구상에 서식하는 가장 큰 동물인 대왕고래는 수중에서 수천 킬로미터를 이동하는 것으로 추정되는 저주파 노래를 부른다. 하지만 대왕고래의 노래는 아무것도 파괴하거나 죽이지 않는다. 혹등고래의 사이렌 노래도 마찬가지다.

그러나 우리 인간이 내는 소음은 차원이 다르다.

이쯤 되면, 의아해서 고개를 갸웃거리는 독자들이 있을 것이다. 우리는 어떤 점에서 그렇게 다를까? 밥 페인이 우리를 가리켜 말한 것처럼, 인간이 〈초핵심 포식자〉—지구 최고의 핵심종 겸 최상위 포식자—가 될 수 있었던 비결(?)은 과연 무엇일까?

뻔한 이야기지만, 인류학자들은 인간이 복잡한 두뇌 덕분에 언어를 발달시키고 집단 사냥을 할 수 있게 되었다고 말할 것이다. 하지만 집단 사냥에 관한 한 해양 포유류도 결코 인간에게 뒤지지 않는다. 혹등고래는 얕은 바다에서 옆으로 헤엄치거나 아래에서 수면으로 올라가면서 거대한 입을 벌려 약 2만 리터의 물과 그 안에 있는 모든 것을 집어삼킴으로써 크릴과 작은 물고기를 먹는다. 하지만 그들의 사냥감은 너무 분산되어 있는 경우가 많은데, 이럴 때 고래의 팀워크가 위력을 발휘한다. 몇 마리의 혹등고래가 사냥감 주위로 잠수했다가 다시 수면으로 올라오면서 숨을 내쉬어, (사냥감으로 하여금 겁에 질려 한가운데로 몰려들게 만드는) 동그란 기포 커튼circular curtain of air bubble을 만든다. 그런 다음, 고래는 큰 입을 떡 벌린 채 수면을 뚫고 나오기만 하면 한 번에 막대한 양의 사냥감을 삼킬 수 있다. 이게 바로 팀워크의 힘이다. 마찬가지로, 늑대는 옐로스톤 국립공원에서 무리 지어 사슴을 사냥하고, 사자는 세렝게티에서 얼룩말을 함께 사냥하며, 바다사자는 갈라파고스 제도의 얕은 만에서 팀을 이루어 황다랑어를 사냥한다.

집단 사냥이 아니라면, 도구 제작 능력의 차이 때문일까? 오랫동안 사람들은 〈도구를 사용하는 동물은 인간뿐〉이라고 생각해 왔다. 인간은 자신보다 큰 동물을 죽이기 위해 창을 만들었고, 땅을 갈고 길들인 농작물을 심기 위해 쟁기를 만들었으며, 한 번에 많은 물고기를 잡기 위해 그물을 만들었으니 그럴 만도 하다. 이러한 도구 덕분에 인간은 더 많은 동물을 죽이고 필요한 모든 것을 더 많이 생산할 수 있었다.

그러나 다른 동물들도 도구를 사용한다. 제인 구달은 탄자니아에서 침팬지가 나뭇가지를 이용하여 흰개미를 잡는다는 사실을 발견한 것으로 유명하며, 다른 아프리카 국가의 침팬지에서 동일한 패턴을 발견한 연구자들도 있다. 찰스 다윈은 이미 1871년 출간한 저서 『인간의 유래와 성선택』에 〈침팬지는 돌을 이용해 견과류를 깨고, 오랑우탄은 막대기를 지렛대로 사용하며, 개코원숭이는 돌을 이용해 다른 개코원숭이 종의 개체를 공격한다〉라고 썼다. 해달은 성게를 부수기 위해 돌을 사용하고, 호주 샤크베이Shark Bay의 돌고래는 해저에서 먹이를 찾는 동안 주둥이를 보호하기 위해 해면을 사용한다. 뉴칼레도니아까마귀는 나뭇가지와 나무(그리고 때로는 철사)를 탐침probe으로 사용하여 애벌레를 꿰뚫는다. 도구를 사용하는 동물의 예는 그 밖에도 많다. 하지만 큰 차이점이 있다면, 그들은 다른 종의 씨를 말리는 법이 없는데 우리는 그런다는 것이다.

내가 생각하는 비결은 엄청난 인구다. 마주 보는 엄지손가락*과

* opposable thumb. 야구공을 던지거나, 펜을 잡거나, 단추를 채운다고 생각해 보라. 그런 조작을 하는 동안, 엄지손가락의 접촉면과 다른 손가락들의 접촉면이 반대편에서 서로 마주 본다는 점에 주목하라. 그러한 위치에서, 엄지손가락은 다른 손가락들의 자유로운 움직임에 적절히 대응하여 스트라이크를 던지고, 수표에 서명을 하고, 옷을 입게 해준다. 이러한 요긴한 속성 때문에, 우리는 엄지손가락을 가리켜 〈마주 보는 엄지〉라고 부른다. 인간의 대표적인 특징 중 하

최신 도구를 가진 소수의 인간이 전 지구적 규모로 대혼란을 일으키지는 못했겠지만, 급속한 인구 증가로 인해 인간의 영향력은 개인의 영향을 훨씬 넘어서게 되었다. 예컨대 중국인은 비교적 적은 양의 물고기를 먹으며, 먹이그물에서 비교적 낮은 위치에 있는 종을 먹는다. 따라서 중국은 어류 개체 수에 미치는 1인당 영향이 가장 작은 나라 중 하나라고 말할 수 있다. 하지만 1인당 효과에 중국 인구인 14억을 곱하면, 중국은 해양 어류 개체 수에 가장 큰 영향을 미치는 국가가 된다.

자연은 포식자와 피식자가 번갈아 가며 증감하는 스라소니-토끼 유형의 역학 관계lynx-hare type of dynamic의 많은 예를 보여 주지만, 인간에게는 이러한 패턴이 적용되지 않는 것 같다. 먹잇감의 가용성이 줄어들어도 우리의 개체 수는 줄어들 기미를 보이지 않기 때문이다. 도대체 그 이유가 뭘까? 이 의문을 해결하려면 에너지에 대해 이야기할 필요가 있다.

대부분의 자연 생태계는 태양 에너지와 자원 — 즉 영양분 — 의 가용성에 의해 성장이 제한된다. 지구 표면은 태양으로부터 매일 12만 테라와트, 또는 제곱미터당 175와트의 에너지를 받는다. 당신이 에너지 전문가가 아니라면(나도 아니다) 이 숫자는 별 의미가 없을 수 있지만, 다른 방식으로 생각해 볼 수 있다. 즉, 태양은 1시간 반마다 인류 문명을 1년 동안 너끈히 유지할 수 있는 에너지를 지구 표면에 퍼붓고 있다. 우리가 30일 동안 태양으로부터 가로채는 에너지는 〈인류가 이미 태운 화석연료〉와 〈아직 채굴되지 않은 채 전 세계에 매장되어 있는 화석연료〉

나는, 엄지손가락이 다른 손가락들을 마주 볼 수 있다는 점이다. 반면 거미원숭이는 엄지손가락이 없고, 마모셋원숭이는 엄지손가락이 있어도 다른 손가락들을 마주 볼 수 없다. 이렇게 마주 보는 엄지손가락은 우리 인간을 비롯하여 침팬지와 같은 영장류 사촌들에게서만 볼 수 있는 특징이다.

를 모두 합친 것과 맞먹는다.

식물은 초소형 자연 기계natural machine — 잎 속의 미세한 엽록체 내부에서 광합성을 수행하는 분자 엔진 — 를 이용하여 태양 에너지를 사용할 수 있다. 식물은 햇빛과 물, 이산화탄소, 영양분을 결합하여 탄수화물carbohydrate을 생성하는데, 탄수화물은 생태계 전체의 기초가 되는 유기물이며 식량을 제공하는 삼차원 구조다.

식물은 제곱미터당 0.21와트의 비율로 유기물을 생산하는데, 이는 태양 에너지의 0.13퍼센트에 불과하다(단, 개별 식물에 따라 최대 4퍼센트의 효율을 낼 수 있다). 식물은 태양 에너지를 그다지 효율적으로 사용하지 못할지도 모르지만, 지구의 생활권 전체 — 생물권 — 을 지탱하기에 충분한 에너지를 생산한다.

사람의 체중이 칼로리의 〈일일 섭취량〉에서 〈일일 연소량〉을 뺀 것의 누계(累計)인 것과 마찬가지로, 육상 생태계의 총 바이오매스는 식물 바이오매스의 〈소비량〉(동물에 의해 섭취된 양)에서 〈호흡량〉(성장, 세포 발달 등의 활동에 소모된 양)을 뺀 값에 따라 달라진다. 여러 단계로 구성된 먹이그물의 경우, 식물의 바이오매스는 초식동물의 바이오매스 양을 결정하고, 초식동물의 바이오매스는 육식동물의 바이오매스 양을 결정하며, 모든 동물의 바이오매스는 최상위 포식자의 바이오매스 양을 결정한다. 사람의 체중이 부엌에 있는 음식의 양에 부분적으로 의존하는 것처럼, 생태계의 총 바이오매스는 이용 가능한 식물의 바이오매스에 따라 달라진다. 생태계의 모든 구성원은 이용 가능한 먹이의 바이오매스를 수동적으로 소비할 뿐이며, 아무리 강력한 최상위 포식자라도 〈이용 가능한 먹이가 뒷받침하지 않는 바이오매스〉를 능동적으로 만들어 낼 수는 없다.

그러나 이러한 〈에너지의 미적분학〉은 인간에게는 적용되지 않는 것 같다. 왜 그럴까? 왜 인간은 다른 포식자나 먹잇감과 동일한 규제 규칙을 따르지 않을까? 다른 종들은 모두 멸종하는데, 인간의 개체 수는 이에 아랑곳없이 계속 늘어나는 이유가 뭘까? 그 비결은, 우리가 〈비인간 생태계의 일상적 한계〉에서 벗어날 수 있는 방법을 찾아냈다는 것이다. 다시 말해서, 우리는 현재의 에너지 — 매일 하늘에서 쏟아져 내리는 태양 에너지 — 뿐만 아니라 과거의 에너지까지도 사용할 수 있다.

스페인 생태학의 아버지이자 과학자들 사이에서 시인으로 통하는 라몬 마르갈레프 교수는 일찍이 1970년대부터 인간의 영향력에 대해 냉정한 태도로 글을 써 왔다. 내가 바르셀로나 대학교에서 생물학을 전공하던 1980년대 후반, 그는 학계에서 말년에 접어들었음에도 1967년 자신이 설립한 생태학과의 〈창문 없는 작은 사무실〉로 거의 매일 출근했다. 그는 훤칠한 키의 남성으로, 셔츠와 넥타이를 늘 브이넥 스웨터와 재킷 안에 집어넣은 차림새였다. 그의 태도는 온화했고 얼굴에는 항상 미소가 가득했다. 그는 동료들을 늘 〈아무개 박사님〉이라고 부르는 딴 세상 사람이었다. 모두가 그를 마르갈레프 박사님이라고 불렀다. 나는 그의 강의 몇 개를 수강할 수 있는 특권을 누렸다.

박사 과정을 밟던 1990년대 초, 나는 메데스 제도 해양 보호 구역의 해양 생태계 회복을 연구하던 중 보호 구역 밖에서 멸종 일보 직전의 작은 물고기 몇 마리를 목격했다. 인간의 파괴적인 힘을 막 깨닫기 시작하던 터라, 나는 크게 당황했다. 그래서 어느 날 나는 사무실에 있던 마르갈레프에게 다가가 — 그는 항상 학생들을 위해 시간을 내주었다 — 우리를 그렇게 강력한 포식자로 만드는 요인이 무엇인지 물었다. 그는 씁쓸한 미소를 지으며 「모든 것은 사물권necrosphere 때문이라네」라고 대답했다.

사물권(死物圈)의 원어인 네크로스피어는 〈죽은〉을 의미하는 그리스어 네크로스*nekrós*에서 유래했는데, 생물권sphere이 지구의 살아 있는 층living layer이라면 사물권은 죽은 층dead layer이라고 할 수 있다. 사물권은 〈과거에는 살아 있었지만, 지금은 더 이상 존재하지 않는 모든 것〉을 포함한다. 이를테면 가을에 떨어져 숲바닥을 어지럽히는 낙엽이나, 죽어서 심해로 떨어지는 고래처럼 말이다. 최근에 생성된 사물권은 생물권으로 신속히 되돌아간다. 즉, 죽은 물질은 세균, 균류, 쓰레기를 먹는 동물과 같은 청소부들에 의해 빠르게 재활용된다. 숲바닥에 떨어진 형형색색의 단풍은 바로 그 자리에서 소비되며, 그 구성 요소는 먹이그물로 다시 통합된다. 나뭇잎을 자른 개미는 작은 새에게 먹히고, 그 새는 족제비에게 먹히고, 그 족제비는 붉은여우에게 먹힐 것이다. 먹이그물에 즉시 흡수되지 않은 것은 벌레와 균류에 의해 재사용되어, 나무를 양육할 비옥한 토양의 일부가 될 것이다.

바다에서는 범고래 떼가 쇠고래를 살해한 후 그 혀만 먹기도 하는데, 쇠고래의 혀는 범고래에게 별미인 것으로 알려져 있다. 혀가 없는 쇠고래의 시체는 내팽개쳐지는데, 아마도 굶주린 상어에 의해 어느 정도 훼손된 후 결국 해저로 가라앉을 것이다. 영양분이 부족한 심해에서, 고래의 시체는 그 자체가 생태계가 되어 스스로 생태적 천이를 진행한다. 사자나 독수리가 죽은 얼룩말의 고기를 먹는 것과 같은 방식으로, 기동성 있는 청소부(예: 심해 상어, 은상어, 먹장어)들이 시체 냄새를 맡고 와서 고래의 살을 선점한다. 경락*에서 진행되는 생태적 천이의 첫 번째 단계는 몇 달 동안 지속될 수 있다. 심해의 대형 청소부들이 고기를 배불리 먹고 나면, 작은 동물들 — 벌레, 연체동물, 갑각류 — 이 바통을 이어받아 남은 지방(고래 주변의 진흙에 스며든 것 포함)을 모조리 먹어 치운다. 이 단계는 몇 년 동안 지속될 수 있는데, 이윽고 고래의 골격만 남게

* whale fall. 죽은 고래가 해저에 낙하하여 형성된 심해 생태계를 일컫는 말이다.

된다. 세균의 도움으로, 뼈를 먹는 벌레는 뼛속의 지방과 기름을 분해하여 유황을 생성하고, 이 유황은 다른 종류의 세균이나 홍합 같은 여과섭식 동물filter-feeding animal을 유인한다. 수십 년 후, 어두운 해저에는 얇고 가벼운 얼룩 외에는 아무것도 남지 않을 것이다. 사물권의 이 부분도 결국에는 재활용되어 다시 생물권의 일부가 될 것이다.

육지와 바다에서 볼 수 있는 이러한 사례는, 인간이 만든 생태계와 다른 생태계 사이의 주요 차이점을 극명하게 보여 준다. 다른 종들은 폐기물을 생성하거나 축적하지 않는다. 비인간 생태계에서는 모든 것이 재사용되거나 용도가 변경되기 때문이다. 자연계는 완벽한 순환 경제로, 모든 것은 수명이 다한 후에도 다른 것의 원천이 된다.

그러나 사물권 중에는 (분해되지 않기 때문에 재활용되지 않아) 유기체로 전환되지 않는 부분이 존재하는데, 우리는 이것을 고대 사물권ancient necrosphere이라고 부를 수 있다. 이 부분의 가장 두드러진 특징은, 〈죽은 후 해저나 이탄 습지*에 빠르게 묻힌 유기체〉로 구성되어 있어 다른 종들이 접근할 수 없다는 점이다. 시간이 지남에 따라 이러한 퇴적물은 계속 축적되어 죽은 물질을 더욱 더 깊은 곳에 묻어 버린다. 이 죽은 유기체가 극심한 열과 압력을 받으면, 궁극적으로 석탄, 천연가스 또는 석유 — 현재 우리가 화석연료라고 부르는 것 — 로 바뀐다. 화석연료는 과거의 에너지 — 한때 햇빛이었다 — 로, 현재 우리 사회에 연료를 공급하고 있다. 다른 형태의 생명체는 최근 사물권recent necrosphere을 사용하지만, 인간만이 고대 사물권을 사용하는 법을 터득했다.

* peatbog. 이탄 습지는 이탄(泥炭)이 쌓여 만들어진 습지로, 이탄은 식물질의 주성분인 셀룰로스, 리그닌 등이 주로 지표에서 분해 작용을 받은 후 그 위에 쌓인 다른 나무, 퇴적물, 물에 의해 압축되어 형성된다.

인간에게, 고대 사물권은 현재의 족쇄를 풀고, 포식자와 피식자가 번갈아 가며 교체되는 주기alternating turnover cycle에서 벗어날 수 있게 해주는 열쇠다. 간교하게도, 우리는 과거의 에너지를 빼내어 현재의 과도한 착취에 보조금을 지급하는 속임수를 쓴다. 이러한 에너지 보조금 덕분에, 우리는 생산량보다 더 많은 에너지(식량 포함)를 소비하는 인공 생태계artificial ecosystem — 도시 — 를 건설할 수 있다. 다른 종들은 그렇게 할 수 없다. 만약 태양이 매일 꼬박꼬박 제공하는 에너지를 (식물의 바이오매스와 자연의 먹이그물을 통해) 주요 에너지원으로 계속 사용했다면, 인류는 현재 80억 명(그리고 계속 증가하고 있는)의 인구에 도달하지 못했을 테니 세상은 달라졌을 것이다. 분명히 말하지만, 나는 〈다른 길을 택할 수도 있었다〉는 것에 대해 판단을 내리거나 낭만적으로 이야기하려는 것이 아니다. 나는 단지 관찰하고 있을 뿐이다.

서글픈 진실은, 우리가 하나 이상의 지구를 가진 것처럼 행동하고 있다는 것이다. 싱크탱크인 글로벌 생태발자국 네트워크Global Footprint Network는 2019년, 〈지구의 연간 생산력이 7월 29일에 모두 소진되었다〉라고 추정하며 〈인류 역사상 가장 빠른 속도〉라고 덧붙였다. 즉, 8개월도 채 안 되는 기간에 지구의 1년치 예산을 모두 사용했다는 것이다. 남은 4개월 동안 우리는 무엇을 했을까? 우리는 고대 사물권 계좌에 예치된 원금(에너지)을 곶감 빼먹듯 사용했다. 만약 우리가 원금을 계속 까먹는다면, 굳이 경제학자가 아니더라도 저축 계좌에 무슨 일이 일어날지 알 수 있다. 우리가 지구의 자원을 남용할 수 있는 것은, 화석연료의 형태로 지하에 저장된 과거의 태양 에너지를 사용하기 때문이다. 우리는 현재의 약탈에 보조금을 지급할 요량으로 과거의 에너지를 끌어다 쓰고 있는 것이다.

사물권(화석연료) 사용은 생물 다양성을 전 지구적 규모로 파괴하는 데 일조했을 뿐만 아니라, 취약한 대기를 너무 많은 탄소 오염으로 가득 채웠다. 인간 활동에서 방출되는 이산화탄소와 기타 온실가스는 위험한 수준으로 축적되어, 대기 및 해수 온도를 지금껏 지구상에서 기록된 것 중 가장 빠른 속도로 상승시켰다. 세계 각국은 2015년 12월 파리에 모여, 지구 기온이 산업화 이전 시대에 비해 평균 섭씨 2도(이상적으로는 1.5도)를 초과하지 않도록 탄소 배출량을 줄이기로 합의했다. 하지만 나중에 살펴볼 것처럼, 생물 다양성이 전 세계적으로 계속 고갈된다면 파리 기후 협정Paris Climate Agreement은 달성될 수 없을 것이다.

인간은 뛰어난 지능, 손재주, 팀워크, 언어 등 여러 가지 이유로 지구상의 다른 최상위 포식자들과 다르다. 하지만 우리를 초핵심 포식자로 만든 핵심 이유는, 고대의 사물권을 사용하는 방법을 발견했다는 것이다. 혹시 여기에 문제가 있는 건 아닐까? 어떤 사람들은 우리 인류가 그 어느 때보다도 부유하고 건강하며, 세계 경제가 계속 성장하고 있는데 뭐가 문제냐고 주장한다. 〈생물학적 다양성이라는 게 정말 필요한 걸까요? 그 대신 GDP를 늘리는 것이 더 중요하지 않을까요?〉

# 9
# 다양성의 이점

2002년 12월, 스크립스 해양학 연구소는 슬론 재단Sloan Foundation의 지원을 받아 〈해양 생물 다양성의 알려진 것, 알려지지 않은 것, 알 수 없는 것Knowns, Unknowns, and Unknowables of Marine Biodiversity〉에 관한 학술 회의를 주최했다. 회의의 목표 중 하나는 〈생물 다양성의 가치〉와 〈지구상에 얼마나 많은 종들이 있는지〉, 그리고 〈그 많은 종들이 자연에서 무슨 역할을 하는지〉를 모르기 때문에 치러야 하는 대가를 평가하는 것이었다. 처음 이틀 동안 과학자들은 두 패로 갈려, 서로 상충되는 두 가지 철학에 대해 열띤 공방을 벌였다. 한 팀은 새로운 지식을 습득하는 것이 가장 중요하다고 주장했고, 다른 팀은 해양 생물 다양성의 손실을 역전시키기 위해 우리가 이미 가지고 있는 지식을 활용할 방법을 찾고 싶어 했다. 미지의 세계에 대해 생각하는 데 익숙하지 않은 일부 참가자들은 긴장감 때문에 좌절하기도 했다. 하지만 200석 규모의 강당에서 가장 좌절감을 느낀 사람은 아마도 『이코노미스트』의 기자 너태샤 로더Natasha Loder였을 것이다. 그녀는 마침내 자리를 박차고 일어나 이렇게 말했다. 「나는 이틀 동안 이 자리에 앉아, 많은 분들이 해양 생물 다양성이 매우 중요하며 더 많은 연구를 수행해야 한다고 말하는 것을 들었습니다. ……

하지만 지금껏 생물 다양성이 왜 중요한지에 대해 말하는 사람은 보지 못했습니다. 지금 당장 내 책상으로 돌아가서 잡지에 실을 글을 쓰고 싶지만, 여러분은 나를 도와주지 않습니다.」

그 당시 해양 보존에 관한 가장 중요한 연구를 수행한 보리스 웜과 나는 로더 바로 앞 몇째 줄에 함께 앉아 있었다. 우리는 서로를 바라보며 거의 동시에 입을 열었다.「이건 말도 안 돼요. 우리는 그녀의 질문에 대한 명확하고 결정적인 답을 찾아야 해요.」

보리스와 나는 발 빠르게 움직이기로 결정했다. 우리는 캘리포니아 대학교 샌타바버라 캠퍼스와 제휴한 명망 있는 기관인 국립 생태 분석 및 종합 센터National Center for Ecological Analysis and Synthesis(NCEAS)에 연구비를 신청했다. NCEAS는 생태학자들에게 개박하*와 같은 곳이다. 만약 지원 대상으로 선정되면, 뜻이 맞는 동료들과 함께 일련의 워크숍을 진행함으로써 선택한 주제에 대해 함께 토론하고 분석하여 종합적인 결론을 도출하도록 연구비가 제공된다. 작업 그룹working group은 일반적으로 2년 동안 지속되며 주요 과학 논문의 출판으로 이어진다. 다행히도 NCEAS가 연구비를 지원해 주기로 결정했고, 우리는 오랜 친구 사이인 젊은 해양 생태학자들을 중심으로 그룹을 구성하여 본격적인 연구를 시작하게 되었다.

NCEAS에서 열린 회의는 정말 재미있었다. 열정적인 과학자들이 1년에 두 번 — 한 번에 3~4일씩 — 한자리에 모였다. 우리의 하루 일정은 오전 9시부터 정오까지, 그 동안 연구한 내용에 대한 프레젠테이션과 토론으로 구성되었다. 그런 다음 점심을 먹으러 밖으로 나갔다가 오후 1시 30분에 회의실로 돌아와 자유롭게 토론했다. 오후 5시가 되자

* catnip. 고양이가 좋아하는 풀. 이름이 암시하는 것처럼, 실내에서 생활하는 고양이에게 스트레스를 해소해 주고 원기를 회복시키는 효과가 있다.

머릿속이 아이디어로 가득 찼고, 우리는 제임스 조이스 펍James Joyce Pub으로 자리를 옮겨 기네스를 마시며 미술, 축구, 산호초에 이르기까지 모든 것에 대해 이야기를 나누었다. 오후 6시 30분에 인근의 레스토랑에서 저녁 식사를 한 후, 우리는 모두 호텔로 돌아와 두뇌와 영혼을 가득 채운 하루를 보낸 행복에 겨워 쓰러졌다. 회의가 끝난 후, 우리 모두는 생태계의 기능에 대한 실험적 연구를 정리하거나, 전 세계의 어업 데이터 분석하거나, 데이터를 효율적으로 제시하는 방법을 강구한다는 과제를 안고 집으로 돌아갔다. 이 모든 활동은 로더의 질문에 제대로 대답하기 위한 것이었다. 해양 생물 다양성은 왜 중요할까? 더 정확히 말하자면, 해양 생물 다양성이 인간에게 유리한 이유는 무엇일까?

우리는 해양 생물이 대기 중 산소의 절반을 생산하고, 살아 있는 산호초와 맹그로브가 폭풍우의 파괴적인 영향으로부터 해안을 보호하며, 바다가 우리에게 식량을 제공한다는 사실 등을 이미 알고 있었다. 이러한 세부 사항은 문제가 되지 않았다. 하지만 그때까지만 해도, 해양 생물 다양성이 인류에게 이 모든 혜택을 제공하는 데 얼마나 중요한지를 측정한 사람은 아무도 없었다. 그래서 우리는 다음과 같은 질문을 던졌다. 더 많은 생물 다양성이 더 많은 혜택을 의미할까? 그리고 반대로, 생물 다양성의 감소는 혜택의 감소를 의미할까?

우리는 생물 다양성biodiversity이 무엇을 의미하는지에 대해 동의했지만, 어떤 척도를 사용하여 생물 다양성을 측정할 것인지에 대해서는 합의가 필요했다. 생물 다양성이란 지구상에 존재하는 생명체의 다양성을 의미하는데, 여기에는 종 내 유전적 차이genetic differences within species도 포함된다(치와와에서부터 셰퍼드에 이르기까지, 모든 개가 하나의 종에 속한다는 점을 상기하라). 더 나아가 그것은 개와 고양이의 경우처럼 종 간

차이differences between species를 의미할 수도 있고, 마지막으로 소나무 숲과 습지의 경우처럼 생태계 전반의 차이difference across ecosystems를 의미할 수도 있다. 생물 다양성은 온도나 거리처럼 정량화할 수 있는 단순한 개념이 아니라 여러 차원을 가지고 있기 때문에, 다양한 방식으로 측정할 수 있다.

가장 일반적으로 사용되는 생물 다양성 척도는 종 풍부성species richness으로, 단순히 한 장소에 있는 종의 수number of species를 의미한다. 하지만 이 척도만으로는 생태계가 얼마나 건강한지 판단할 수 없다. 예를 들어 〈자연 그대로의 산호초〉와 〈남획된 산호초〉를 생각해 보라. 청정 산호초에는 수십 마리의 산호상어(그레이 리프 샤크)가 살고 있는 반면, 남획된 산호초에는 단 한 마리의 산호상어만 남아 있을 수 있다. 종 풍부성의 측면에서 볼 때, 〈산호상어〉는 어떤 위치에 있든 동일하게 취급된다. 그 결과, 우리는 이질적인(성숙도maturity가 크게 다른 데다, 멀리 떨어져 있는) 산호초에 서식하는 상어의 마릿수를 동일시하는 우를 범할 수 있다.

생태학자들은 고심 끝에, 생태계의 생물 다양성을 측정하는 더 나은 방법, 즉 종 다양성species diversity 또는 생태 다양성ecodiversity이라는 개념을 개발했다. 간단히 말해서, 종 다양성은 생태계 내에서 종이 어떻게 분포되어 있는지를 측정하는 척도다. 생태계에서 어떤 종의 상대적 존재비relative abundance를 나타내기 위해, 그것은 그 종의 개체 수number of individuals 또는 바이오매스를 사용한다. 즉, 생태학자들은 생물 다양성을 평가할 때, 〈종의 수〉뿐만 아니라 〈각각의 종이 주어진 장소에 얼마나 고르게evenly 또는 공평하게equitably 분포되어 있는지〉까지도 고려한다.

몇 가지 예를 들자면, 자연사 박물관이나 노아의 방주는 모든 종을 동등하게(한 종당 암컷과 수컷 각각 한 마리씩) 볼 수 있는 유일한 장소이기 때문에, 종 풍부성 평가에서 가장 높은 점수를 받을지도 모른다. 하지만 이런 생태계는 자연계에서 결코 작동할 수 없다. 의사 두 명, 간호사 두 명, 교사 두 명, 택시 기사 두 명, 피자 요리사 두 명, 환경미화원 두 명, 반려견 스타일리스트 두 명만 있는 뉴욕시를 상상해 보라. 확실히 기능적인 도시는 아니다. 마찬가지로, 기능적인 산호초는 산호, 벌레, 해면, 물고기 등 모든 종의 개체 수가 각각 다를 것이다. 개체 수의 분포는 생태계의 유형, 해당 생태계의 종 수, 서식지의 생산성, 생태계의 성숙도 등 여러 가지 요인에 따라 달라질 것이다. 일반적인 규칙은, 성숙도가 높은 생태계일수록 〈더 많고, 더 고르게 분포〉하는 종을 포함하고, 따라서 더 큰 다양성을 보인다는 것이다.

생물 다양성의 또 다른 척도로, 생태계에서 종들이 수행하는 다양한 역할(예: 포식자, 서식지 창조자 또는 파괴자)과 생태계 간 경계의 대칭 정도(예: 코르시카섬의 산비탈에서, 참나무 숲이 소나무 숲으로 변하는 과정)가 있다. 이처럼 단위와 등급이 복잡하기 때문에, 하나의 척도로 생물 다양성을 평가하는 것은 사실상 불가능하다. 심지어 생물 다양성 전문가조차도 헷갈릴 수 있다! 하지만 NCEAS에 모인 우리는 〈측정하는 대상과 목표가 명확하다면, 로더의 중요한 질문(해양 생물 다양성이 중요한 이유)에 답할 수 있다〉고 굳게 믿었다.

하지만 우리는 바다의 생물 다양성에 대한 정보가 거의 없다는 사실에 놀랐다. 우리는 지역 실험, 장기적인 지역 관측, 전 세계 수산업 데이터에 대한 연구 결과를 수집했다. 또한 우리는 1960년부터 2005년까지 주요 과학 저널에서, 생물 다양성의 지표를 측정한 해양 또는 하구(河口) 실험을 체계적으로 검색했다. 예컨대 세 명의 미국 과학자가 미국-멕시코 국경 바로 북쪽에 있는 티후아나강 국립 하구 연구 보호 구역Tijuana River National Estuarine Research Reserve에서 실험을 수행했다. 그들의 목표는 〈종이 많은 습지〉와 〈종이 적은 습지〉 중에서 어느 쪽이 더 많은 바이오매스를 가지고 있는지 알아내는 것이었다. 그들은 0, 1, 3, 6종의 식물이 있는 구획을 설정하고 3년 동안 그 구획들을 관찰했다. 관찰 결과, 많은 종을 포함하는 구획일수록 식물 바이오매스와 질소 — 핵심 영양소 — 가 더 많이 축적된 것으로 나타났다. 즉, 6종의 식물이 있는 구획은 단 한 종의 식물이 있는 구획보다 거의 두 배 많은 식물 바이오매스를 가지고 있었다. 게다가 식물 바이오매스가 많이 축적된 구획일수록 3차원 구조가 더 복잡하고, 〈무척추동물을 위한 미세 서식지〉와 〈새와 물고기를 위한 먹이〉가 더 많은 것으로 나타났다. 요컨대, 습지에 있는 식물 종의 수가 많을수록 생태계는 모든 면에서 더욱 번성하는 것으로 밝혀졌다. 다른 곳의 실험에서는, 생물 다양성이 더 높은 구획일수록 모든 수준 — 종의 수에서부터 유전적 다양성, 생태적 기능의 수에 이르기까지 — 에서 더 안정적이고 회복력이 뛰어나, 생태계 교란을 견디고 나중에 회복하는 능력이 뛰어난 것으로 나타났다. 그 밖의 실험에서는, 생물 다양성이 식단에 어떻게 발현되는지를 테스트한 결과, 다양한 식단이 동물의 번식, 성장, 생존, 〈먹이그물에서 에너지의 상향 이동〉을 최적화하는 것으로 나타났다. 간단히 말하면, 생태계의 생물 다양성이 높을수록, 그리고 생태계가 지원하는 기능의 다양성이 높을수록 생태계는 더욱 우수하고 효율적으로 기능한다는 것이다.

이러한 소규모 연구 결과가 시공간적으로 확장되는지 여부를 테스트하기 위해, 우리는 연안 및 하구 생태계와 그 밖의 생태계에 대한 데이터를 수집했다. 우리는 유럽, 북아메리카, 호주의 12개 지역에서, 인간이 끼친 영향의 기울기gradient를 감안하여 〈생물 다양성이 고갈되었거나 붕괴되었거나 멸종된 지역〉과 〈생물 다양성이 회복된 지역〉 등에 대한 데이터를 확보할 수 있었다. 이 기울기를 따라 각 지역을 비교한 결과,

생물 다양성이 높은 연안 및 하구 지역이 〈어업의 질〉을 향상시키고 상업용 어류를 포함한 많은 종에게 〈더욱 건강한 치어 서식지nursery habitat〉를 제공하는 것으로 나타났다. 또한 생물 다양성이 높다는 것은 홍합, 굴, 해면과 같은 무척추동물이 훨씬 더 많은 물을 걸러 내고 생태계의 건강을 개선할 수 있음을 시사하는 것으로 나타났다. 이와 대조적으로, 생물 다양성이 크게 감소한 지역에서는 유해한 조류 대번식algal bloom과 어류 폐사가 몇 배나 더 많이 발생했으며, 이로 인해 해변과 조개류 서식지가 폐쇄되는 기간이 길어졌다(일부는 무려 35년 동안 폐쇄되었다). 또한 생물 다양성이 감소한 지역은 거의 10배나 많은 외래종의 침입을 겪었고 해안 홍수coastal flooding의 위험도 훨씬 더 컸다. 왜냐하면 엄청난 양의 물을 저장할 수 있는 〈자연 인프라natural infrastructure〉(예: 습지)가 사라졌기 때문이다.

우리는 규모를 더욱 확장하여, 1950년 이후의 국가별 어업 통계를 사용하여 전 세계 어업 동향을 분석했다. 세계 각국은 UN 식량 농업 기구(FAO)에 어획량을 보고하지만, 데이터의 품질에는 매우 다양한 차이가 있다. 예를 들어 산업형 어업 데이터는 소규모 영세 어업보다 더 쉽게 구할 수 있다. 그리고 국가들은 전형적으로 어획량을 과소 보고하는 경향이 있다. 이 문제를 인식한 브리티시컬럼비아 대학교의 저명한 교수인 내 친구 대니얼 폴리Daniel Pauly는 이러한 어획량 데이터를 〈재구성reconstruct〉하는 기념비적인 과정을 이끌었다. 전 세계의 현지 연구자들과 손을 잡고, 대니얼과 동료들은 이전에 보고되지 않은 어업(예: 소규모 어업)에 대한 데이터를 확보하는 한편, 산업적 어업에 대해 보고된 데이터를 수정했다. FAO 통계에 따르면, 전 세계 어획량은 1950년 이후 꾸준히 증가하여 1996년에 8600만 톤으로 정점을 찍은 후 소폭 감소한 것으로 알려져 있었다. 그러나 대니얼이 재구성한 어획량 데이터는 이러한 패러다임에 이의를 제기했다. 즉, 새로운 데이터에 따르면 전 세계 어획량은 실제로 1996년에 1억 3000만 톤으로 정점을 찍었고, 그 이후 더 급격히 감소하고 있었다. 우리는 약 30년 전에 〈어류 상투peak fish〉에 도달한 것이었다.

우리는 1950년 이후 얼마나 많은 어장이 붕괴했는지 — 즉, 바다에서 원래 개체 수의 10퍼센트 미만으로 폭락한 상업적 어종이 얼마나 많은지 — 살펴봤다. 그 결과, 빈약한 어류 개체군의 3분의 1이 2003년 현재 이미 붕괴한 것으로 나타났다. 즉, 그보다 작은 규모의 데이터에서 예측한 바와 같이, 종 풍부성이 낮은 — 종 수가 적은 — 생태계에서는 붕괴가 훨씬 더 빈번하게 발생하는 반면, 종 풍부성이 높은 생태계에서는 〈평균 어획량〉이 더 많고 〈고갈 후 종의 회복 속도〉도 더 빨랐다. 다시 말해서, 동일한 수준의 조업도를 가정할 때 〈종 수가 많은 환경〉보다 〈종 수가 적은 환경〉에서 해양 생태계가 파괴될 가능성이 더 높다는 것이다.

이와 같은 결론에 도달했을 때, 우리는 해야 할 일을 다 했다고 믿었다. 로더의 문제 제기에 따라 〈해양 생물 다양성이 우리에게 왜 이로운가?〉라는 질문을 던지고, 우리는 모든 가용 정보를 사용하여 답을 찾으려고 노력했다. 우리는 생물 다양성과 〈생태계의 혜택 및 서비스〉 사이의 연관성을 찾기 위해 과학 문헌을 조사했다. 우리는 다양한 종 풍부성을 가진 전 세계 지역에서 일정한 패턴을 도출하고, 이 패턴이 생물 다양성의 함수라는 것을 확인했다.

결론은 명확했다. 그 내용인즉, 생물 다양성이 높을수록 해양 생태계가 우리에게 더 많은 혜택 — 더 생산적이고 더 탄력적인 어업, 홍수 방지, 더 깨끗한 연안 수역, 오염된 어패류로 인한 질병 발생률 감소 등 — 을 제공한다는 것이다. 따라서 인간 활동으로 인해 생물 다양성이 감소하면, 바다가 우리에게 혜택을 제공하는 능력도 감소한다. 어찌 보면 그동안 당연시되었지만, 우리는 마침내 그것을 증명할 수 있는 확실한 증거를 확보했고, (이 분야에서 오랜 경험을 통해 얻을 수 있는) 직관이 없는 사람들을 만족시킬 수 있게 되었다.

답변해야 할 중요한 질문이 하나 더 있었다. 일단 고갈된 생태계가 이로움을 회복할 수 있을까? 청정 해역을 보호하는 것은 그 장소가 제공하는 혜택을 유지하는 방법이지만, 훼손된 생태계를 되살린다고 해서 예전의 모든 혜택을 다시 누릴 수 있는지는 미지수였다. 그것은 희망과 절망의 차이를 의미했다.

독립적인 연구에서, 어업이 금지된 해양 보호 구역은 주변의 비(非)보호 지역에 비해 어류의 바이오매스가 평균 6배 많고 어종(魚種) 수도 21퍼센트 더 많은 것으로 밝혀졌다. 그리고 물고기의 크기는 평균적으로 3분의 1 더 컸다. 요컨대 해양 수역을 보호하면 경계 내에서 생물 다양성이 증가한다.

또한 우리의 분석에서, 해양 보호 구역 내에서 생물 다양성을 회복하는 것이 주변의 어업을 개선하는 데도 도움이 되는 것으로 나타났다. 연구 대상 지역 주변의 어부들은 이전과 같은 양의 노력으로 평균 4배나 많은 물고기를 잡았다. 보호 구역의 관광 수입도 상당히 증가했는데, 그 이유는 (빈 바다가 아니라 물고기가 뛰노는 바다를 보고 싶어 하는) 다이버들이 해양 보호 구역으로 몰려들었기 때문이다. 우리는 다음과 같은 결론을 내렸다. 잃어버린 생물 다양성을 회복하는 것은 가능하고, 이러한 회복은 생산성 향상과 안정성 향상으로 이어질 가능성이 높다. 덤으로, 보호 구역 주변의 어획량 증가와 보호 구역의 비채굴 수입*(예:

* non-extractive revenue. 자원을 채굴하거나 인위적으로 개발하지 않고도 토지나 바다

관광 수입)도 기대할 수 있다.

우리는 한걸음 내디뎠다. 고갈된 생태계를 (생물 다양성이 높은) 건강한 생태계로 되돌리는 것은 가능하니 말이다. 하지만 생물 다양성을 극단으로 밀어붙인다면 어떨까? 즉, 엄청나게 변형된 생태계vastly transformed ecosystem(예: 인간과 사육장 내 동물을 모두 먹여 살리는 대량 생산 농경지)는 어떻게 처리해야 할까? 그런 곳에서도 생물 다양성을 회복할 가능성이 있으며, 설사 가능하더라도 그렇게 할 가치가 있을까?

1998년에 중국 윈난 농업 대학의 주여우융(朱有勇)이 이끄는 다국적 과학자 팀은 간단한 질문에 답하기 위해 야심 찬 연구를 시작했다. 벼 품종의 다양성이 작물을 질병으로부터 보호할 수 있을까? 벼는 도열병을 일으키는 균류(학명: *Magnaporthe grisea*)의 영향을 받는다. 이 곰팡이는 벼가 꽃을 피우기 시작할 때 벼의 끝부분을 죽이고, 낟알을 생산하기 전에 벼를 손상시킨다. 윈난성은 냉량 습윤한 기후로, 곰팡이가 서식하여 도열병을 일으키기에 이상적인 실험 장소였다. 주(朱)와 그의 동료들은 윈난성에 거주하는 수천 명의 윈난성 벼 재배 농민들을 실험에 참여시켰다.

찰벼sticky rice 품종은 시장에서 더 높은 가격으로 판매되지만, 도열병에 매우 취약하다. 찰기 없는 잡종 벼nonsticky hybrid rice 품종은 도열병에 비교적 강하기 때문에, 당시 이 지역 벼의 98퍼센트가 단일재배 — 잡종 벼 품종 중에서 한두 가지만을 집중적으로 재배함 — 방식으로 재배되었다.

실험을 위해, 일부 논에는 찰벼만을, 일부 논에는 잡종 벼만을, 일

가 창출하는 금전적 수입을 말한다. 이는 일반적으로 생태 관광ecotourism의 형태로 나타나며, 보호 구역 방문을 통해 상당한 수익이 창출되는 것으로 추정된다.

부 논에는 두 가지 벼를 혼합하여 심도록 했다. 혼합재배의 경우, 농부들이 현지 시장에 최소한의 찹쌀을 공급하도록 배려하기 위해, 이미 사용하던 패턴(한 줄의 찰벼 양쪽에 각각 두 줄의 잡종 벼를 심는 방식)을 따르도록 했다.

실험 결과는 매우 분명했다. 단일재배 논의 찰벼 중 20퍼센트가 도열병에 걸렸지만, 혼합재배 논의 찰벼 중에서는 1퍼센트만 도열병균에 감염되었다. 하지만 더 많은 사실이 발견되었다. 혼합재배 논에서 찰벼의 곡물 생산량은 단일재배 논보다 평균 89퍼센트 더 많았다. 모든 요인을 고려할 때, 혼합재배 개체군은 단일재배 개체군보다 더 많은 〈헥타르당 총 곡물 생산량〉을 기록했다. 이것은 생물 다양성의 경제적 가치를 보여 주는 또 다른 예다.

과학에서, 너태샤 로더가 제기한 것처럼 단순한 질문에 대한 답을 제공하는 것이 항상 쉬운 것은 아니다. 생물 다양성은 왜 중요할까? 강력하고 확실한 답변을 얻기 위해 과학 문헌을 검색하고 자체적인 분석을 수행하는 데 수년이 걸렸지만, 이제 과학적 증거를 바탕으로 그녀의 질문에 대답할 수 있게 되었다. 간단히 말해서, 생물 다양성이 높은 생태계일수록 생산성, 안정성, 회복력이 높아지며, 그로부터 더 많은 혜택을 받을 수 있다. 심지어 농업도 작물의 다양성으로부터 혜택을 받는다.

누군가는 이것이 누워서 떡 먹기라고 주장하기 쉽다. 성공적인 장기 투자자라면 누구나 수익률을 높이려면 포트폴리오를 다각화해야 한다고 말한다. 〈달걀은 여러 바구니에 나눠 담아라〉라는 증권가의 격언도 있지 않은가! 하지만 우리의 기존 농업 관행인 산업형 단일재배 industrial monoculture는 이 명백한 격언을 따르지 않는 것 같다. 아무리 그렇더라도, 생물 다양성에 투자하는 것 — 즉, 더 이상의 하락을 막고 가능한 한 많이 복원하는 것 — 은 인류의 미래를 위해 필수적이다. 자연 생태계는 우리의 저축 계좌이자 생명보험 증권이다. 우리는 자연 자본 포트폴리오natural capital portfolio를 다각화하는 데 만전을 기해야 한다.

이제 문제는, 자연 자본을 어떻게 복원할 것인가이다.

# 10

# 보호 구역

나를 바다로 이끈 것은 뭐니 뭐니 해도 텔레비전이었다. 나는 1970년대에 스페인 텔레비전에서 방영한 「자크 쿠스토의 해저 세계The Undersea World of Jacques Cousteau」를 보면서 자랐다. 그 당시에는 TV 채널이 두 개뿐이었고, 쿠스토는 바다를 우리 거실로 옮겨 온 유일한 채널이었다. 매주 일요일 저녁, 나는 스페인에서 아직도 〈라 카하 톤타la caja tonta〉 — 바보 상자 — 라고 불리는 것 앞에 앉아, 쇼가 시작되기 20분 전부터 간절히 기다렸다. 스트리밍이나 비디오 카세트가 나오기 전이었기 때문에, 단 1초도 놓치지 않아야 했다. 익숙한 주제가가 흘러나오자마자 나는 가족 모두에게 제발 조용히 해달라고 부탁했다. 가족들도 어느 새 내 옆으로 다가와, 나만큼이나 스크린에 집중하며 열광하곤 했다. 유명한 칼립소Calypso호에 승선한 쿠스토와 그의 대담한 수중 탐험가 팀은 나로 하여금 멋진 잠수복을 입은 다이버들이 이국적인 장소 — 멋진 생물들로 가득한 해저 원더랜드 — 에서 발견을 거듭하는 꿈을 꾸게 했다. 내가 내 인생에서 하고 싶었던 일은 바로 이것이었다. 해양 탐험가가 되어 대형 그루퍼,* 바다표범, 돌고래, 고래 사이에서 다이빙을 하고, 형언할 수 없는

* grouper. 농어목 농어과에 속하는 물고기.

색감의 무성한 산호초 위를 맴돌고, 수중 대성당처럼 보이는 다시마 숲을 헤엄쳐 지나가고, 매일매일 새로운 날들이 가져올 가능성에 스릴을 느끼는 것!

여름이 되면, 부모님과 남동생과 나는 아버지가 일하던 지중해 연안의 코스타브라바로 휴가를 떠났다. 어머니와 동생과 나는 매일 근처의 긴 모래사장이나 바위투성이 만(灣)을 방문했다. 나는 조그만 파란색 물갈퀴와 동그란 검은색 마스크, 그리고 주황색 스노클을 착용하고 추위에 떨 때까지 헤엄치곤 했다. 그런 다음 해변으로 돌아와 수건을 깔고 누워 일광욕을 하곤 했다. 그러다가 몸이 다시 따뜻해지면 바다로 돌아갔다. 작은 바다이구아나marine iguana, 엔리크!

지중해 바다에서 수영하는 것은 신나는 만큼이나 당황스러웠다. 쿠스토가 TV에서 보여 준 바다표범, 돌고래, 대형 그루퍼는 그 어디에서도 보이지 않았다. 내가 본 것은 내 마스크보다 작은 놀래기와 자리돔 몇 마리뿐이었다. 그리고 해저에는 장엄한 다시마 숲 대신 성게가 우글거리는 황량한 바위만 있었다. 이따금씩 자주색 해파리가 지나가면서 생각만 해도 끔찍한 독침으로 나를 위협하곤 했다. 알고 보니, 내가 동경하던 바다는 바로 그런 곳이었다.

그로부터 몇 년 후, 단 한 번의 다이빙으로 모든 것이 송두리째 바뀌었다.

18세가 되자 법적으로 스쿠버 다이빙이 허용되었고, 나는 대학 친구들과 함께 지역의 스쿠버 다이빙 강습에 등록했다. 1986년 봄, 여러 이론 수업과 수영장에서 몇 차례의 다이빙 연습을 한 후, 나는 처음으로 개방 수역에서 스쿠버 다이빙을 했다. 그것은 쿠스토를 제대로 모방하려는 나의 첫 번째 시도였다. 내 심장은 시속 160킬로미터로 뛰고 있었다. 너무 흥분되고 긴장한 나머지, 나는 단 15분 만에 탱크 속의 산소를

다 써버렸다. 1시간 정도는 버텨야 했는데 말이다. 하지만 그 15분 동안, 나는 난생처음으로 천국을 맛보았다.

운 좋게도, 강사는 이번 다이빙을 위해 수강생들을 메데스 제도로 데려갔다. 그리하여 나는 뜻하지 않게 해양 보호 구역에 입문하게 되었다. 100헥타르(1제곱킬로미터)가 채 되지 않는 이 보호 구역에서는 3년 전부터 낚시가 금지되어 있었다. 그리고 이제 나는 메데스 제도 해양 보호 구역에 (어린 시절 코스타브라바에서 봤던 황량한 바위와 달리) 미니 해조류 숲이 형성되어 있다는 것을 알게 되었다. 내가 알던 것보다 더 많은 종류의 놀래기들이 그곳에 둥지를 틀었고, 수많은 도미들이 떼 지어 내 곁을 헤엄쳐 다녔다. 그 다이빙에서 나는 처음으로 지중해산 더스키 그루퍼dusky grouper, 살찐 쏨뱅이, 문어를 보았는데, 문어가 움직이는 것을 보고 소스라치게 놀랐다.

3년 동안의 보호 활동으로 인해 (내가 향후 수년 동안 꾸준히 지켜보게 되는) 생태적 천이가 시작되었다. 그 후 10년 동안 나는 주말마다 메데스 제도로 가서 종교인처럼 열정적으로 다이빙을 했고, 매년 여름에는 바르셀로나 대학교의 동료들과 함께 몇 주 동안 그곳에서 다이빙을 하며 해양 보호 구역에 대한 연례 과학적 모니터링을 수행했다.

지표상으로 볼 때, 모든 것이 상승하고 있었다. 상업적으로 중요한 물고기 — 그루퍼, 농어, 도미, 노랑촉수* — 는 개체 수와 크기가 급증하여, 이제 보호 구역 외부의 강력한 압력에서 벗어나 있었다. (장식용으로 규제 없이 마구 채취되어 거의 멸종 위기에 처했던) 테니스 라켓 크기의 키조개는 해초밭에서 흔히 볼 수 있게 되었다. 다이빙을 처음 시작한 몇 년 동안, 나는 다이빙을 할 때마다 (석회암 바위의 틈새와 돌출부로 더듬이를 삐죽 내민) 닭새우spiny lobster를 많이 보았다. 귀중한 지중해

* red mullet. 농어목 촉수과에 속하는 물고기.

산 적산호red coral가 작은 흰색과 노란색 컵산호cup coral로 둘러싸인 채, 산호 사냥꾼들의 파괴적인 채취로부터 안전하게 자라는 것을 보았다. 문어는 크고 풍부했다. 나는 그루퍼의 수와 크기가 점점 더 증가하는 것을 보았는데, 그중에는 길이가 120센티미터에 달하는 것도 있었다. 이 모든 종은 통통하고 건강했는데, 메데스 제도 생태계가 그들 모두에게 충분한 먹이를 제공했기 때문이리라.

어린 시절 처음으로 스노클링을 했던 척박한 지중해 해역이 나를 그토록 흥분시켰던 것은, 그곳이 나의 기준선baseline이기 때문이었음을 그제야 깨달았다. 그것은 지극히 자연스러운 일이었다. 내가 아는 것이 곧 세계의 전부였을 테니, 나에게는 그게 정상이었을 것이다. 초창기에는 지중해의 해양 생물들이 어떤 지경에 이르렀는지 전혀 몰랐는데, 그것은 1995년 내 친구 대니얼 폴리가 말해 준 〈기준선 이동 증후군〉*의 증상이었다는 것을 이제야 알겠다. 대니얼의 의도는, 역사적 데이터가 없는 상황에서 자신이 경력 초기에 접한 것을 〈건강한 어류 개체군〉의 기준으로 삼는 어업 관리자들의 허점을 지적하는 것이었다. 하지만 인간의 어업 관행도 사정은 마찬가지다. 현대의 정량적 방법으로 바다를 연구하기 훨씬 전부터 인간의 어업 관행은 바다를 고갈시키기 시작했고, 따라서 우리 모두는 기준선 이동 증후군을 앓고 있다. 우리가 정상이라고 믿는 것이 반드시 자연스러운 것은 아니며, 우리가 처음 세상을 보았을 때 각인된 모습에 불과할 가능성이 높다. 이 증후군은 수산업뿐만 아니라 우리 삶의 모든 측면에 영향을 미친다. 예를 들어, 일부 아시아

* shifting baseline syndrome. 만약 과학 문헌을 많이 읽지 않았다면, 당신은 우리가 얼마나 많은 것을 잃었는지 깨닫지 못할 것이다. 그 결과, 당신이 지금 보는 것을 〈정상〉으로 받아들일 것이다. 이것을 〈기준선 이동 증후군〉이라고 부르는데, 〈야생 생물을 위한 광범위하고 즉각적인 행동〉을 가로막는 가장 큰 걸림돌 중 하나다.

대도시의 주민들은 오염도가 〈안전하다고 인정되는 수준〉 이상으로 올라갈 때 집 밖에서 마스크를 착용한다. 오늘날 아시아에서 태어난 어린이들은 그것이 정상이라고 생각할지 모르지만, 25~50년 전에만 해도 거리에서 마스크 쓴 사람을 볼 수 없었을 것이다.

내 친구이자 동료인 제러미 잭슨Jeremy Jackson은 「콜럼버스 이후의 산호초Reefs Since Columbus」라는 뜻밖의 중요한 논문을 발표함으로써 해양 생태계의 기준선을 재조정하는 데 기여했다. 나는 1997년 캐나다 빅토리아 대학교에서 열린 해양 보존 생물학 회의에서 제러미의 프레젠테이션에 참석한 것을 기억한다. 하루가 너무 길게 느껴질 정도로 많은 연사들의 발표를 들은 후, 제러미는 무대 중간에 있는 투명 프로젝터로 의연하게 걸어가 지도와 데이터를 보여 주기 시작했다. 그의 깊은 목소리와 독창적인 생각이 청중을 사로잡았다. 그는 〈고래, 바다거북, 상어와 같은 바다의 대형 동물이 과학자와 어부를 포함하여 우리 모두가 생각했던 것보다 한때 압도적으로 풍부했다〉는 사실을 일깨워 주었다. 그는 역사적 기록을 통해, 상상할 수 없는 수준의 풍요로운 세계를 드러냈다. 예를 들어, 1494년 콜럼버스의 두 번째 항해에 대해 쓴 안드레스 베르날데스Andrés Bernáldez는 〈바다에 바다거북이 너무 많아, 배가 좌초할 것 같았고 마치 거북이로 목욕을 하는 것 같았다〉라고 썼다. 제러미는 전염성 있는 에너지로 가득 찬 미친 오케스트라 지휘자처럼 프레젠테이션을 진행했다. 장담하건대, 모든 청중은 그의 연설을 들으면서 〈우리가 무슨 생각을 하고 있었을까?〉라고 자문(自問)했을 것이다. 놀라운 연주를 마친 후, 제러미는 프로젝터에서 마지막 투명 필름을 꺼내더니 길고 빨간 말총머리를 흔들며 돌아섰다. 잠시 동안 적막했던 강당에서 핀 떨어지는 소리가 들렸다. 그러자 많은 학생들을 포함한 청중들은 일제히 열광적인 박수갈채를 보냈다.

제러미의 제자인 로런 매클리너챈Loren McClenachan은 나중에 역사적 자료를 분석하여, 당시 카리브해에는 최대 9100만 마리의 성체 바다거북green turtle이 있었다고 추정했다. 이는 오늘날 30만 마리 미만인 추정치보다 약 300배나 많은 수치다.

제러미가 그랬던 것처럼, 역사는 우리의 기준선을 바꿀 수 있다. 그리고 메데스 제도 해양 보호 구역과 같은 보호 지역도 기준선을 바꾸는 데 기여할 수 있다. 나는 메데스 제도에서, 시간이 지남에 따라 생태적 천이 — 생태계가 스스로 복원되고 더 성숙한 단계로 나아가는 과정 — 가 실제로 이루어지고 있음을 목격했다. 해양 보호 구역은 과거를 들여다보는 창이었다.

나는 세계 방방곡곡에서 반복되는 해양 보호 구역의 기적을 목격했다. 1999년에 멕시코의 캘리포니아만에 있는 카보풀모Cabo Pulmo는 수중 사막에 가까웠다. 나의 멕시코 동료들과 나는 바하칼리포르니아를 따라 수행한 대규모 잠수 연구의 일환으로 이곳을 조사했다. 그 당시 이곳은 다른 지역보다 산호가 많다는 점을 제외하면 다른 만과 크게 다르지 않았고, 한마디로 〈지나친 어획으로 인해 과거의 영광을 잃은 상태〉였다. 눈에 띄는 물고기 개체군은 하나도 없었다. 그런데 4년 전, 어획량이 줄어든 데 화가 난 그곳의 어부들은 아무도 예상하지 못한 일을 했다. 바다에서 더 많은 시간을 보내면서 몇 마리 남지 않은 물고기를 잡으려고 애쓰는 대신, 조업을 완전히 중단하기로 결정한 것이다. 그들은 멕시코 정부를 설득하여, 바다에 어획 금지 구역no-take marine reserve — 해상 국립공원 — 을 만들도록 했다. 그 후 4년 동안 아무 일도 일어나지 않은 것처럼 보였다. 하지만 2009년, 내 친구이자 제자인 옥타비오 아부르토Octavio Aburto가 캘리포니아만의 상황을 확인하기 위해 돌아왔다.

그는 10년 전 우리가 조사했던 모든 장소에서 잠수했다. 카보풀모는 조업이 중단된 실험 지역experimental area이었고, 캘리포니아만의 다른 지역은 조업이 계속되는 대조 지역control area이었다.

대조 지역의 경우, 10년 전과 마찬가지로 상어 몇 마리 외에 눈에 띄는 물고기 개체군은 하나도 없었고, 가끔씩 대형 그루퍼와 도미가 잡혔다. 하지만 카보풀모는 달랐다. 10년 전만 해도 황량한 풍경이었던 이곳은 이제 생명과 색채의 만화경kaleidoscope of life and color이 되어 있었다. 단 한 번의 다이빙으로 우리 팀이 지난 10년 동안 본 것보다 더 많은 상어를 볼 수 있었고, 대형 무늬바리leopard coral grouper와 걸프 그루퍼Gulf grouper의 산란 군집도 볼 수 있었다. 그루퍼, 상어, 잭*과 같은 대형 포식자가 돌아오는 등, 카보풀모는 10년 만에 자연 그대로의 모습을 되찾고 있었다.

해양 보호 구역에 대형 포식자가 돌아와 개체 수가 충분히 회복되면, 영양단계 연쇄효과가 일어난다. 예컨대 지중해와 뉴질랜드에서는 성게의 포식자(도미)가 성게의 개체군 밀도를 감소시켜, 결과적으로 생태계를 〈황폐화되고 미성숙한 상태(성게 불모지)〉에서 〈복잡하고 성숙한 상태(생물 다양성이 높은 해조류 숲)〉로 변모시켰다. 5년의 보호 기간이 지나자 포식자의 수가 크게 증가했지만, 완전한 영양단계 연쇄효과가 일어나려면 10년 이상이 걸릴 수도 있다.

29개국의 24개 해양 보호 구역에 대한 연구를 종합적으로 검토한 결과, 보호 구역에는 인근의 비보호 지역보다 평균적으로 21퍼센트 〈더 많은〉 종과 28퍼센트 〈더 큰〉 물고기가 서식하는 것으로 나타났다. 하

* jack. 농어목 전갱이과에 속하는 수많은 어종 중 하나이며, 과family 전체에 적용되기도 한다. 대서양, 태평양, 인도양의 온대 및 열대 지역에 서식하며, 때때로 담수 또는 기수(갯물)에서 볼 수 있다.

지만 내 친구 실베인 지아쿠미Sylvaine Giakoumi와 나는 이 결과에 의문을 품고, 심층 분석을 하기로 결정했다. 즉, 우리는 문헌 검토를 통해, 보호 구역을 〈완전한 보호 구역fully protected area〉과 〈(어업이 허용되는) 완화된 보호 구역lightly protected area〉으로 세분한 후, 각 하위 구역subarea별로 물고기 바이오매스의 증가 현황을 조사하기로 했다. [충격적인 사실이지만, 〈보호 구역〉으로 지정된 대부분의 해역에서는 소규모 전통 어업에서부터 기업형 어업(저인망 어업 포함)에 이르기까지 다양한 수준의 어업이 허용되고 있다. 따라서 〈완전한 보호 구역〉과 〈완화된(또는 최소한의) 보호 구역〉을 동일한 범주에 넣는 것은 어폐가 있다. 그것은 사과와 오렌지, 아귀와 문어를 동일시하는 것이나 마찬가지다.] 나는 개인적으로 30년 넘게 잠수하면서, 완화된 보호 구역은 완전한 보호 구역에 비해 서식하는 물고기의 수가 적고 크기가 작다는 사실을 직접 목격했는데, 우리의 심층 분석에서도 동일한 결과가 나왔다. 즉, 일부 완화된 보호 구역의 물고기 바이오매스는 인근의 비보호 지역에 비해 2배가 채 안 되는 데 반해, 완전한 보호 구역의 물고기 바이오매스는 비보호 지역에 비해 전체적으로 6배, 상어의 경우에는 15배나 많은 것으로 밝혀졌다. 보호 구역 내에서 어업을 허용한다는 것은 천이 시계의 톱니바퀴에 모래알을 떨어뜨리는 것과 같다. 시계는 잠시 동안 계속 째깍거릴 수 있지만, 어느 순간 자꾸 서걱거리다 결국 멈춰 버릴 것이다.

루브르 박물관에 들어가서, 마음에 드는 그림만 골라 보도록 허용되는 사람은 아무도 없을 것이다. 그런데 우리가 보호해야 할 정도로 중요하다고 생각되는 지역에서, 멸종 위기에 처한 야생 동물 중 일부를 사냥하도록 허용하는 이유가 뭘까? 아무리 잘 관리되고 있더라도 벌목 작업을 〈삼림 보호의 일부〉라고 부를 환경 보호론자는 없을 것이다. 그럼에도 불구하고 많은 〈자칭 환경 보호론자〉와 그들의 단체는 특정 해역을 완전한 보호 구역으로 지정하는 것에 반대한다. 책임 있는 조업responsible fishing을 위해 관리되는 해역은 모두 훌륭하고 필요하지만, 해양 생물을 제대로 복원하고 점점 더 빨라지는 해양 생물의 고갈과 그로 인한 모든 혜택의 소멸을 방지하려면, 완전한 보호 구역(어획 금지 구역)을 더 많이 지정해야 한다. 해양 보호 구역에 대해 논문을 발표하거나 강연할 때, 나는 정부 관료와 일부 수산학자들로부터 「어업 관리만 잘 하면, 굳이 보호 구역을 지정할 필요가 없지 않을까요?」라는 말을 자주 듣는다. 그러나 어업은 지구상에 남아 있는 가장 큰 사냥 활동으로, 해수면의 절반 이상을 대상으로 하며, 아무리 제한적일지라도 바다의 야생 동물을 지속적으로 추출한다. 그에 반해, 보호 구역은 해양 생물이 복잡한 생태계에서 완전히 회복하고 스스로 조직화하도록 배려하는 도구다. 〈적절한 어업 관리〉가 〈완전한 보호 구역〉보다 생물 다양성을 더 잘 복원할 수 있다는 말은 어불성설이다.

그렇다면 육지는 어떨까? 육지의 국립공원과 기타 보호 구역도 해상 보호 구역과 같은 방식으로 생물 다양성을 유지하고 복원할 수 있을까?

나는 이런 질문을 들을 때마다 〈도둑이 왜 은행을 터는지 알아? 그곳에 돈이 있기 때문이야!〉라는 말이 떠오른다. 자연 관광객들이 국립공원과 자연 보호 구역으로 몰려드는 이유는, 물론 안전하기도 하거니와 바로 그곳에 동물들이 있기 때문이다. 육상 보호 구역에는 비보호 지역보다 더 많은 야생 동물이 서식하고 있다. 누, 사자, 얼룩말을 보고 싶다면, 케냐와 탄자니아 비보호 지역보다 세렝게티 국립공원이 훨씬 더 나은 선택이다. 들소와 늑대를 보고 싶다면, 와이오밍의 비보호 지역을 방문하는 것보다 옐로스톤을 방문하는 것이 더 쉽다.

실제로 많은 연구에서, 육상 보호 구역은 동물의 서식지와 종을 효과적으로 보호할 수 있는 것으로 밝혀졌다. 인근의 비보호 지역에 비해, 보호 구역 내에서는 종의 풍부성이 높고 동물의 개체 수가 많다. 해양 보호 구역에서와 마찬가지로, 육상 보호 구역에서는 인근의 비보호 지역에 비해 동물의 몸집이 더 크고 야생 동물 바이오매스도 더 많은 경향이 있다. 열대 지방에서는 보호 구역이 벌목, 사냥, 방목, 산불을 줄이는 데도 효과적인 것으로 나타났다.

그러나 보호 구역은 단순히 지정됐다고 해서 잘 작동하는 것이 아니라, 세심한 관리가 필요하다. 불법적인 서식지 전환habitat conversion, 사냥, 어업은 보호돼야 할 생태계의 건강을 악화시킨다. 하지만 불법 활동만이 보호받는 생태계를 훼손하는 것은 아니다. 정부가 합법적으로 보호 구역을 해제하고 보호 구역의 크기를 줄일 수도 있다. 한때 보호 구역은 신성불가침의 영역으로 간주됐지만 — 우리 모두 그렇지 않았나? — 그것은 사실이 아니다. 미국, 그리고 브라질의 아마조나스주Amazonas State만 봐도, 보호 구역의 지정이 해제되거나 규모가 축소되었으며 그중 3분의 2가 2000년 이후에 일어났음을 알 수 있다.

개발이라는 명목하에 보호 구역을 해제하거나 축소하는 것은 두 가지 면에서 나쁜 생각이다. 첫째, 자연 보호를 통해 얻은 이득이 모두 신속하게 사라질 수 있다. 둘째, 보호 구역의 규모가 중요하다. 예컨대 더 큰 생태계를 완전히 보호하려면, 옐로스톤 국립공원은 최소한 해당 지역의 핵심종(늑대) 또는 이동하는 먹이(와피티사슴)의 서식 범위를 포함하는 지역을 보호 구역으로 지정해야 한다. 만약 보호 구역의 규모가 그보다 작다면, 늑대는 먹이를 찾아 공원의 경계를 벗어나게 된다. 공원 밖으로 나가면, 특히 공원과 주변 목장 간의 경계가 상당히 첨예하기 때문에 목장주와의 충돌 가능성이 더 높아진다. 따라서 늑대가 총에 맞을 위험이 높아지므로, 최상위 포식자의 감소로 인한 모든 결과를 각오

해야 한다.

세렝게티를 대상으로 한 최근 연구에 따르면, 생태계에 가해지는 다양한 압력 — 외부 세계에서부터 물리적 울타리에 이르기까지 — 으로 인해 누와 다른 초식동물이 공원 가장자리를 회피하는 바람에, 공원 한가운데에 방목이 집중되는 경향이 있는 것으로 나타났다. 좁은 지역에 집중된 방목으로 인해, 이 동물들은 더 큰 초원의 탄소 포집 및 저장 능력을 방해하고 있다. 아마도 가장 좋은 예는, 7장에서 살펴본 것처럼 자체적으로 강우와 기상 패턴을 생성하는 아마존 숲일 것이다. 연구에 따르면, 2019년 현재 삼림 면적의 15~20퍼센트만 손실되어도 나머지 숲이 자체적인 기상 시스템을 생성하기에 충분하지 않아, 지구 전체에 재앙적인 결과를 초래할 수 있다고 한다.

그렇다면 모든 보호 구역은 반드시 넓어야 할까? 내가 보존 생물학을 공부하기 시작한 1980년대에, 학계에서는 〈하나의 넓은 지역a single large area을 보호하는 것이 좋은가, 아니면 여러 개의 작은 지역들several small areas을 보호하는 것이 좋은가〉를 놓고 격렬한 논쟁이 벌어지고 있었다. 세간에서는 이것을 SLOSS 논쟁 — Single Large Or Several Small debate — 이라고 불렀다. 두 학파가 치열하게 대립하며, 자신의 가설을 열정적으로 옹호하고 이를 반박하는 증거를 무시했다. 어떤 사람들은 〈작은 보호 구역만으로 지역 동식물 개체군의 멸종을 막을 수 있는지〉에 대해 의문을 제기했다. 다른 사람들은 한술 더 떠서, 〈멸종 위기에 처한 종의 글로벌 개체군이 생존할 수 있도록, 고립된 보호 구역들을 회랑으로 연결해야 한다〉고 주장했다. 하지만 간단히 말해서 둘 다 필요하다. 작은 보호 구역은 인구가 밀집한 지역에서 유일한 실용적 수단일 수 있으며, 하나의 계곡이나 작은 섬에 국한된 곤충이나 조류bird 종을 보존할 수 있다. 하지만 탄소 저장 및 강우 생성production of rain과 같은 생태계 혜택을 누리기 위해서는 보호 구역이 넓을수록 좋다.

자연 보호 구역의 가치를 고려할 때, 항상 다음과 같은 의문이 고개를 든다. 자연을 보호하는 데는 도움이 되겠지만, 우리 인간에게는 어떤 이득이 있을까? 내가 만난 어부들 중에는, 환경 보호론자들이 어업을 방해할까 봐 두려워 소규모 해양 보호 구역을 조성하는 것조차 반대하는 사람들도 있었다. 보호 구역에 대한 정보가 제대로 전달되지 않았을 수도 있고, 자신으로 인한 어류 고갈을 남 탓으로 돌리는 고전적 반응classic reaction일 수도 있지만, 어쨌든 몇 년이 지난 지금 대부분의 어부들은 보호 구역의 혜택을 톡톡히 누리고 있다. 그리고 이들 중 상당수는 〈보호 구역의 주변 수역에 대한 독점적 접근〉과 〈보호 구역의 규모 확대〉를 요구하고 있다. 지역적이 됐든 전 세계적이 됐든, 바다와 육지에 설정된 자연 보호 구역은 인간에게 혜택을 제공한다.

먼저 육지를 살펴보자. 성숙한 삼림 생태계는 〈가장 많은 종〉뿐만 아니라 〈엄청난 양의 탄소〉를 품고 있는데, 이 둘은 밀접하게 연결되어 있다. 즉, 오래된 숲의 큰 나무는 광합성을 한 후 탄소를 목부wood에 저장함과 동시에 토양으로 보낸다. 과일을 많이 먹는 대형 초식동물 — 예컨대 남아메리카의 테이퍼tapir와 보르네오의 코뿔새hornbill — 이 여전히 서식하는 보호림의 경우, 이 동물들이 (과일을 먹은 후 씨앗을 퍼뜨리고, 배설물을 통해 토양에 영양분을 돌려줌으로써) 더 많은 탄소를 토양에 저장하는데, 이는 〈숲의 건강〉과 〈기후변화 완화〉에 모두 도움이 된다. 또한 사바나 보호 구역의 대형 초식동물 — 들소, 물소, 누 — 은 방목을 통해 식물의 성장과 토양 활동을 자극함으로써 토양의 탄소 격리에 기여한다. 사실, 적당한 수준의 방목은 식물을 〈생리적으로 어린 단계〉에 더 오랫동안 머무르게 하므로, 풀의 지속적인 성장을 촉진하는 효과가 있다.

바다도 마찬가지다. 호주의 샤크베이는 뉴햄프셔주 크기의 큰 만으로, 모랫바닥이 거대한 해초밭으로 덮여 있다 보니, 듀공*이나 바다거북과 같은 대형 초식동물이 많이 서식하고 있다. 먹이가 있는 곳에는 포식자가 있기 마련인데, 이곳에는 살벌한 풍경을 연출하는 강력한 포식자인 뱀상어tiger shark가 버티고 있다. 따라서 초식동물은 대형 상어가 접근하기 어려운 곳 — 가장 얕은 해초밭 — 을 선호한다. 한편, 포식률이 높은 더 깊은 해초밭에는 더 많은 탄소가 저장되어 있다. 종합해 보면, 해초밭은 복잡한 먹이그물로 이루어진 건강한 생태계로, 탄소 격리량이 상당히 많다.

보호 구역은 생태계의 건강을 회복시켜 주지만, 인간의 건강에는 어떤 영향을 미칠까? 1982년 일본은 기본적으로 〈숲속에서 많은 시간 보내기〉를 의미하는 삼림욕(森林浴, しんりんよく) 관행을 국민 건강 프로그램에 포함시켰다. 일각에서는 적극적인 삼림 보호 운동가를 비하하기 위해 트리 허거**라는 용어를 사용하기도 하지만, 〈숲에서 친밀한 시간을 보내는 사람들이 더 활기차고 스트레스를 덜 받는다〉는 사실이 밝혀지고 있다. 그리고 이것은 단순한 기분 문제가 아니다. 나무는 광합성의 부산물로 산소를 방출하고, 곤충과 병원균으로부터 나무를 보호하는 휘발성 정유volatile oil — 일명 피톤치드phytoncide — 도 분비한다. 이러한 정유(精油)는 인간의 면역계에도 도움이 되는 것으로 밝혀졌다. 숲속에서 명상을 하면서 심호흡을 하면 혈압이 내려가고 스트레스 호르몬인 코르티솔 수치도 떨어지는 것으로 알려져 있다.

정부가 인정한 삼림욕 같은 관행이 아니더라도, 숲은 다양한 치유

* dugong. 바다소목 듀공과의 포유동물. 〈듀공〉은 말레이어인 〈duyong〉의 변형이다.

** tree hugger. 벌목 위기에 놓인 나무를 온몸으로 에워싸 지키는 사람.

효과를 제공한다. 보호 구역과 지속적으로 접촉하는 사람이라면 누구나 상당한 혜택을 받을 수 있다. 2019년의 한 연구에서, 연구진은 34개 개발도상국의 6만여 가구에 속한 8만 7000명의 어린이를 대상으로 데이터를 수집했다. 어떤 어린이들은 보호 구역 근처에 살았고, 다른 어린이들은 보호 구역에서 멀리 떨어진 곳에 살았다. 데이터를 분석한 결과, 생태 관광이 활성화된 보호 구역 인근의 가구는 부(富)의 수준이 17퍼센트 더 높고, 빈곤에 처할 가능성이 16퍼센트 더 낮은 것으로 나타났다. 그리고 보호 구역 근처에 사는 5세 미만 어린이는 숲에서 멀리 떨어진 곳에 사는 같은 또래의 어린이보다 나이에 비해 키가 10퍼센트 더 크고 발육 부진이 13퍼센트 적었다. 흥미롭게도, 이 연구에서 보호 구역 근처에 거주하는 것이 건강에 미치는 부정적인 영향은 발견되지 않았다. 동료 심사peer review를 거친 118편의 논문에 대한 연구에서도, 어획 금지 규정이 잘 시행되는 오래된 해양 보호 구역 근처에 사는 사람들은 삶의 질 향상을 경험한 것으로 나타났다.

자연 보호 구역의 가치는 일반적인 웰빙 향상을 넘어서며, 심지어 사람의 생명을 구할 수도 있다. 2019년 3월, 사이클론 이다이Idai는 모잠비크를 초토화시켰다. 폭우는 노아의 홍수를 방불케 하는 홍수를 일으켜, 1000여 명의 목숨을 앗아 가고 수천 채의 가옥을 파괴했다. 모잠비크 고롱고사 국립공원Gorongosa National Park 복원의 영웅인 내 친구 그레그 카Greg Carr는 재난 구호 활동에 깊숙이 관여했다. 공원 순찰대는 현장에 가장 먼저 도착한 최초의 구조대로, 위성 사진을 사용하여 거의 실시간으로 침수 지역과 안전한 식량 전달 경로를 파악했다. 공원 직원들은 약 4만 명에게 220톤의 식량과 식수를 포함한 긴급 구호품을 제공했다. 그뿐만 아니라, 공원 자체도 생존자들에게 큰 도움을 주었다. 가축이 풀을 뜯는 인근 초원에서는 토양이 물을 머금을 수 없을 정도로 유실되어,

물살이 마치 아스팔트 위를 미끄러지는 것처럼 거세게 흘렀다. 그러나 고롱고사의 보존된 자연 초원은 올림픽 규격 수영장 80만 개에 해당하는 빗물을 흡수했다. 그 많은 물이 하류로 흘러갔다면 더 큰 홍수와 인명 피해가 발생했을 것이다.

완전한 보호 구역은 자연뿐만 아니라 사람과 지역 경제에도 상당한 혜택을 제공할 수 있다. 독자들은 우리가 이러한 이점을 최대한 활용하고 있을 거라고 생각하겠지만, 내가 이 글을 쓰고 있는 지금 이 순간에도 바다의 7퍼센트만이 보호 구역으로 지정되거나 제안되었고, 2.4퍼센트만이 어업으로부터 완전히 보호되고 있으며, 육지의 15퍼센트만이 보호되고 있다. 우리는 훨씬 더 많은 노력이 필요하다.

최근 발표된 보고서에 따르면, 토지의 73퍼센트가 인간에 의해 변형되거나 훼손되었다고 한다. 숲은 너무 파편화되어 있어, 우리가 전 세계 모든 숲의 임의의 지점에 낙하산을 타고 떨어지면, 숲 가장자리에서 1킬로미터 이내에 있을 확률이 70퍼센트에 달한다. 우리가 살고 있는 지구의 27퍼센트만이 온전한 육상 생태계로 남아 있는데, 이 정도로는 대량 멸종을 막기에 충분하지 않다. UN에 따르면 향후 수십 년 동안 최대 100만 종의 생물이 멸종할 것으로 예상되며, 1970년 이후 육상 척추동물의 60퍼센트가 감소했다. 현재 추세대로라면 전 세계적인 새와 곤충의 붕괴를 막을 수 없고, 식물이 부족해서 과도한 이산화탄소를 흡수할 수 없으며, 기후변화의 영향을 완화할 수 없을 것이다. 우리는 우리가 가진 것 — 온전한 숲, 초원, 이탄 지대, 습지, 그 밖의 자연 생태계 — 을 보존할 뿐만 아니라 한층 더 업그레이드해야 한다.

지금까지 바다에서 생물 다양성을 감소시킨 주요 원인은, 서식지 파괴가 아니라 어업으로 인한 바이오매스 추출이었다. (한 가지 예외는 대륙붕인데, 그곳에서 활개 친 저인망 어업은 육지에서의 벌목과 소각만큼이나 해양 서식지를 파괴했다.) 그러나 양상은 동일하다. 현재 바다의 97퍼센트가 어떤 형태로든 어업에 개방되어 있다. 바다의 2.4퍼센트를 보호하는 것만으로는 상어와 참치 같은 대형 포식 어류의 90퍼센트가 사라지는 것을 막기에 충분하지 않으며, 연안 생태계의 쇠퇴를 멈추는 것은 어림도 없다.

현재의 보호 수준이 불충분하다는 것은, 우리가 어디를 가나 흔히 볼 수 있는 상황이다. 그렇다면 얼마면 충분할까? 자연과 우리를 위해 변화를 일으키려면 지구의 얼마나 많은 부분을 보호해야 할까?

과학적 연구에 따르면, 지구 — 육지와 바다 — 의 절반을 보호함으로써 생물 다양성을 보존하고 모든 자연적 혜택(기후변화를 완화하는 데 매우 중요한 탄소 격리 포함)을 확보하고, 나머지 절반에 대해서는 우리의 활동을 책임감 있고 지속 가능하게 관리하는 것이 좋다. 이 결론은 지구의 절반이 보호되기를 바란다는 국제적 모바일 설문 조사 결과와 일치한다.

다소 벅찬 목표임에 틀림없지만, 불가능한 것은 아니다. 2030년까지 지구의 총 30퍼센트를 자연 보호 구역으로 지정하고, 또 다른 20퍼센트를 〈기후 안정화 구역climate stabilization area〉 — 대기 중으로 배출되는 탄소 오염을 계속 흡수할 수 있도록, 자연 상태로 유지하는 지역 — 으로 지정한다면 달성할 수 있다. 이러한 수준의 보호 없이는 2015년 파리 기후 협정에서 정한 목표를 달성하는 것이 불가능할 것이다.

기후 안정화 구역은 탄소 공원carbon park이라고도 하며, 설사 공식적으로 보호되지 않더라도 사실상 숲과 초원의 기능을 유지할 수 있다. 여기에는 원주민의 땅이 포함되는데, 이것은 지구상에 남아 있는 모든 자연 토지의 37퍼센트를 차지한다. 이 땅에는 300기가톤에 육박하는 탄소가 저장되어 있는데, 이는 2019년 전 세계 탄소 배출량의 약 30배에 달한다. 이 땅의 20퍼센트만이 보호 구역 내에 있지만, 나머지는 땅을 아끼고 돌보는 전통 덕분에 자연 상태로 남아 있다. 2019년의 슬픈 사례는 아마존에서 나왔는데, 한 부족은 불법적으로 숲을 벌채하고 불태우는 목축업자와 광부들로부터 고향과 숲을 보호하기 위해 격렬하게 싸워야 했다. 원주민이 없었다면 아마존 열대우림은 오늘날보다 훨씬 더 작아졌을 것이다. 그들의 통찰력과 목소리는 우리에게 남은 건강한 생태계를 유지하는 데 필수적이다.

이 원주민들은 우리의 기준선이 얼마나 멀리 이동했는지를 일깨워 줄 수 있다. 우리는 지구의 절반을 보호하는 방법을 찾을 수 있을까? 그리하여 우리 자녀와 손주들의 기준선과 〈자연 생태계의 모습에 대한 개념〉을 수 세기 전으로 되돌릴 수 있을까? 어떻게 하면 제때 이를 실현할 수 있을까? 보호 구역에서 인간의 파괴적인 활동을 멈추고 생태계가 스스로 회복할 때까지 기다리는 것만으로 충분할까? 아니면 생태적 천이를 가속화할 수 있는 방법이 있을까?

# 11
# 재야생화

1872년, 옐로스톤은 미국 정부에 의해 세계 최초의 공식 국립공원으로 지정되었다. 옐로스톤은 자연의 아름다움과 뛰어난 생태적 가치로 인해 보호되었지만, 그곳에 서식하는 늑대를 죽이는 것에 대해 의문을 제기한 사람은 아무도 없었다. 뿌리 깊은 두려움 때문에, 유럽과 북아메리카에서는 수 세기 동안 늑대를 〈마땅히 박멸해야 할 짐승〉으로 묘사해 왔다. 늑대는 가축이나 사슴과 같은 사냥감, 심지어 사람을 죽이는 적(敵)으로 여겨졌으며, 지금도 많은 사람들에게 적으로 간주되고 있다. 많은 국가에서 늑대를 체계적으로 박멸했고, 정부의 정책은 늑대에 대한 적개심을 공고히 했다. 오늘날 우리는 늑대가 사람을 죽이지 않는다는 사실을 알고 있는데, 아이러니하게도 개는 광견병으로 인해 매년 전 세계적으로 2만 5000명의 사람을 죽이지만 아무도 개를 박멸하라고 요구하지 않는다. 사실, 반려견은 길들여진 늑대로, 수천 년에 걸쳐 유전적으로 조작되어 왔다. 우리는 늑대의 가축화 버전domesticated version에 만족하는 것처럼 보이지만, 일부러 시간을 내어 야생 늑대의 눈을 들여다보고 그들이 누구이며 무엇을 하는지 이해하려고 노력하지 않는다. 그러나 과학자들은 이제 늑대가 생태계를 하나로 묶는다는 것을 알고 있다.

옐로스톤이 조성된 후 수십 년 동안 아무도 그 사실을 이해하지 못했다. 늑대 박멸이 원칙이었고, 1920년대에 마지막 늑대가 목격되었다. 그로부터 70년 후인 1994년, 옐로스톤은 간헐천과 겨울 설경이 아름답고 와피티사슴(학명: *Cervus canadensis*)*이 우글거리는 곳이 되었다. 하지만 사슴들은 강기슭의 초목을 지나치게 뜯어 먹었다. 그들은 풀과 덤불뿐만 아니라 강가에서 자라던 미루나무, 사시나무, 버드나무의 묘목까지 먹어 치웠다. 공원 관리자는 살처분을 통해 사슴의 개체군을 관리하려고 했지만, 개체 수를 줄인다고 해서 사슴의 영향이 줄어들지는 않았다.

인간의 관리가 효과가 없자, 생태학자들은 궁리 끝에 〈자연에게 맡기면, 스스로 알아서 균형을 회복할 수 있다〉는 사실을 깨달았다. 그 내용인즉, 최상위 포식자인 늑대를 재도입하여 자연의 먹이그물을 복원하는 것이었다. 그들은 1995년, 늑대가 인간보다 사슴 수를 더 잘 조절할 거라는 기대를 품고 31마리의 늑대를 옐로스톤에 방사했다.

계획은 성공적이었다. 31마리의 늑대와 그 후손들은 마치 조경 기술자처럼 행동하여 공원 전체를 변화시켰다. 늑대는 사슴의 수를 줄이고 조절했을 뿐만 아니라, 사슴의 행동까지도 변화시켰다. 존재한다는 사실만으로도 살벌한 풍경을 연출함으로써, 늑대는 사슴들로 하여금 죽임을 당하지 않기 위해 야외에서 보내는 시간을 줄이도록 만들었다. 호주의 샤크베이에서 초식동물들이 뱀상어의 공격을 피해 얕은 해초밭에 모여든 것처럼 말이다(10장 참조). 불과 몇 년 안에 강변의 나무들이

* elk. 소목 사슴과에 속하는 사슴의 일종. 4장에서 설명한 바와 같이, 〈엘크〉라는 단어가 영국 영어에서는 말코손바닥사슴(학명: *Alces alces*)을, 북미 영어에서는 와피티사슴을 가리킨다. 북미 영어에서는 말코손바닥사슴을 무스moose라는 명칭으로 따로 부른다.

다시 자라나기 시작했다. 수목의 서식지가 늘어나면서 명금류의 개체 수도 증가했다. 미루나무, 사시나무, 버드나무 숲은 이제 하천에 시원한 그늘을 드리우고 침식을 줄임으로써, 물고기와 다른 수서 생물에게 은신처를 제공했다.

강변의 새로운 숲 덕분에 비버의 개체 수는 불과 13년 만에 12배로 증가했다. 더 많은 비버 댐과 더 풍부한 서식지로 인해 수달, 개구리, 파충류가 증가했다. 한편 늑대가 코요테를 사냥하기 시작한 이후로 코요테의 먹잇감이 증가했다. 그리고 공원 전체에 토끼, 생쥐, 기타 소형 포유류가 늘어나면서, 그들을 잡아먹는 독수리와 여우 등의 포식자도 증가했다.

그러나 더 많은 일이 있어났다. 늑대가 재도입되기 전에는, 사슴의 동절기 사망률이 높았다. 즉, 한겨울에는 많은 사슴이 얼어 죽었고, 늦겨울에는 초목이 깊은 눈 속에 파묻히는 바람에 굶어 죽었다. 사정이 이러하다 보니, 사슴의 시체는 청소부들—까마귀, 독수리, 여우, 곰, 코요테—의 주요 식량 공급원이었다. 그런데 1948년 이후 기후변화로 인해 겨울이 점점 더 짧아졌다. 눈이 일찍 녹으면서 사슴의 늦겨울 사망률이 감소했는데, 이는 청소부들의 먹이가 줄어든다는 것을 의미했다. 하지만 늑대가 다시 도입되면서 모든 것이 바뀌었다. 늑대가 사슴을 잡아먹으면서, 따뜻한 겨울에도 썩은 고기를 구할 수 있게 되었다. 썩은 고기가 늘어나자 청소부들이 늘어나, (생물권에 다시 한번 영양분을 공급하는) 최근 사물권을 재활용하는 데 도움이 되었다.*

요컨대, 늑대의 재도입은 옐로스톤의 생태계를 풍요롭게 만들어

* 늑대가 옐로스톤 국립공원의 생태계를 변화시킨 과정을 일목요연하게 정리한 인포그래픽은 다음 사이트를 참고하라. https://earthjustice.org/feature/infographic-wolves-keep-yellowstone-in-the-balance

성숙한 상태에 더 가까워지게 했다. 옐로스톤의 최상위 포식자인 늑대가 이 이야기의 주인공이다. 늑대가 옐로스톤으로 돌아오면서 작은 것부터 큰 것까지 모든 생물, 식물, 동물이 돌아왔고, 기후변화의 영향을 완화하는 데도 기여하고 있다.

늑대는 핵심종의 전형이다. 인간이 그들에게 투사하는 경향이 있는 악마적인 이미지와 완전히 대조적으로, 육상 생태계에서 그들의 역할은 모든 유형의 생물에게 생명을 제공하는 것이다. 최상위 포식자인 늑대는 옐로스톤을 재야생화rewilding함으로써, 생태적 천이 시계를 되돌리고 생태계가 더 성숙한 단계로 나아가도록 도와주었다. 늑대가 없는 상태에서 생태계는 후퇴하고 있었다.

그러나 우리 인간은 어떠한가! 인간이 어떤 장소에 도착할 때, 가장 먼저 사라지는 것은 그곳의 최상위 포식자다. 우리는 경쟁을 용납하지 않는다. 우리는 〈먹이그물의 최상위에 있는 유일한 존재〉가 되기를 갈망하는 군주(君主)로, 〈짧고 단순한 먹이그물〉과 〈회전율이 높은 작은 종〉 위에 군림하기를 선호한다. 우리는 생태계를 고착화하거나 이전의 천이 단계로 퇴행(退行)하도록 강요하는 경향이 있다. 혹시 이러한 습관을 바꿀 수 있을까? 생태계가 성숙을 가로막는 장애물을 넘어서도록 도와줄 수 있을까?

대답은 〈예스〉이며, 구체적인 방법은 재야생화다. 생태학자들은 옐로스톤을 다시 야생화하는 데 성공했는데, 그 결과 무슨 일이 일어났는지 생각해 보라. 재야생화를 통해 고유종native species이 재도입되어, 생태계의 완전한 자연 순환이 복원되었다. 늑대와 같은 최상위 포식자가 다시 도입됨으로써 생태계 복원이 가속화될 수 있었다. 하지만 옐로스톤의 재야생화에는 조건이 있다. 최상위 포식자가 먹이 종prey species으로 가득 찬 생태계, 즉 야생 지역이나 〈특정 천이 단계의 보호 구역〉으로 다시 들어갈 경우에만 이러한 영양단계 연쇄효과에 영향을 미칠 수 있다. 만약 초식동물 — 식물을 먹고, 최상위 포식자의 먹이가 되는 종 — 을 재도입한다면, 같은 일을 할 수 있을까? 세렝게티의 사례는 이 질문에 대한 답을 찾는 데 도움이 될 것이다.

세렝게티 국립공원을 휩쓴 한 질병은 (실험적 조작으로는 불가능한) 생태계 수준의 대규모 자연 실험을 제공했다. 1890년, 동아프리카에서 우역rinderpest이라는 바이러스성 질병이 창궐하여 2년 만에 야생 누와 물소의 95퍼센트를 죽음으로 몰고 갔다. 가축으로부터 전염되는 우역(牛疫)은 발열, 설사, 점막 염증을 일으키고 높은 사망률을 보인다. 치료법이 확립되었고, 1963년까지 공원 주변의 모든 가축들이 예방 접종을 받았다. 가축에서 질병이 사라지자 야생 동물이 되살아나, 1961년에 25만 마리였던 누가 1977년에 130만 마리로 다시 증가했다. 누가 증가한 것은, 그들이 풀을 뜯어 먹은 곳에서 먹이 찾는 것을 선호하는 톰슨가젤Thomson's gazelle에게 희소식이었다. 먹잇감인 유제류가 많아지면서 하이에나와 사자의 개체 수도 덩달아 증가했다. 게다가 풀을 뜯는 야생 누가 많아지자 풀들의 키가 작아졌다. 그로 인해 늙고 시든 식물이 줄어들었는데, 이는 주변에 죽은 식물의 잔해가 줄어들어 산불의 가능성이 낮아졌다는 것을 의미했다. 화재가 줄어들면서 더 많은 아카시아 나무 묘목이 살아남았다. 기린은 아카시아 묘목을 먹는 것을 좋아하므로, 아카시아가 풍성해지면서 기린의 개체 수가 증가했다. 돌아다니는 기린이 많다는 것은 크게 자란 아카시아가 줄어든다는 것을 의미했지만, 더 많은 어린 아카시아 관목이 자라나 건강한 덤불과 더 많은 유기물 찌꺼기를 생태계에 제공했다. 세렝게티의 사례에서 본 영양단계 연쇄효과의 조건은 옐로스톤과 정반대 — 즉 상향식(아래에서 위로) — 였고, 더 좋은 것은 먹이그물 전체에 걸쳐 일어났다는 것이다. 다만 이 경우, 올바른 재야생화는 〈종을 재도입〉하는 것이 아니라 〈곤경에 처한 종의 건강과 증식을 보장〉하는 것이다.

재야생화는 생태적 천이를 가속화할 뿐만 아니라, 기후변화를 완화하는 데 도움이 될 수 있다. 왜냐하면, 성숙한 생태계가 퇴화한 생태계보다 더 많은 탄소를 격리하고 저장하기 때문이다. 예컨대 열대우림의 많은 나무들은 종의 영속성을 위해 대형 포유류를 필요로 한다. 남아메리카의 테이퍼와 서아프리카의 코끼리는 나무의 다육질 열매를 먹고 배설물을 통해 씨앗을 퍼뜨린다. 큰 열매를 맺는 나무는 키가 크고 목부의 밀도가 높아 다른 나무보다 더 많은 탄소를 저장하는 경향이 있기 때문에, 그 열매를 먹을 수 있는 대형 포유류의 역할이 더욱 중요해진다. 최근 연구에 따르면, 과일을 많이 먹는 동물이 사라질 경우 (기후변화의 또 다른 원인인) 열대림의 탄소 손실이 12퍼센트에 달할 수 있다. 점점 더 파편화되고 있는 열대림을 대형 동물로 재야생화하면 — 또는 단순히 사냥을 금지하는 것만으로도 — 인류와 지구상의 나머지 생명체에게 혜택이 돌아갈 것이다.

의도했든 의도하지 않았든, 옐로스톤과 세렝게티 국립공원은 재야생화로 인해 이익을 얻은 보호 구역이었다. 하지만 재야생화가 지구의 다른 부분, 심지어 비보호 지역의 생태계를 복원하는 데 도움이 될 수 있을까? 고갈된 농지 — 지구상에서 〈생물 다양성 제로〉에 가장 가까운 곳 — 는 어떨까? 이전에 존재했던 자연 생태계를 재현하는 것이 가능할까?

1987년, 찰리 버럴Charlie Burrell은 부모로부터 영국의 한 농장을 물려받았다. 이곳은 단순한 농장이 아니었다. 12세기부터 왕들이 방문했던 1,400헥타르 규모의 부지인, 웨스트서식스West Sussex의 넵Knepp 농장이었다. 하지만 20세기에 이르러 버럴이 농장을 인수했을 때, 이 농장은 양질의 토양을 가진 농장들과의 경쟁에서 밀려 수익을 낼 수 없었다. 밭과 낙농장은 모두 폐허가 되어 있었다. 버럴의 아내 이저벨라 트리Isabella Tree의 표현을 빌리면, 석회암 암반 위에 쌓인 320미터 두께의 점토로 이루어진 토양은 〈여름에는 곤죽, 겨울에는 콘크리트〉였다. 경작 가능한 밭은 오랫동안 인공 비료, 살충제, 제초제 세례를 받았고, 버럴이 인수했을 때는 경작될 만큼 경작되어 구역질이 날 지경이었다. 수익을 내기 위해 최선을 다하리라 굳게 다짐한 후, 버럴과 트리는 요즘의 다른 농부들처럼 농장의 생산성을 높인답시고 비료, 살충제, 살균제를 사용하기 시작했다. 다각화를 시도하고, 인프라와 새로운 기계에 투자하고, 새로운 품종의 작물을 시도했지만, 12년 동안 열심히 일했음에도 불구하고 여전히 수익을 내지 못했다. 선택의 여지가 거의 없었으므로, 그들은 소와 장비를 매각하여 그 수익금으로 빚을 청산하고 농사를 그만두었다.

그러나 그들은 그 땅에 머물렀다. 〈어쩌면 땅의 자연 생태계를 복원할 수 있을지도 모른다〉는 생각을 가지고 있었기 때문이다. 일례로, 집 주변에 있는 렙턴 공원Repton Park은 제2차 세계 대전 중에 〈승리를 위한 땅 파기Dig for Victory〉 캠페인의 일환으로 갈아엎어진 곳이었다. 그들의 첫 번째 프로젝트는 황량한 들판의 풍경을 들판답게 하는 것이었는데, 이를 위해 농촌 관리 프로그램Countryside Stewardship Scheme으로부터 기금을 지원받았다. 이 자금으로 그들은 로윌드Low Weald의 토종 야생화 씨앗을 구입하여 들판에 뿌리기 시작했다. 「첫해에 문밖을 나서 무릎 높이까지 자란 들꽃 사이로 걸어갈 때, 놀라운 곤충 소리를 들었던 기억이 생생해요」라고 트리는 회고했다. 「우리는 그것이 바로 우리가 놓치고 있었던 것임을 몰랐어요. 당연한 이야기지만, 곤충들이 돌아오니 새들도 돌아왔죠.」 제2차 세계 대전 이후 수 세기에 걸친 토지 황폐화, 쟁

기질, 인공 비료와 살충제의 집중적인 사용으로 인해, 단일재배 작물monoculture crop을 제외한 대부분의 생명체가 영국 들판에서 전멸했다. 사람들은 영국 시골에 곤충이 풍부할 수 있다는 사실을 거의 잊고 있었다. 「1970년대에 어린 시절을 보낸 도싯Dorset에서, 차 앞 유리에 달라붙은 벌레를 모두 제거하기 위해 와이퍼를 켜야 했던 기억이 나요」라고 트리는 나에게 말했다. 「넵을 포함한 극소수의 지역을 제외하고, 그런 일은 지금 어디에서도 일어나지 않아요.」

그러나 이것은 그들의 재야생화 경험의 시작에 불과했다. 그들은 〈온갖 대형 초식동물이 우글거리던 시절 유럽의 저지대가 어땠을지〉에 대한 가설을 세운 네덜란드의 생태학자 프란스 베라Frans Vera에 대해 들었다. 선사 시대 동굴 벽화에 나오는 오록스aurochs(야생 소), 타팬tarpan(야생 말), 위센트wisent(유럽들소)도 한때 유럽 저지대를 주름잡던 동물이었다. 하지만 1920년대에 마지막 야생 동물들이 사살되는 와중에서 생포되어 기적적으로 살아남았고, 현재 유럽 전역의 재야생화 프로젝트에 다시 도입되고 있는 들소를 제외하면 모두 오래전에 사라졌다. 한때는 붉은사슴, 말코손바닥사슴, 멧돼지, 비버와 같은 다른 초식동물들도 수백만 마리나 있었고 큰곰도 있었다. 말코손바닥사슴, 비버, 곰은 모진 시련을 겪었음에도 용케 멸종하지는 않았다. 과거에 위세를 떨쳤던 이러한 동물들은 유럽의 저지대 생태계 구조에 상당한 영향을 미쳤을 것이다.

그런 동물들로 넵을 다시 야생화한다는 아이디어는 버럴과 트리에게 매력적으로 다가왔다. 영화 「쥬라기 공원」처럼 오래된 동물을 되살릴 수는 없었지만, 그들은 생태계에서 야생 초식동물의 역할을 모방할 수 있는 현대 종 — 트리의 말을 인용하면, 〈먼 과거에 우리의 풍경을 장식했던 동물들의 대리인proxy〉 — 을 찾아냈다. 즉, 그들은 오록스 대신 장각종longhorn 소, 타팬 대신 엑스무어Exmoor 조랑말, 멧돼지 대신 탬워스Tamworth 돼지, 붉은사슴 대신 다마사슴fallow deer을 도입했다. (노루는 아쉬운 대로 약간 존재하고 있었다.) 이 동물군(群)은 다양한 식성과 습성의 조합이었다. 작동하는 다양성! 장각종(長角種) 소가 얼마나 많은 식물 종을 먹고 사는지는 알 수 없지만, 일반적으로 소는 내장, 발굽, 털에 230종 이상의 씨앗을 지니고 있다. 그래서 그들이 여기서 먹고 저기서 똥을 싸면, 씨앗은 주변의 퇴비와 함께 도약을 시작한다. 소는 엉겅퀴를 먹지 않지만, 조랑말은 엉겅퀴를 좋아하고 거친 풀을 소보다 더 잘 소화시킬 수 있다. 그리고 돼지는 뿌리, 덩이줄기, 벌레, 기타 무척추동물을 찾아 땅을 파헤침으로써 토양에 공기를 불어 넣는다.

「우리가 한 일은, 운전대에서 손을 떼고 뒤로 물러나 자연이 알아서 하도록 내버려두는 것이었어요」라고 트리는 말했다. 그리고 자연은 실제로 그렇게 했다. 새로운 초식동물들은 다양한 생태계 역할을 수행하며, 〈획일적이고 고갈된 농장의 들판〉을 〈촉촉한 초원〉, 〈어린 나무를 보호하는 가시덤불〉, 〈얕은 숲〉, 〈많은 동물에게 서식지를 제공하는 고사목〉* 등 고품질 서식지의 모자이크로 대체했다. 농장의 나이팅게일 서식지는 10년 동안 세 배로 증가했으며, 영국 제도에서 멸종 위기에 처한 것으로 알려진 멧비둘기의 개체 수가 증가하고 있다. 꼬마팔랑나비의 수는 불과 1년 만에 1,100퍼센트 증가했다. 곤충들이 돌아오고, 작은 새들이 곤충들을 먹으러 돌아오고, 포식자들이 돌아오는 선순환이 계속되고 있다. 이제 송골매가 넵에 둥지를 틀고, 5마리의 영국 올빼미가 이곳에서 발견된다. 이 작은 올빼미들은 잘 지내고 있다. 그들은 소의 배설물에서 발견되는 쇠똥구리를 먹지만, 지금의 배설물에는 낙농장이

* 질병, 산불, 노화 등으로 인해 서 있는 상태에서 말라 죽은 나무. 과거에는 병충해의 우려 때문에 제거되었지만, 최근에는 생물 다양성 보호에 중요한 역할을 하는 것으로 밝혀지고 있다.

운영될 때 어디에나 있던 살충제나 약품이 전혀 들어 있지 않다. 과거에는 젖소에게 투여된 살충제와 항생제가 배설물에 잔류하여, 배설물을 접한 곤충들을 모조리 죽였다.

버럴과 트리는 자연이 알아서 야생 생태계를 재건하도록 내버려 두었다. 그들이 통제하는 유일한 변수는 초식동물의 수인데, 그 이유는 초식동물이 초목을 싹쓸이하여 스스로 굶어 죽을 정도로 번성하는 것을 막을 천적이 없기 때문이다. 잉글랜드의 마지막 늑대는 1390년에 죽었고, 영국 제도의 마지막 늑대는 1680년 스코틀랜드에서 사살된 것으로 알려져 있다. 따라서 (인구가 밀집한 영국 남부에 재도입하기가 어려운) 최상위 포식자에게 의존하여 초식동물을 억제하는 대신, 버럴과 트리는 농장을 돌아다니는 소, 사슴, 돼지의 수를 통제하고, 그들의 고기를 현지에서 또는 우편 주문으로 판매한다. 환경 보존 사업을 시작한 것이다.

환경 보존 사업만으로는 충분하지 않았던지, 버럴과 트리는 넵에서 사파리 사업을 시작하여 방문객들에게 〈마이크로 어드벤처 microadventure〉라고 부르는 프로그램을 제공했다. 관광객, 특히 영국에 많은 탐조가bird-watcher들은 다른 곳에서 볼 수 없는 새를 관찰하기 위해 넵에 올 수 있다. 「이것은 지속 가능한 사업입니다」라고 버럴은 말했다. 「사파리 사업의 수익은 상업 농장보다 많고 안정적인 것 같아요.」

사업뿐만 아니라 풍경 전체가 재야생화를 통해 새로워졌는데, 이는 지구에 중대한 영향을 미치는 변화다. 새롭고 다양한 식생과 복원된 토양은 폭우 후에도 물을 머금고 있다. 따라서 넵의 다양한 식물 군집은 폭우로 인한 홍수와 〈인프라 손실〉을 줄이는 데 도움이 된다. 풍부한 지렁이, 쇠똥구리, 그 밖의 모든 〈배설물 처리 전문 무척추동물〉과 함께, 더 많은 식물 잔해와 동물 배설물이 초식동물의 방목과 풀 뜯기에 더

해져, 식물의 지상부 및 지하부의 성장을 동시에 자극한다. 이 모든 것이 결합하여 건강한 토양을 만드는데, 그 매개체는 토양 속에 함유된 글로말린 — 균근균mycorrhizal fungus과 관련된 강력한 〈탄소 납치범carbon kidnapper〉 — 이다(7장 참조). 버넬과 트리가 재야생화를 시작한 후, 넵의 토양에 서식하는 균근균은 3배로 증가했으며 토양 속의 생물상biota과 탄소는 모두 2배로 늘었다. 이 모든 유기물이 풍부한 토양은 건강하며, 건강한 토양은 더 많은 탄소를 가두어 훌륭한 탄소 흡수원carbon sink으로 거듭난다.

그러나 버럴과 트리도 넵을 인간 이전의 상태로 되돌리지는 못했다. 개트윅 공항Gatwick Airport 근처에 위치한 넵은 도로로 둘러싸여 있다. 이곳의 토양은 거의 70년 동안 화학물질 세례를 받았고 수백 년 동안 마구 파헤쳐졌다. 이러한 행동의 결과물을 한 세대의 노력으로 완전히 되돌릴 수는 없다. 하지만 그들은 〈자연 그대로의 생태계가 어떻게 작동하는지〉에 대한 날로 증가하는 지식을 사용하여 〈오늘날의 생태계를 복원하는 방법〉에 대한 결정을 내렸다. 그들이 우리에게 남긴 교훈은, 사용 가능한 도구 — 아직 남아 있는 거대 동물군megafauna, 수문학hydrology의 원리, 식물과 동물의 재도입 — 를 잘 이용하면 〈적절한 조건condition과 종species〉을 가진 참신한 생태계novel ecosystem를 만들 수 있다는 것이다. 우리 생애 동안 한 번도 시도된 적이 없었지만, 이러한 조건과 종들을 제대로 결합하면 〈인간의 영향에 대응하여 회복력을 발휘하는 생태계〉 — 천이적 성숙successional maturity에 접근하는 생태계 — 를 만들 수 있다. 재야생화가 반드시 인간 이전의 생태계prehuman ecosystem로 돌아가는 것을 의미하지는 않는다. 중요한 것은, 생태계가 제대로 기능하고 성숙하도록 돕는 것이다. 따라서 재야생화는 과거가 아니라 미래에 관한 것이다.

이런 종류의 변화가 지구 전역에서 반복적으로 일어날 수 있다고 상상해 보라. 그리고 토양을 훼손하는 단일재배 농업이 토양을 회복시키는 재생 농업으로 전환된다면, 이러한 변화는 새로운 강력한 탄소 흡수원을 만들어 기후변화를 완화하는 데 도움이 될 것이다. 최근 연구에 따르면, 농업 관행을 완화할 경우 지구의 온도를 파리 기후 협정에서 정한 목표(섭씨 2도)의 25퍼센트만큼 낮출 수 있다고 한다.

재야생화가 잃어버린 생태계 기능을 복원하고 생태적 천이를 가속화하는 데 효과적인 것으로 입증되었지만, 어떤 종을 재도입할 것인지 결정할 때는 신중을 기해야 한다. 버럴과 트리는 〈인간보다 먼저 땅을 배회했던 동물과 유사한 생태계 역할을 하는 종〉을 도입했는데, 올바른 결정이었다. 하지만 외견상 똑같은 종이라고 해서 모두 똑같은 역할을 하는 것은 아니다. 다시 옐로스톤으로 돌아가, 이번에는 잘못된 종의 도입으로 인해 생태계가 망가진 사례를 살펴보자.

시어도어 루스벨트 대통령은 미국 환경 보존의 아이콘이다. 그는 1901년에서 1909년 사이에 150개의 국유림, 51개의 연방 조류 보호구역, 4개의 국립 사냥 금지 구역, 5개의 국립공원, 18개의 국립 기념물을 조성함으로써 2억 3000만 에이커 이상의 토지를 보존하는 위업을 이루었다. 그는 또한 1906년 유물 보호법Antiquities Act에 서명하여, 그 이후의 미국 대통령들이 역사적 또는 자연적 중요성을 지닌 유적지를 보호할 요량으로 국가 기념물을 지정하기 위한 발판을 마련했다. 하지만 아이러니하게도, 미국에서 전무후무한 자연 보호 기록을 세웠음에도 불구하고 루스벨트는 1909년 동아프리카의 한 사파리를 여행하는 동안 17마리의 사자를 포함하여 296마리의 야생 동물을 포획한 것으로 알려진 거물 사냥꾼이었다. 그의 아들 커밋Kermit도 만만치 않아, 같은 여행에서 216마리의 동물을 죽였다.

열렬한 사냥꾼이었던 루스벨트는 생태계의 건강보다 백인의 〈자연에서 여가 선용의 즐거움〉이 더 중요하다고 생각했거나, 아니면 단순히 생태계의 개념을 이해하지 못했을 수도 있다. 관광객의 낚시 경험을 풍요롭게 한답시고, 그는 서부의 호수에 낚시감game fish을 방류하는 사업을 추진했다. 어쩌면 선의였을지도 모르지만, 이 철학은 약 90년 후 옐로스톤 국립공원에 해를 끼쳤다.

옐로스톤 호수에 서식하는 송어과 — 연어목Salmoniformes — 의 유일한 구성원은 컷스로트송어cutthroat trout였다. 1970년대에는 약 350만 마리로 추정되는 컷스로트송어가 호수의 지배적인 포식 어종으로 자리 잡았다. 이 송어는 얕은 물에 살며 주로 지각류cladocerans — 길이가 몇 밀리미터에 불과하지만, 대부분의 호수 플랑크톤보다 큰 물벼룩 — 를 먹는다. 지각류(枝角類)는 더 작은 갑각류(요각류copepods)를 먹고, 요각류(橈脚類)는 조류algae를 먹는데, 이 메커니즘을 통해 미세 조류 — 식물성 플랑크톤 — 개체군의 균형이 유지되고 호수가 생산적으로 된다. 다른 한편, 컷스로트송어는 수달, 곰, 흰머리수리, 물수리의 먹이가 된다. 산란기가 되면 컷스로트송어는 호수에서 강의 지류로 이동하면서 영양분을 운반한다.

1994년에 옐로스톤에 서식하지 않던 송어 — 호수송어lake trout — 가 호수에서 처음 관찰되었다. 낚시꾼들은 1980년대에 이 지역의 송어 낚시를 활성화하기 위해 인근 호수에 호수송어를 불법으로 도입한 적이 있었다. 그것은 〈인간이 자연을 지배할 권리가 있다〉는 근시안적 믿음에서 비롯된 잘못된 재야생화wrong type of rewilding의 전형적 사례임이 입증되었다.

호수송어의 개체 수가 급증하면서, 2012년에는 컷스로트송어의 개체 수가 급감하여 90퍼센트 이상 감소했다. 낚시꾼들이 인근 호수에 멋대로 방류한 호수송어는 옐로스톤 호수에 침입하여, 토종 송어를 잡아먹는 최상위 포식자로 군림하게 되었다. 1998년에만, 호수송어는 300만~400만 마리의 컷스로트송어를 잡아먹었다. 국립공원 관리청은 옐로스톤 호수에 유입된 외래종을 제거하기 위해 신속하게 자망 프로그램gillnetting program을 시작했고, 1998년에서 2012년 사이에 100만 마리 이상의 호수송어를 제거했다. 그러나 외래종의 기하급수적인 증가세 — 1998년 12만 5000마리 → 2012년 95만 3000마리 — 를 막기에는 역부족이었다.

〈호수송어의 도입〉과 토착 최상위 포식자인 〈컷스로트송어의 감소〉는 호수 안팎에서 영양단계 연쇄효과를 일으켰다. 먼저, 호수 내 생태계를 살펴보자. 호수에서 자신을 잡아먹을 컷스로트송어가 줄어들자, 지각류의 개체 수가 증가하여 작은 요각류를 잡아먹었다. 작은 요각류가 줄어들자, 큰 요각류 — 지각류가 먹기에는 너무 큼 — 가 급증하여 더 많은 식물성 플랑크톤을 먹어 치웠다. 식물성 플랑크톤이 줄어들면서 먹이그물의 기반인 호수의 1차 생산성이 감소하여 위의 모든 것에 영향을 미쳤다. 다음으로, 호수 밖 생태계를 살펴보자. 호수송어는 컷스로트송어보다 더 깊은 물속에 살기 때문에 곰, 수달, 물새(물수리와 흰머리수리 포함)의 사정거리 밖에 있다. 모든 지표가 이러한 종들의 감소를 시사했다. 1997년에는 38마리의 물수리가 옐로스톤 호수에 둥지를 틀었지만, 2017년에는 3마리만 남았다. 1980년대 후반의 산란 하천에서는 매년 2만 마리 이상의 컷스로트송어가 회색곰에게 잡혔지만, 2000년대 후반에는 그 수가 300마리로 감소했다. 강 수달river otter의 개체 수는 2008년에 역대 최저치를 기록했다.*

* 『사이언스』에 실린 논문의 〈그림 1〉에는 호수송어가 도입되기 전후의 호수 안팎의 생태

순전히 인간의 여가 선용을 위해 추가된 새로운 종 하나가 미세한 식물성 플랑크톤에서부터 수달과 곰 같은 대형 포유류에 이르기까지 옐로스톤 호수 생태계 전체에 영향을 미치는 영양단계 연쇄반응을 일으켰다. 공원 당국은 옐로스톤 호수의 송어 개체 수를 줄이기 위해 기념비적인 노력을 기울였다. 2017년에는 5월부터 9월까지 지속된 혹독한 더위 속에서 9,200킬로미터 — 뉴욕에서 카이로까지의 거리 — 이상의 걸그물(자망)이 설치되었다. 마침내 호수송어의 어획량이 감소하기 시작했고, 일부 전문가들은 전환점에 도달했다고 믿고 있다. 호수송어를 완전히 박멸하는 것은 불가능하다고 여겨지지만, 지속적인 노력으로 시간이 지남에 따라 개체 수가 줄어들고 토종인 컷스로트송어의 개체 수가 반등할 것으로 기대된다. 하지만 경계를 늦출 수는 없다. 재야생화와 관련하여 이 이야기가 남긴 교훈은, 재야생화를 시도할 때는 신중을 기해야 한다는 것이다.

적절한 시기에 적절한 종 — 토착 초식동물 또는 육식동물 — 을 재도입하면, 손실된 생태 기능 — 자연 방목 또는 포식 — 을 복원할 수 있으며 적절한 조건에서 생태계 전체가 스스로 회복하는 데 도움이 된다. 핵심 포식자 없이 몰락해 가는 보호 구역에 최상위 포식자를 재도입하면, 생태적 천이를 가속화하고 생태계의 복잡성과 성숙도를 회복할 수 있다. 쇠락한 산업형 농장과 같이 황폐화된 지역일지라도, 올바른 종을 도입하면 건강하고 생산적이며 궁극적으로 성숙한 생태계를 향한 발걸음을 다시 내디딜 수 있다. 반면에, 외래종 도입은 생태계를 혼란에 빠뜨릴 수 있다. 보호 구역에 잘못된 종을 도입하면, 보호를 통해 축적된 이득을 토해 내고 급기야 손실로 전환하게 된다.

온전한 생태계가 농경지, 방목장, 사냥터, 낚시터, 도시로 바뀌는

계가 일목요연하게 정리되어 있다. https://www.science.org/doi/10.1126/sciadv.aav1139

바람에, 지구의 야생성wildness은 점점 더 줄어들고 있다. 이러한 야생지들을 잃음으로써, 우리는 자연이 제공하는 혜택 — 홍수 방지, 수자원 확보, 물 여과, 맑은 공기, 자연적으로 비옥한 토양 등 — 까지도 대부분 잃었다. 세계를 다시 야생화하면, 우리가 상실한 혜택 중 일부를 되찾을 수 있다. 하지만 〈인간을 위한 효용〉이 재야생화의 가치를 측정하는 가장 중요한 척도일까? 아니면, 우리가 자연계에 대한 공격을 중단해야 하는 더 강력한 이유가 있을까? 현명하게 야생을 되살리고 야생을 보호하고 보존하기 위해 최선을 다해야 하는 더 깊은 이유가 있을까? 간단히 말해서, 우리는 왜 자연계를 소중히 여겨야 하며, 자연계의 가치를 제대로 평가하려면 어떻게 해야 할까?

# 12
# 도덕적 의무

박물관의 그림 앞에 서서 당신을 끌어당기는 — 미소 짓게 하고, 울게 하고, 소름 끼치게 하는 — 예기치 않은 특성에 매료됐지만, 그 이유를 설명할 수는 없었던 적이 있는가? 색상 팔레트 때문일 수도 있고, 그림 속 인물 때문일 수도 있고, 천상의 분위기 때문일 수도 있고, 그림의 에너지 때문일 수도 있다. 하지만 최면에 걸린 채 입을 벌리고 서 있는 것으로 족하며, 굳이 그림의 의미를 이해할 필요는 없을 것이다. 자연 풍경 속에서도 그런 경외감과 경이로움을 경험한 적이 있는가? 해바라기밭? 상록수로 둘러싸인 호수? 푸른 소나무로 뒤덮인 붉은 바위로 둘러싸인 작은 만?

나는 명색이 과학자로서 수십 년 동안 데이터를 수집하고 분석하여, 생태계의 구조와 역학dynamics을 숫자와 그래프로 바꾸고, (몇 개의 방정식으로 모델링한) 자연의 바로크적 복잡성을 깔끔한 베갯잇에 수 놓으려고 노력해 왔다. 하지만 나는 자연을 이해하기 전에 자연을 사랑했다는 사실도 알고 있다. 사실, 나는 자연을 사랑했기 때문에 자연을 이해하는 데 관심이 있었다. 이제 자연계에 대해 지적으로 알면 알수록 내가 아는 것이 얼마나 적은지 깨닫게 되지만, 그럼에도 불구하고 자연에 대한 내 사랑은 더욱 깊어진다.

우리 마음 깊숙한 곳에는 자연계에 저절로 이끌리는 성향이 있어, 우리로 하여금 자연뿐만 아니라 (우리와 지구를 공유하는) 다른 생명체와 긴밀한 접촉을 추구하게 만든다. 나의 동료이자 영웅 에드워드 윌슨 Edward Wilson은 그것을 〈바이오필리아biophilia〉—〈생명에 대한 사랑〉을 뜻하는 그리스어 — 라고 부르며, 〈다른 형태의 생명체와 관계를 맺고 싶은 충동〉으로 정의한다. 그것을 뭐라고 부르거나 정의하든, 모든 어린이는 매일, 하루에도 몇 번씩 그것을 느낀다. 야생화와 나비가 가득한 풀밭을 혼자서 탐험하거나, 숲속에서 은하수처럼 빛나는 반딧불이 떼에 넋을 잃거나, 조수 웅덩이tide pool에서 기어다니는 게들을 지켜보는 아이들을 보라! 어린아이의 경이로움은 우리 모두의 마음속에도 있다.

왜 우리는 다른 생물을 보호하는 데 관심을 가질까? 어린 시절의 추억을 간직하고 싶어서일까? 동료 생명체에 대한 공감 때문일까? 어른이 되어서도 여전한 바이오필리아 때문일까, 아니면 도덕적 의무 때문일까?

자연 보존의 도덕적 차원을 고려해 보자. 종교에서는 이에 대해 뭐라고 말할까? 모든 경전에는 해석의 여지가 있지만 공통된 주제가 하나 있는 것 같다. 즉, 모든 종교는 신의 창조물을 파괴해서는 안 된다고 분명히 말한다. 유대교 전통에 따르면, 땅과 환경의 소유권은 신에게 있으며, 인간은 이를 돌볼 의무가 있다. 〈땅은 영원히 팔 수 없나니, 땅은 내 것이요 너희는 나와 함께 있는 나그네요 소작인임이니라.〉(레위기 25:23) 불교의 가르침은 환경 파괴보다 보존을 더 중요하게 여긴다. 〈벌이 꽃과 꽃의 색깔과 향기를 해치지 않고 꿀을 먹고 날아가듯이, 현자도 마을을 지나가야 한다.〉(법구경* 4장; 꽃, 49) 신도**는 물, 바위, 바람과 같은 자연물과 연결된 정령(精靈)에 대한 믿음을 기반으로 한다.

숲은 신성하며, 신도 추종자들은 다른 인간 및 자연과 조화롭고 평화롭게 공존하며 살아야 한다. 이슬람에서, 낭비적인 소비(이스라프Isrāf)는 32번째로 큰 죄악이다. 쿠란은 수백 개의 구절에 걸쳐 환경 보호에 대해 언급하며, 다음과 같이 말한다. 〈땅 위에서 오만하게 군림해서는 안 된다. 너희는 결코 땅을 쪼개거나 산의 높이를 능가하지 못할 것이다.〉(쿠란, 수라XVII:37) 신의 창조물은 신성불가침이며, 우리는 그것을 보존하도록 위임받았다.

기독교의 메시지는 혼합되어 있다. 세상은 하나님의 창조물이므로 돌볼 가치가 있는 게 분명하지만, 창세기의 일부 구절은 하나님의 형상대로 지음받은 인간이 지구를 지배하고 있음을 암시한다. 사람을 주인으로 간주하는 성경의 메시지는 텍스트의 모호함이나 공리주의적이고 이기적인 해석으로 인해 발생했을 수 있으며, 최근의 기독교 메시지는 〈하나님의 창조물에 대한 지배〉가 아니라 〈보존과 보살핌〉이라는 도덕적 칙령moral edict을 강조하고 있다. 프란치스코 교황은 2015년 파리에서 열린 역사적인 기후변화 회의를 앞두고 발표한 두 번째 회칙 〈찬미받으소서Laudato si'〉로 특히 큰 영향력을 발휘했다. 프란치스코 교황은 다음과 같이 썼다. 〈우리 기독교인들이 때때로 성경을 잘못 해석한 것이 사실이지만, 오늘날 우리는《하느님의 형상대로 창조되고 땅에 대한 지배권을 부여받은 것이 다른 피조물에 대한 절대적 지배를 정당화한다》는 개념을 강력하게 거부해야 합니다.〉 프란치스코에 따르면, 성경은 〈모든 피조물이 고유한 목적을 가지고 있으며, 불필요한 것은 하나도 없다〉고 말한다. 프란치스코는 또한 이렇게 썼다. 〈물질계는 우리에 대한 하느님의 무한한 애정을 말해 줍니다. 그러므로 물질계를 무자비하게

* 인도의 승려 법구가 인생에 지침이 될 만큼 좋은 시구들을 모아 엮은 경전.

** 神道, しんとう. 조상과 자연을 섬기는 일본의 민속 종교.

파괴하는 것은 죄악이며, 하느님의 사랑을 거부하는 것입니다.〉

내 친구 칼 사피나Carl Safina는 다음과 같이 아름답게 표현했다. 〈어떤 종교도 《지구에서 우리의 역할은 파괴하거나 후손에게 더 적은 것을 남겨 주는 것이다》라고 가르치지 않는다. 어떤 선현(先賢)도 《한 세대가 세상을 파멸로 몰고 가고 괜찮다》고 가르치지 않는다. 그 대신, 우리는 방주를 안전하게 조종해야 한다는 가르침을 받았다.〉 다시 말해서, 모든 종교는 우리가 피조물을 돌봐야 한다고 가르친다.

마야Maya나 이스터섬 주민들과 같은 일부 고대 사회는 부분적으로 주변의 자연계를 남용함으로 인해 붕괴되었지만, 대부분의 원주민 그룹은 수천 년 동안 자신들의 환경에서 지속 가능한 방식으로 살아왔다. 대부분은 자신을 자연의 주인이 아니라 자연의 일부로 여긴다. 일부는 식량을 얻기 위해 동료 지구인을 죽인 행위에 대해 용서를 구하기도 한다. 많은 원주민은 산, 샘, 강과 같은 자연물을 신성한 것으로 여긴다.

최근 뉴질랜드의 한 판례가 전 세계의 주목을 받았다. 2017년 북섬의 황가누이강Whanganui River은 〈마오리 부족의 조상〉으로 법적 인정을 받아, 인간과 동등한 권리를 갖게 되었다. 「우리는 우주의 기원까지 우리의 족보를 추적할 수 있다」라고 이 지역의 마오리 지도자인 제라드 앨버트Gerrard Albert는 말했다. 「따라서 우리는 자연계의 주인이 아니라 그 일부다. 우리는 그런 삶을 출발점으로 삼고 싶다.」 얼마 지나지 않아 두 건의 법적 소송에 이 판례가 적용되어, 뉴질랜드 의회는 2,100제곱킬로미터에 달하는 지역 — 이전의 테우레웨라Te Urewera 국립공원 — 과 한 산(山)에도 황가누이강과 유사한 권리를 부여했다.

생태학에 따르면, 생태계는 〈상호작용하는 생물들의 공동체〉와 〈그들이 서식하는 풍경〉으로 구성되어 있다. 모든 생물은 각기 다른 역할을 하며, 생태계는 그 안에 있는 〈모든 생물〉과 〈그들 사이의 역동적 상호작용〉의 결합체다. 부분 없이는 전체가 존재할 수 없다. 따라서 모든 생물은 생물권의 구성 요소로서 본질적 가치intrinsic value를 지니고 있다.

이것은 과학을 바탕으로 자연의 가치를 진술하는 방법일 수도 있지만, 나는 자연에 대한 깊고 형언할 수 없는 사랑 — 바이오필리아 — 이야말로 〈우리가 자연을 돌봐야 하는 진짜 이유〉에 대한 답이며, 그 어떤 이성적 구성물rational construct보다도 강력하다고 믿는다.

내셔널지오그래픽의 청정 바다 팀은 지도자들에게 〈바다에서 가장 야생적인 곳을 보호해야 한다〉는 영감을 불어넣기 위해 사랑이라는 무기를 사용했다. 그 비결을 소개한다.

학계에서, 우리는 〈이성적으로 행동하고, 두뇌가 감정과 가치를 지배하도록 하는 법〉을 배웠다. 즉, 우리는 사람들이 모든 가용 정보를 가지고 있다면 올바른 결정을 내릴 것이라고 가정하고, 동료 심사 저널에 논문을 게재했다. 그것이 우리의 일이었다. 나는 정치인들이 우리의 연구 결과를 인지하고 그에 따라 행동하기를 기대했다. 나는 상아탑에 갇힌 채, 〈우리 연구의 의미를 이해하고 현실 세계에서 조치를 취하는 것은 다른 사람들의 몫〉이라는 학문적 환상에 사로잡혀 있었다. 세상에 나가서 우리가 무슨 연구를 했는지, 그것이 무엇을 의미하는지, 그리고 왜 중요한지를 설명하는 것은 월권이자 시간 낭비라고 생각했다.

그게 얼마나 잘못된 생각인지, 나는 거의 알지 못했다.

하지만 운 좋게도, 나는 (자연사 연구가 공학보다 시에 가깝다고 믿는) 생태학자들과 (내 연구를 사회와 연관시켜야 하는 이유와, 그것을 주요 청중에게 전달하는 방법을 가르쳐 준) 커뮤니케이터들로부터 가르침과 멘토링을 받았다. 나는 청정 바다 프로젝트를 개발하면서 배운 내용을 실행에 옮겼다. 내셔널지오그래픽 소사이어티*에 합류한 후, 나는 지도자들이 자연 보호에 헌신하도록 영감을 주는 비결을 터득했다. 그건 바로 그들로 하여금 자연과 사랑에 빠지게 하는 것이었다.

2012년 10월, 우리는 (육지 표면의 80퍼센트 이상이 열대우림으로 덮여 있고, 멸종 위기에 처한 바다거북이 둥지를 틀고, 하마가 대서양 파도에서 서핑을 하는 긴 무인 해안uninhabited shore을 가진) 서아프리카 가봉의 해안으로 청정 바다 탐사 여행을 떠났다. 우리는 당시 가봉 국립공원청장이었던 리 화이트Lee White와 (1999년에 콩고에서 가봉 해변까지 서아프리카에서 가장 거친 숲을 가로질러 3,200킬로미터를 걸었던 내셔널지오그래픽의 동료 탐험가인) 마이크 페이Mike Fay의 초대를 받았다. 메가트랜섹트Megatransect라고 불리는 그의 장대한 트레킹은 가봉에 13개의 국립공원이 탄생하는 결과를 낳았다. 우리는 가봉 해안을 따라 바다를 탐험하는 동안, 나의 절친한 친구인 웨이트 재단Waitt Foundation의 이사장 테드 웨이트Ted Waitt가 프로젝트를 위해 제공한 탐험선 플랜 BPlan B를 타고 3주를 보냈다. 우리는 물갈퀴가 보이지 않을 정도로 탁한 연안 해역에서 다이빙을 했다. 2미터 길이의 골리앗 그루퍼goliath grouper에게 은신처를 제공하는 난파선을 정찰했다. 참치와 잭 등 대형 물고기 떼가 가득한 원유 생산 플랫폼 아래로 뛰어들어, 수중에서 들려오는 혹

* National Geographic Society. 1888년에 설립된, 세계에서 가장 규모가 큰 과학·교육 비영리 기구다. 공식 저널인 『내셔널지오그래픽』을 포함하여 5종의 잡지, 텔레비전 다큐멘터리, 라디오 프로그램, 영화, 책, 비디오와 DVD를 통해 매월 2억 8500만 명 이상의 독자 및 시청자들과 만나 왔다. 『내셔널지오그래픽』은 8000여 건의 과학 연구 프로젝트를 지원하고 있으며, 지리학적 문맹을 퇴치하는 교육 프로그램을 후원하고 있다. 한때 구독자가 미국에서만 1200만 명에 이르렀을 정도로 큰 인기를 끌었고, 인스타그램 계정 팔로어 수도 3억에 육박할 만큼 세계적으로도 이름이 널리 알려진 잡지다. 하지만 『내셔널지오그래픽』도 시대 변화의 흐름을 피하진 못했다. 인쇄 매체의 쇠퇴와 디지털 뉴스의 부상으로 종이 잡지 생산 중단 결정을 내렸다.

등고래의 매혹적인 노래를 들었다. 리Lee와 마이크Mike는 마침내 가봉의 알리 봉고 온딤바Ali Bongo Ondimba 대통령을 설득하여, 플랜 B에 승선하여 우리가 발견한 것을 배우도록 했다. 그는 원정 마지막 날 우리와 합류했는데, 그 당시 플랜 B는 가봉 해양 영토의 북쪽 가장자리에 있는 수심 100미터 이상의 해저산*에 닻을 내리고 있었다.

나는 사진과 짧은 비디오 클립이 포함된 프레젠테이션을 만들었다. 가봉 대통령은 주의 깊게 지켜보면서 우리와 이야기를 나누다가, 1시간쯤 지나서 자신의 시계를 들여다봤다. 나는 그가 흥미를 잃은 줄 알았다. 그래서 그에게 플랜 B에 딸린 원격 조종 선박remotely operated vehicle(ROV) — 모선(母船)에 묶여 있는 상태에서, 고성능 카메라를 이용하여 실시간으로 수중 세계를 관찰할 수 있는 잠수 로봇submersible robot — 을 조종해 보라고 권했다. 그는 다시 한번 흥미를 느꼈고, ROV 콘솔에 앉아 마치 비디오 게임을 하는 것처럼 화면을 보면서 ROV를 운전했다. 로봇은 100미터를 잠수하여, 해저산 정상의 평탄면에 도달했다. 그곳은 온통 모래 천지일 뿐, 흥미를 끌 만한 볼거리는 하나도 없었다. 나는 오금이 저렸다. 왜냐하면 그를 놓치는 건 시간문제라는 생각이 들었기 때문이다.

그러나 그는 갑자기 방향을 바꾸어 ROV를 해저산의 가장자리로 몰았다. 저 멀리서 어두운 형체가 나타났는데, 카메라가 가까워짐에 따라 형상이 구체화되었다. 그것은 구멍과 틈새로 가득 찬 시커먼 바위였는데, 그 위에서는 수천 마리의 작은 불가사리들이 팔을 휘저으며 물속의 먹이를 낚아채려 애쓰고 있었다. 해저에는 (붉은색과 흰색 반점이 있고, 등지느러미 가시dorsal spine가 꼿꼿이 선) 30센티미터 길이의 쏨뱅이

* seamount. 주변의 해저와 분리되어 있는 해저의 산. 경사가 가파르고 모양은 대체로 원형이나 타원형이다. 대양저보다 900미터 이상 올라가 있으며, 대부분 사화산이다.

가 누워 있었다. 쏨뱅이 위에서는 수백 마리의 밝은 오렌지빛 금강바리—긴 가슴지느러미를 가진 형형색색의 작은 물고기—가 맴돌고 있었다. 우리 모두는 화면에서 한시도 눈을 떼지 못했다. 우리는 가봉 대통령에게 다가가, 그 장관을 모두 함께 감상할 수 있도록 ROV를 모래 위에 내려놓아 달라고 요청했다. 동그란 눈을 가진 커다란 머리가 시야에 들어온 후, 점점 더 가까이 다가와 돔형 카메라 렌즈에 비친 자신의 모습을 확인하는 데 1분도 채 걸리지 않았다. 그 물고기의 정체는 (자전거만 한 회색 몸통에 특유의 일그린 입, 그리고 양쪽 눈에서 각각 뒤쪽으로 뻗은 세 개의 검은 줄무늬를 가진) 송곳니 그루퍼dogtooth grouper였다. 그루퍼는 카메라 앞에서 맴돌기만 했다. 잠시 후 제2, 제3의 그루퍼가 잇따라 나타났다. 마침내 5마리의 거대한 송곳니 그루퍼가 탐조등에 걸린 듯 얼어붙은 채 카메라를 응시하고 있었다. 사실, 우리도 마찬가지였다. 나는 가봉 대통령을 바라보면서, 그가 자기 나라의 수중 세계—자신도 미처 알지 못했던 〈자연의 원더랜드〉—와 사랑에 빠졌다는 것을 느낄 수 있었다.

ROV의 조종간을 대통령에게 넘겨준 작전은 성공적이었다. 수도인 리브레빌Libreville로 돌아가는 길에, 봉고의 온딤바 대통령은 마이크와 리에게 「바다를 보호해야 하는 이유를 이제야 알겠다」고 말했다. 그는 (가봉의 독특한 해양 생물 다양성을 보존할 뿐만 아니라, 주변 지역의 어업에 활력을 불어넣는 엔진 역할을 하는) 해양 보호 구역 네트워크를 만들었다. 이 네트워크는 현재 (가봉 해양 수역의 28퍼센트인 4만 6000제곱킬로미터를 차지하는) 20개의 해양 보호 구역으로 구성되어 있다. 이는 아프리카에서 처음이었고, 전 세계에서도 유례를 찾아보기 힘든 일이었다.

가봉에서 있었던 일은 청정 바다 프로젝트의 전형적인 사례다. 우리는 각국 지도자들을 처음 만날 때, 결코 지엽적인 문제에 빠지지 않도록 주의한다. 그들에게 데이터를 보여 주거나 학술지에 실린 학술적 논쟁을 언급하면서 사소한 부분까지 세세하게 따지는 일은 절대로 하지 않는다. 우리는 머리부터 시작하지 않는다. 우리는 바로 가슴으로 들어가는데, 지도자를 현장으로 데려가는 것이 그렇게 하기 위한 최고의 비결이다. 우리는 정부 수반과 환경부 장관을 바다로 데려가, 수천 마리의 은빛 잭 무리와 함께 다이빙을 했다. 우리는 그들을 잠수함에 태워, 수심 300미터의 약광층*을 탐험할 수 있도록 했다. 잠수함이 수면에 떠올랐을 때, 그들은 모두 하나같이 자연과 사랑에 빠진 아이들처럼 해맑게 웃었다. 그들의 바쁜 일정 때문에 현장을 방문할 수 없는 경우, 우리는 가상현실 콘텐츠를 적극 활용했다. 에콰도르 대통령의 경우, 360도 비디오 헤드셋을 통해 귀상어 떼 사이에서 가상 다이빙을 경험할 수 있었다. 심지어 프랑스의 환경부 장관인 세골렌 루아얄Ségolène Royal의 경우, 내 태블릿에 저장된 2분짜리 동영상을 시청했을 뿐인데, 프랑스가 열대 태평양 동부에 소유하고 있는 작은 산호 환초coral atoll와 사랑에 빠져 그것을 보호하기로 결정했다.

경외감과 경이로움은 사람들로 하여금 자연과 사랑에 빠지게 하고, 이전에는 전혀 생각지도 못했던 방식으로 돌보기 시작하게 만든다. 주요 의사 결정권자에게 특별한 경험을 제공한 후에야, 우리는 자연 보호를 정당화하는 과학적 연구 및 경제적 분석 결과를 제시할 수 있다. 궁극적으로 이러한 지도자들이 필요로 하는 것은 (보존conservation이 현상 유지status quo보다 더 많은 이점을 가지고 있다는 것을 증명하고, 재무부 또는 해양수산부 장관에게 〈바다의 일부를 보호하는 것이 합리적〉이라는 확신을 심어 주는) 사실이다. 하지만 언제나 사랑과 매력이 우선이다.

* twilight zone. 바닷속에서, 빛이 도달하는 가장 깊은 층.

자연과 사랑에 빠진 지도자들은 자연을 보호해야 한다는 책임감을 직관적으로 느끼고, 그것이 자신들의 도덕적 의무라는 것을 이해한다.

지구상의 모든 생물 — 세균, 고균, 효모, 균류, 해면, 해파리, 규조류, 지각류, 요각류, 완족류brachiopods, 산호, 달팽이, 조개, 빗해파리ctenophore, 두족류cephalopods, 멍게, 선충류nematodes, 동문동물kinorhynchs, 딱정벌레, 파리, 벌, 나비, 거미, 벌레, 유제류, 바닷가재, 모악동물chaetognaths, 새우, 거북, 성게, 악어, 해삼, 바다나리류crinoids, 게, 뱀, 성구동물sipunculids, 불가사리, 바다거북, 새, 파충류, 물고기, 개구리, 도롱뇽, 포유류, 조류, 양치류, 꽃식물 — 의 가치는 얼마나 될까? 그리고 그들이 형성하는 생태계의 가치는 얼마나 될까? 논의의 중심이 도구적 가치instrumental value로 이동함에 따라, 〈본질적 가치에 기반한 생물 다양성〉의 가치에 대한 오래된 믿음은 힘을 잃었다. 산업 경제 관계자들뿐만 아니라, 생태학자들조차도 환경 관리 및 의사 결정을 촉구하면서 생태계가 제공하는 재화와 서비스에 초점을 맞춰 주장을 펼치는 경향이 있다. 나도 종종 스스로 유죄를 인정해야 했다. 자연계에 관한 한, 경외감과 경이로움과 사랑이 경제학보다 우위에 설 수 있을까?

하지만 사실, 냉혹한 경제적 주장을 펼치는 사람일지라도 야생 보호에 찬성표를 던질 수 있다.

# 13
# 자연의 경제학

2018년 4월, 나는 워싱턴 D.C.에서 열린 내셔널지오그래픽 소사이어티 회의에서 최고의 과학자와 경제학자로 구성된 드림팀을 구성했다. 우리의 목표는 현재와 미래에 해양에서 보호해야 할 영역의 우선순위를 정하는 것이었다. 전 지구적인 보존의 우선순위를 확인하려는 이전의 노력은 생물 다양성만을 강조하고 바다를 이용할 수 있는 다른 용도 — 예컨대 관광, 어업, 석유 시추 — 를 무시했기 때문에, 생산 — 천연자원 추출 — 과 보존 사이의 상충 관계trade-off, 즉 제로섬 게임*에 직면할 수밖에 없다는 인상을 주었다. 즉, 채굴 활동으로부터 지역을 보호하면 돌이킬 수 없는 경제적 손실이 발생할 것이라는 암묵적인 가정이 존재해 왔다. 사정이 이러하다 보니, 보존의 우선순위를 파악하기 위한 대부분의 노력이 학문적 연구에 머물렀고 그 권고 사항이 현실 세계에서 이행되는 경우는 거의 없었다.

우리는 인류 사회의 주요 과제에 대응하기 위해, 해양 생물 다양성을 보존하는 동시에 다른 목표를 달성할 수 있는 방법을 모색해야 했다.

* zero-sum game. 한쪽만 이익을 보고 다른 쪽은 손해를 보는 상황을 말하며, 윈-루즈 게임win-lose game이라고도 한다.

하지만 그에 앞서서, 생산과 보존 사이의 인식된 벽을 허무는 방법을 알아내야 했다. 경제 성장을 우선시하는 관계(官界)에서 착취적이고 파괴적인 사용이 만연한 이유를 이해해야 했고, 의사 결정권자들이 생물 다양성에 대해 갖고 있는 전통적인 경제적 가정을 시험해 볼 필요가 있었다.

지난 10년 동안 동료들과 나는 각국의 대통령, 총리, 환경부 장관들을 만나 바다에서 가장 야생적인 곳들을 보호하도록 설득했다. 거의 필연적으로, 대화는 두 가지 질문으로 귀결되었다. 〈그럼 어장은 어떻게 되나요?〉 〈보호 구역이 지정되면 수산업이 타격을 입지 않을까요?〉 자연 보호 활동이 미래에 지속될 가능성과 관계없이, 이러한 의사 결정권자들을 겁먹게 하는 것은 기회비용opportunity cost이다. 더 많은 보호 구역이 지정되지 않는 것은 바로 이 때문이다. 즉, 과학적 정당성이 없고 대중의 수요가 없어서가 아니라, 경제적으로 중요한 추출 활동 — 숲에서 벌목을 하든, 평야에서 농사를 짓든, 바다에서 물고기를 잡든 — 을 하지 못하게 됨으로써 포기해야 할 수익*을 과도하게 계상(計上)하기 때문이다. 업계의 로비스트들은 오랫동안 성공적으로 사용해 온 플레이북**을 가지고 있으며, 더 많은 자연 보호가 경제에 미칠 파국적인 영향을 부풀려 정부를 겁에 질리게 한다.

이러한 과장된 주장의 전형적인 사례는, 2017년 멕시코 정부에 〈바하칼리포르니아 남쪽 레비야히헤도 제도Revillagigedo archipelago 주변 태평양의 15만 제곱킬로미터 해역을 보호 구역으로 지정해 달라〉고 요청했을 때 발생했다. 멕시코의 참치 어업 대표들은 〈그 지역에서 대부분의 참치를 잡고 있으며, 보호 조치를 취하면 사업이 침체되어 수천 가구가

* 〈포기해야 할 수익〉은 〈지불해야 할 기회비용〉의 다른 표현이다.

** 스포츠에서, 팀의 공격과 수비에 대한 작전 등을 도표와 함께 기록한 책.

일자리를 잃을 것〉이라고 주장했다. 게다가 참치 공급이 줄어들면 참치 통조림 가격이 올라 폭동이 일어날 수 있다고 주장했다. 그러므로 멕시코 정부는 우리의 요청을 절대 받아들일 수 없었다.

이런 근거 없는 과장된 주장은 이전에도 들어 본 적이 있었다. 하지만 우리는 그들의 주장을 반박할 수 있는 사실을 알고 있었다. 우선, 참치는 회유성 어종migratory species이다. 참치는 1년 내내 먼 거리를 헤엄쳐 다니기 때문에 레비야히헤도 제도 주변에서 잡히지 않은 참치는 다른 곳에서 잡힐 수도 있다. 또한 모든 참치 어선에 의무적으로 장착해야 하는 트랜스폰더transponder의 위성 데이터에 따르면, 멕시코 선단이 해당 지역에서 잡은 참치는 총 어획량의 4퍼센트 미만인 것으로 나타났다. 실제로 데이터를 살펴보니, 어획고의 4분의 3은 멕시코 관할권 밖의 공해에서 달성된 것으로 나타났다. 그래서 우리는 그들의 거짓말을 지적할 수 있었고, 이 책에서 공유한 연구 결과를 바탕으로 〈보호 구역이 해양 생물 다양성에 도움이 되고 수익에는 영향을 미치지 않는다〉는 것을 보여 주었다. 모든 결정을 좌우하는 것은 결국 〈돈〉이다. 내 경험상 보호 지역 지정을 논의할 때 재무 장관이 가장 먼저 던지는 질문은 〈비용이 얼마나 들까요?〉일 확률이 95퍼센트다.

더 많은 자연을 보호해야 한다는 주장의 도덕적 논거는 분명하다. 모든 생태계 서비스의 손실은 곧 인류의 멸종을 의미하기 때문에, 인류애적 논거는 더욱 강력하다. 따라서 자연계의 가치는 무한한 것임에 틀림없다. 하지만 오늘날 정책 입안policymaking 과정에는 전통적인 경제 논법인 윈-루즈 가정이 널리 퍼져 있다. 그 이유 중 하나는, 정치적 주기political cycle가 생태적 주기ecological cycle보다 훨씬 더 짧기 때문이다. 정치의 제1 법칙은 재선(再選)이기 때문에, 일반적으로 단기적인 이익이 장기적인 이익보다 우선한다. 〈주주 가치shareholder value〉는 공기업, 특히 생태 및 기후 위기에 영향을 미치는 결정을 내리는 공기업의 모토인데, 이 역시 단기적이다. 현대의 황금 우상인 (기업과 투자자를 위한) 분기별 재무 수익률quarterly financial returns과 (국가를 위한) 연간 GDP 성장률annual GDP growth도 사정은 마찬가지여서, 우리의 웰빙을 포함한 다른 모든 것은 이 두 가지 단기 실적에 종속되어 있다. 재무 장관은 보존의 기회비용 — 포기한 어업 또는 벌목의 이익 — 과 보호 구역의 관리 비용을 뭉뚱그려, 정부의 재정에 빨대를 꽂은 자원 흡수원resource sink으로 여기는 경향이 있다.

하지만 자연 보호로 인한 경제적 혜택이 이러한 비용을 상쇄할 수 있지 않을까?

맹그로브는 경이로운 나무다. 그들은 바닷물에서 살아갈 수 있는 독특한 능력을 터득했으며, 전 세계의 많은 열대 해안을 둘러싸고 있다. 맹그로브는 자연 상태에서 복잡한 근계(根系)를 발달시켜 미로를 형성하는데, 이것은 많은 어종에게 은신처를 제공하고 다른 많은 종(인간이 먹는 굴 포함)에게 서식지를 제공한다. 내 동료인 옥타비오 아부르토는 바로 이 생태계 — 멕시코의 캘리포니아만에 있는 맹그로브 숲 — 를 연구하여 스크립스 해양학 연구소에서 박사 학위를 받았는데, 그 과정에서 몇 가지 흥미로운 경제학적 사실을 발견했다.

바하칼리포르니아 해안은 사막으로, 곳곳에 작은 녹색 맹그로브 숲이 자리 잡고 있다. 1990년대 후반에 그곳의 맹그로브에서 수영하던 중, 옥타비오와 나는 그들의 복잡한 뿌리망이 어린 도미들에게 주요 서식지를 제공한다는 것을 깨달았다. 결국 옥타비오의 연구에서, 도미는 생애 첫해를 맹그로브에서 보낸다는 사실이 밝혀졌다. 그러다가 대부분의 포식자에게 대항할 수 있을 정도의 크기에 도달하면, 도미는 인근의 암석 해안에 있는 성어(成魚)의 섭식 및 번식지로 이동하여 어부에게 잡힐 수 있다. 옥타비오는 수개월에 걸쳐 해안의 모든 맹그로브를 방문하여 도미의 개체 수를 헤아리고 측정하는 한편, 맹그로브를 떠난 후 이동하는 거리를 추정했다. 그는 또한 〈맹그로브 숲으로부터의 거리〉를 달리하며 현지 어부들의 어획량을 측정하여, 〈개체 수와 거리의 상관관계〉를 조사했다. 그리고 연구 결과를 종합하여, 〈맹그로브 숲은 1헥타르당 연평균 3만 7500달러의 경제적 가치를 지닌 어획 가능 어종catchable fish을 생산한다〉라는 결론을 내렸다. 반면, 멕시코 국립 산림위원회Mexican National Forest Commission는 2006년 〈새우 양식장의 개발 또는 건설을 위한 맹그로브 숲 파괴의 기회비용은 헥타르당 1,020달러에 불과하다〉고 판정했다. 멕시코 정부에서 맹그로브의 가치를 저평가한 사람이 누군지는 모르겠지만, 그들은 어류 종묘장fish nursery으로서 맹그로브의 가치를 전혀 알지 못했고 옥타비오 추정치의 30분의 1에도 못 미치는 가치를 지녔다고 평가했다.

그러나 어업에 대한 지원은 맹그로브가 제공하는 생태계 서비스 중 하나일 뿐이다. 맹그로브 숲은 다량의 퇴적물을 축적한다. 실제로 열대림보다 헥타르당 10배 많은 탄소를 격리하여, 기후변화를 완화하는 강력한 엔진 역할을 한다. 그들은 또한 파괴적인 열대성 저기압에 대한 안전판 기능을 수행한다. 2004년 아시아에서 엄청난 쓰나미가 발생했을 때, 맹그로브 숲 뒤쪽은 맹그로브가 잘려 나간 곳보다 적은 피해를 입었다. 그 밖에도, 맹그로브 숲은 우리가 아직 인지하지 못한 생태계 서비스를 제공할 수 있다. 하지만 잘 모르는 사람들에게 맹그로브는 〈모기의 온상〉일 뿐이며, 해안 개발이라는 이름하에 파괴되어야 마땅한 대상일 것이다.

새우 양식장은 동남아시아에서 맹그로브 숲 손실의 주요 원인 중 하나다. 그들은 맹그로브 숲을 개간하고 토양을 파내어, 축구장 크기 내지 1제곱킬로미터 정도의 연못을 만든 다음 바닷물을 채운다. 하지만 현재의 새우 양식 관행은 연못의 염분과 독성 물질을 5년 만에 최악의 수준으로 끌어올리는데, 이러한 사용 연한life span — 현재의 새우 양식에서는 5년 — 은 경제 방정식에 반드시 반영되어야 할 시간 요소다.

경제학자들은 〈순현재가치net present value(NPV)〉 — 프로젝트에서 발생한 모든 미래 현금 흐름future cash flow의 현재 가치 — 라는 개념을 사용한다. 즉, 투자 위험까지 고려하여 〈오늘 받은 1달러를 투자하면 이자를 받을 수 있다〉고 가정하므로, 〈지금 수령한 1달러〉의 NPV는 〈몇 년 후 수령할 1달러〉의 NPV보다 높아야 한다. 태국 남부에 있는 새우 양식장의 5년간 운영 수익의 NPV는 헥타르당 약 8,000달러이지만, 이로 인해 발생하는 수질 오염 비용을 고려하면 총 200달러에 불과하다. 그에 반해, 태국의 온전한 맹그로브 숲 1헥타르의 NPV는 탄소 격리, 침식 통제, 폭풍으로부터 보호, 식량 생산, 여가 선용을 포함한 다양한 생태계 서비스 덕분에 19만 4000달러에 달한다. 따라서 맹그로브를 보호함과 동시에 잃어버린 맹그로브를 복원하면, 새우 양식장으로 바꾸는 것보다 훨씬 더 많은 경제적 가치를 창출할 수 있다.

만약 재무 장관이 이 모든 정보를 가지고 있다면 어떤 결정을 내릴까? 새우 양식 업계가 맹그로브를 베어 내도록 내버려둘까, 아니면 맹그로브 보호를 지원할까? 경제적 관점에서 볼 때, 맹그로브를 보호하는 것은 당연한 일이다. 하지만 〈특정 지역에서 야생 생물 채취를 금지하는 것이 경제적으로도 유리하다〉고 인정하기보다는 업계의 손을 들어 주기 십상이다.

1990년대 후반, 나는 스페인 지중해 연안에서 남서쪽으로 약

320킬로미터 떨어진 콜럼브레테스 제도 해양 보호 구역Columbretes Islands Marine Reserve에서 잠수한 적이 있다. 콜럼브레테스 제도는 오래된 수중 화산의 정상에 위치한 곳으로, 주변의 5,543헥타르 수역은 1990년 이후 어업 및 기타 채취 활동으로부터 보호되고 있다. 해안에서 50킬로미터 떨어져 있는 거칠고 고립된 보호 구역은, 가장 큰 섬에 주둔하는 감시원들에 의해 24시간 연중무휴로 관리된다. 그곳에서 다이빙을 하면서 가장 인상 깊었던 것은 닭새우의 크기였다. 그들은 내가 지중해에서 본 다른 어떤 갑각류와도 비교할 수 없는 괴물이었다. 1997년부터 2007년까지 10년 동안 내 동료들이 보호 구역 안에 있는 닭새우에게 태그를 부착한 결과, 매년 암컷의 4퍼센트와 수컷의 7퍼센트가 보호 구역 밖으로 이동하여 상업적 어부들에게 포획될 수 있는 것으로 밝혀졌다. 개체 수 기준으로 볼 때, 보호 구역이 조성되고 어장이 폐쇄된 후 연간 닭새우 유출량은 감소한 어획량을 만회하지 못했지만, 씨알의 굵기 증가가 그 차이를 만회했다. 무게 기준으로 볼 때, 어부들은 이제 보호 구역 주변에서 보호 구역이 없을 때보다 10퍼센트 더 많은 닭새우를 잡는다. 보호 구역 지정으로 인한 이익이 기회비용을 초과한 것이 분명하다.

해양 보호 구역을 설정함으로써 동일한 유형의 혜택을 본 사례는 이루 헤아릴 수 없을 만큼 많다. 카리브해의 세인트루시아St. Lucia에서는 섬 어장의 35퍼센트를 폐쇄하는 소규모 해양 보호 구역을 설정했는데, 불과 5년 만에 보호 구역 주변의 어획량이 46~90퍼센트 증가했다. 피지의 우쿠니바누아 해양 보호 구역Ucunivanua Marine Reserve에서는, 보호 구역 내에서 생산된 조개 유생이 풍부해지면서 불과 5년 만에 인접한 비보호 지역의 조개 개체 수가 7배로 증가했다. 이집트 시나이반도 근해의 경우, 해양 보호 구역 주변의 단위 노력당 어획량은 5년 동안 66퍼센트 증가했다. 케냐의 몸바사 해양 국립공원Mombasa Marine National Park에서, 어획 금지 구역 근처에서 조업하는 어부의 수입은 보호 구역에서 멀리 떨어진 개방형 접근 지역open access area보다 135퍼센트 더 높았다. 그 밖에도 여러 가지 사례가 있는데, 이는 〈보호 비용이 너무 많이 든다〉는 가정과 모순되며, 해양 지역 보존이 장기적으로 경제적 이득을 가져다준다는 사실을 거듭해서 보여 준다.

잘 규제된다면, 관광은 보호 구역이 제공하는 또 다른 경제적 부양책이 될 수 있다. 2016년 10월, 내 파트너인 크리스틴 레크버거Kristin Rechberger와 나는 르완다의 화산 국립공원Volcanoes National Park에 있는 초원 — 축축한 거대 양치류가 카펫처럼 깔려 있는 곳 — 에 앉아 있었다. 이곳의 화산들은 콩고민주공화국, 르완다, 우간다 국경을 가로지르는 산맥을 형성한다. 이 3개국에 걸친 국립공원과 우간다가 관리하는 별도의 온전한 보호림 — 브윈디 불가침 숲Bwindi Impenetrable Forest — 에는 약 1,000마리의 마지막 마운틴고릴라mountain gorilla가 살고 있다. 초원 아래에는 르완다 관할 국립공원을 구분하는 돌담이 뻗어 있었는데, 물소가 공원 밖의 옥수수밭에 들어가는 것을 막을 만큼 높고, 농업이 숲을 잠식하는 것을 차단할 만큼 불투과성impermeable이었다. 벽 너머에는 더 이상 숲이 없고, 작은 농장들로 뒤덮인 구불구불한 언덕이 펼쳐져 있다.

그 첨예한 경계가 유지되는 것은, 고릴라를 보러 온 외국인 관광객들이 (외화 형태로) 지급하는 에너지 보조금 덕분이다. 공원을 보호하려면 돈과 인력이 필요하지만, 공원은 고릴라와 사람 모두에게 도움이 된다. 르완다 영토에 서식하는 600마리의 마운틴고릴라는 매년 2억 달러 이상의 수입을 르완다에게 안겨 주며, 이 중 일부는 공원 주변 마을에 재투자된다. 사실, 모든 마운틴고릴라는 르완다의 평균적인 사업가보다 더 많은 부를 창출한다. 국립공원은 르완다에서 가장 큰 고용주 겸 수입원인 셈이다. 그러나 돈뿐만이 아니다. 공원 속의 온전한 보호림은 토양에 비를 머금었다가 시간이 지남에 따라 주변 지역으로 물을 꾸준히 방출하여, 수자원 확보 및 안정성에 기여한다.

해양 생태 관광도 엄청난 가치를 창출할 수 있다. 내가 초기 현장 조사에 관여했던 메데스 제도 해양 보호 구역의 경우, 약 1제곱킬로미터의 매우 작은 어획 금지 구역을 설정하고 있지만, 지중해에서 가장 큰 규모의 어류 개체군이 서식하는 곳 중 하나다. 카탈루냐 지방 정부는 장고를 거듭한 끝에, 상업적 어부와 낚시 애호가들의 반대를 무릅쓰고 1983년 이 해역을 보호 구역으로 지정했다. 연간 50만 유로로 추정된 관리비가 전액 정부 자금으로 충당되었으므로, 보호 구역은 공공 자원을 빨아들이는 블랙홀로 인식되었다. 그러나 보호 구역 지정 후 물고기들이 본격적으로 돌아왔고, 이 소식을 듣고 유럽 전역에서 다이버들이 구름처럼 몰려들었다. 현재 이 보호 구역은 다이빙, 스노클링, 유리 바닥 보트glass-bottom boat 등의 생태 관광을 통해 연간 1200만 유로를 벌어들여, 지역 경제에 효자 노릇을 톡톡히 하고 있다. 해역의 경제적 가치는 불과 5년 만에 〈보호 구역 지정 전 가치pre-reserve value〉를 훌쩍 넘어섰다. 보호 구역이 없었을 때, 어민들이 8년 동안 올릴 수 있는 수입의 NPV는 180만 유로에 불과했다. 현재 보호 구역 덕분에 관광 수입이 증가하고 주변 어황이 개선되었으며 수백 개의 일자리가 생겨나, NPV는 800만 유로에 달한다.

(보호 구역 지정 후 해양 생물이 눈부시게 회복되고, 그에 따라 잘 규제된 다이빙 관광이 발달하여 멕시코의 다른 해안 지역보다 더 부유해진) 카보풀모를 포함하여, 메데스 제도와 비슷한 사례는 전 세계에서 얼마든지 찾아볼 수 있다. 더 큰 규모의 그레이트 배리어 리프 해양

공원Great Barrier Reef Marine Park — 34만 4000제곱킬로미터 규모의 해양 보호 구역으로, 그중 3분의 1은 어업으로부터 완전히 보호된다 — 은 2007년 생태 관광을 통해 호주 경제에 55억 호주 달러를 가져다주었고, 상업적 어업의 36배에 해당하는 5만 4000개의 일자리를 만들었다.

미국의 국립공원에도 이와 비슷한 사례가 있다. 국립공원 지정 이전과 비교할 수 있는 데이터는 없지만, 오늘날의 가치를 정량화할 수 있는 것은 분명하다. 옐로스톤의 경우, 늑대 재도입 프로젝트에 약 3000만 달러의 비용이 들었지만, 늑대 생태 관광으로 인해 연간 3500만 달러의 수입이 발생하여 공원 주변 지역사회에 경제적 활력을 불어넣고 있다. 2018년에는 3억 1800만 명의 관광객이 국립공원을 방문하는 동안 약 200억 달러를 지출하여, 32만 9000개의 일자리가 생겨나고 총 400억 달러의 재화와 용역이 생산되는 데 기여했다. 연방 정부의 국립공원 관리비는 연간 40억 달러인데, 그렇다면 국립공원 관리에 1달러를 투자할 때마다 10달러의 경제적 산출물economic output이 생산되는 셈이다. 사람들이 찾아와 자연을 즐길 수 있는 곳에서 야생을 보호하는 것은 보람 있을 뿐만 아니라 경제적으로 수지맞는 일이다.

자연 생태계 보호의 경제적 이점에 대한 정량적 증거가 점점 더 늘어나고 있지만, 여전히 보존보다는 개발이 선호되고 있는 실정이다. 지속 가능성에 대한 립 서비스에도 불구하고, 사람들과 기업들은 분당 〈축구장 몇 개〉에 해당하는 속도로 열대우림을 계속 벌채하고 있으며, 산업형 어선은 전 세계에 걸쳐 어류 개체군을 지속적으로 고갈시키고 있다. 가장 큰 문제는, 생태계의 한 가지 용도(예: 목재 또는 해산물 추출)에서 얻는 이익을 극대화하는 데 초점을 맞춘 나머지 다른 혜택을 제공하는 생태계의 능력을 파괴한다는 것이다.

이번에는 중국의 사례를 살펴보자. 1998년 여름 중국에는 많은 비가 내렸는데, 그 여파로 양쯔강이 60일 동안 범람하여 모든 것을 파괴하고 중국 현대사에서 최악의 홍수를 일으켰다. 그 후 지역의 지도자들은 홍수가 그토록 파괴적이었던 이유를 이해하기 시작했다. 그보다 더 심한 폭풍이 있었음에도 그렇게 큰 피해를 입힌 것은 처음이었는데, 무슨 일이 일어났는지 깨닫는 데는 그리 오랜 시간이 걸리지 않았다. 홍수가 일어나기 전 몇 년 동안 경제 성장이 이루어졌고, 지나친 개발로 인해 사람과 자연 사이의 균형이 깨진 것이었다.

성장하는 국가의 필요를 충족하기 위해 양쯔강 상류의 숲이 남벌(濫伐)되고 초원의 풀은 가축에게 마구 뜯겨, 생태계의 〈홍수 방지 능력〉이 약화되었다. 나무가 없어 내린 비가 흡수되지 않고 건강한 토양과 자연 초원이 없어 물을 머금지 않으니, 비는 딱딱한 땅 위로 미끄러질 뿐이었다. 홍수에 대한 마지막 보험인 습지도 사라졌는데, 그 이유는 인구 급증으로 인한 주택 수요 증가를 충족하기 위해 집을 지어야 했기 때문이다. 이러한 생태계 손실로 인해 1998년 홍수는 200억 달러의 피해를 입혔고 3,600명의 귀중한 생명을 앗아 갔다. 이러한 비극이 발생한 후, 중국 당국은 부랴부랴 전문가들을 동원하여 잃어버린 생태계를 복원하기 위해 노력했다. 처음부터 친환경 인프라green infrastructure를 유지했다면 비용과 인명 피해 측면에서 훨씬 적은 비용이 들었을 것이다. 숲, 초원, 습지는 홍수에 대한 자연 보험natural insurance이기 때문이다.

양쯔강 홍수는 〈자연계가 단순한 경제적 가치를 넘어, 우리에게 얼마나 많은 혜택을 제공하는지〉를 보여 주는 많은 사례 중 하나일 뿐이다. 또 다른 예는 식량이다. 전 세계 식용 작물 4개 중 3개는 적어도 부분적으로 야생 벌, 나비, 나방, 딱정벌레, 새와 박쥐와 기타 척추동물의 수분에 의존한다. 전 세계적으로 동물에 의해 수분되는 농작물의 연간 가치는 2350억~5770억 달러에 이른다. 지난 50년 동안 동물 수분에 의존하는 작물의 양은 3배로 증가했는데, 이 수치는 인구가 증가함에 따라 계속 증가할 것으로 예상된다. 꽃가루 매개자는 식용 작물뿐만 아니라 10종의 야생 꽃식물 중 9종의 수분을 매개하는데, 야생 꽃식물은 더 큰 생태계의 구성원으로서 (여기서 다루지 않는) 다른 혜택도 제공한다. 하지만 광범위한 대량 살충제 사용으로 인해 전 세계적으로 곤충 수가 감소하고 있다. 아이러니한 것은, 살충제로 인해 (농작물의 주종을 이루는) 단일재배 작물이 해충의 위협에서 해방됨으로써 농작물의 생물 다양성이 말살된다는 것이다. 생물 다양성은 농작물을 병충해로부터 보호해 주므로(9장 참조), 우리는 결국 자충수를 두고 있는 것이다.

우리의 자연 자본natural capital인 환경은 인류 사회와 세계 경제에 매년 125조 달러의 무상 지원을 제공하는 것으로 추정된다. 이 추정치는 2011년에 나왔는데, 그 당시 전 세계 GDP의 거의 두 배에 달하는 규모다. 그러나 여기에는 일부 생태계 서비스가 포함되지 않았기 때문에, 자연 자본의 가치가 과소평가되었다고 봐야 한다. 우리의 생존에 필수적인 기체인 산소를 예로 들어 보자. 해발 8,000미터 이상의 고지대에는 공기가 희박하고 산소가 부족한데, 고산 등반가들은 이곳을 〈죽음의 지대death zone〉라고 부른다. 대기 중의 산소는 바다의 세균 및 조류algae와 육지의 식물에 의해 생산된다. 우리에게 공짜로 산소를 공급하는 이 모든 생명체들이 사라진다면, 그 역할을 대체하는 데 드는 비용이 얼마일까? 대체가치replacement value는 경제학자들이 사물의 가치를 결정하는 일반적인 방법이다. 대기 중의 모든 산소를 생산하려면 비용이 얼마나 들까? 산업 생산 능력이 있다고 가정할 때, 현재 가격을 기준으로 그 비용은 18만 6000조 달러가 될 것이다. (궁금한 분들을 위해 부연하자면, 2019년 현재 공기에서 순수한 산소 1톤을 추출하는 데 드는 비용은 155달러였고, 대기 중에는 $1.2 \times 10^{15}$톤의 산소가 존재한다.) 이 수치가 의미하는 것은, 대기 중 순수한 유리 산소free oxygen의 가치가 2019년 전 세계 GDP의 2,000배가 넘는다는 것이다.

이와 관련하여 나쁜 소식과 좋은 소식이 있다. 나쁜 소식은, 우리가 자연계를 남용함으로써 생명 유지 시스템을 마비시킬 뿐만 아니라 매년 7조 달러의 비용이 발생한다는 것이다. 설상가상으로 2050년에는 이 비용이 28조 달러로 증가할 수 있다. 좋은 소식은, 생태계를 보호하는 것이 농업을 단일재배로 전환하거나 한계까지 착취하는 것보다 더 많은 가치를 창출할 수 있다는 것이다. 즉, 육지와 바다를 통틀어 지구의 3분의 1에 해당하는 지역에 걸쳐 잘 관리되는 보호 구역 시스템을 지원하려면, 연간 1030억~1710억 달러가 소요될 수 있다. 하지만 그로 인한 경제적 이익이 비용을 상회할 것이므로 GDP가 상승할 것이다. 이는 (자연이 무료로 제공한) 125조 달러짜리 생명 유지 시스템을 유지하기 위한 저렴한 투자다! 하지만 재무 장관을 포함한 일부 사람들은 여전히 〈불가능하고 너무 비싸며 돈이 없다〉며 고개를 절레절레 흔들 것이다.

각국 정부가 주로 산업형 어업과 남획을 영속화하는 관행에 보조금을 지급하는 데 얼마나 많은 돈을 쓰고 있는지 알고 있는가? 매년 350억 달러다. 그리고 육상 생물 다양성 감소의 주요 원인인 산업형 농업에 보조금을 지급하는 데는? 매년 7000억 달러다(그러나 이 중 1퍼센트만이 환경에 도움이 되는 활동에 사용된다). 그리고 화석연료 사용에 보조금을 지급하는 데는? 2015년, 워싱턴 D.C.에 있는 국제 통화 기금(IMF)은 〈정부는 화석연료 회사에 세전으로 3000억 달러를 직접 기부하고, 사회는 화석연료 연소로 인한 영향 — 교통 혼잡, 사고, 도로 손상, 대기 오염으로 인한 조기 사망, 소비세 수입 포기, 지구 온난화 등 — 을 해결하기 위해 매년 5조 달러라는 충격적인 금액을 지불한다〉고 추정했다. 그렇게 엄청난 금액이 우리의 생명 유지 시스템을 파괴하는 활동을 뒷받침하고 (〈일부 몰지각한 사람들〉이 보호하려고 하는) 경제 시스템을 영속화하는 데 사용되고 있다니! 기가 찰 노릇이다.

위의 모든 증거로 무장한 우리 팀은 2018년 4월 내셔널지오그래픽 소사이어티에 모여, 〈보호가 필요한 해양 지역의 우선순위를 정하기 위해, 《해양 생물 다양성 보존》뿐만 아니라 《증가하는 인구를 위한 식량 공급》, 《기후변화의 영향 완화》 등 다양한 목표를 추구하는 새로운 틀framework을 개발해야 한다〉고 결정했다. 이에 우리 팀은 1년 반 동안 여러 출처에서 데이터베이스를 수집하여 전 세계 해양 지도를 제작했는데, 이 지도의 특징은 우선순위에 따라 보호 구역으로 지정할 수 있도록 픽셀 단위로 분할하여 각 픽셀에 점수를 매겼다는 것이다(점수가 높을수록, 보호 구역 지정 시의 목표 달성도가 높다).

우리의 지도는 13만 개 이상의 픽셀로 구성되었는데, 각 픽셀의 실제 크기는 약 50×50킬로미터였다. 우리는 6,000여 개 동식물 종의 지리적 분포, 멸종 위험, 진화적 특성, 생태적 역할에 대한 데이터를 총망라했다. 그리고 얕은 바다에서부터 깊은 바다에 이르기까지 모든 바다의 주요 생태적 특성 — 예컨대 픽셀당 모든 종의 어획량 추정치, 해저 퇴적층의 상위 1미터에 축적된 탄소량 — 을 지도에 수록했다. 이 모든 데이터를 분석하는 데 필요한 컴퓨팅 성능이 상상을 초월하여, 구글에 의뢰하여 각기 다른 위치에 있는 최대 200대의 컴퓨터 — 무료 가상 슈퍼컴퓨터 — 를 대여받았다. 우리의 궁극적인 목표는 전 세계를 변화시키는 데 필요한 바다의 규모를 알아내는 것이었다. 그리고 우리는 드디어 해냈다.

해양 지도를 분석한 결과, 해양 보호를 대폭 강화할 경우 〈생물 다양성 보호〉, 〈어업 생산성 향상〉, 〈추가적인 온실가스 배출 방지를 위한 해양 탄소 저장고 확보〉라는 일석삼조의 효과를 거둘 수 있는 것으로 나타났다. 특히 바다의 35퍼센트를 전략적으로 보호하면, 생물 다양성으로부터 얻을 수 있는 모든 혜택의 3분의 2를 보존하는 동시에 전 세계 어획량을 900만 톤 늘릴 수 있는데, 900만 톤이라면 보호 강화로 확보할 수 있는 잠재적인 최대 식량 공급량의 91퍼센트에 해당하는 분량이다. 다시 말해서, 어획 금지로 인해 복원되어 해양 보호 구역의 경계 너머로 유출되는 물고기의 양은 기회비용 — 보호 구역 때문에 포기한 어획량의 가치 — 을 초과할 것이다. 또한 저인망 어업은 (그것을 하지 않았다면 해저 퇴적층에 오랫동안 저장되어 있을) 탄소를 방출하고 있는 것으로 나타났다. 바다의 35퍼센트를 보호하면 탄소 배출량의 28퍼센트를 제거할 수 있으므로 인위적인 기후변화를 줄이는 데 도움이 될 것이다. 요컨대, 지구 해양의 35퍼센트 — 3분의 1보다 조금 많다 — 를 완전한 보호 구역으로 전환하면, 막대한 경제적 이익을 얻을 수 있을 뿐만 아니라 우리 모두가 사랑하는 광활한 자연 세계를 보호할 수도 있다.

과거 같으면 많은 사람들이 우리의 권고를 납득하지 못했겠지만, 오늘날에는 자연을 더 많이 보호하는 것이 우리의 생존에 필수적일 뿐만 아니라 번영하는 경제를 위한 필수 조건이라는 것을 누구나 알고 있다. 그리고 이를 증명할 수 있는 데이터, 계산, 합리적인 논거도 존재한다. 황폐화된 생태계를 복원하고 지구상에 남아 있는 야생을 보호함으로써 얻을 수 있는 장기적인 이익은 현상 유지 — 자연을 계속 파괴함 — 에서 얻을 수 있는 단기적인 이익을 훨씬 능가한다는 점을 명심해야 한다.

# 14
# 우리에게는 왜 야생이 필요한가

2019년 4월 15일, 파리의 노트르담 대성당이 불길에 휩싸였다. 화염이 두꺼운 참나무 기둥을 무자비하게 집어삼켜 지붕을 무너뜨리는 장면을 텔레비전을 통해 지켜보며, 나는 큰 충격을 받았다. 용감한 소방관들이 전체 구조의 파괴를 막았다. 프랑스 시민과 관광객 모두 파리 거리에서 발을 동동 구르며 울부짖었다. 다음 날 아침, 이 비극은 전 세계 신문의 1면에 대서특필되었다. 48시간 이내에 프랑스의 억만장자들이 대성당 재건을 위해 수억 유로를 기부했고, 에마뉘엘 마크롱 대통령은 5년 이내에 대성당을 재건하겠다고 약속했다. 지붕을 지탱하는 나무 기둥은 중세 시대의 참나무로 만들어진 것인데, 프랑스에서는 그만한 크기의 나무를 더 이상 찾아볼 수 없었다. 사람들은 수 세기 동안 유럽 전역에서 이 오래된 나무들이 자라던 고대 숲을 벌목했고, 지금은 루마니아의 카르파티아산맥이나 폴란드와 벨로루시를 가로지르는 비알로비에자 숲 Bialowieza Forest 등 일부 지역에만 남아 있다.

나는 두 곳을 모두 가봤다. 루마니아의 레테자트산맥*에서, 나는

* Retezat Mountains. 카르파티아산맥에서 가장 아름다운 곳으로, 60개의 고봉(해발 2,300미터 이상)과 100개의 맑고 투명한 빙하 호수가 있다.

유럽에서 곰, 늑대, 스라소니가 함께 사는 유일한 장소인 야생 그대로의 소나무 숲과 초원을 걸었다. 언제라도 나타날 엘프를 기대하며, 반지의 제왕에 나오는 마법의 리븐델 숲Rivendell Forest을 걷는 듯한 기분이었다. 비알로비에자에서, 나는 (3만 년 전의 유럽 동굴 벽화에 묘사된 마지막 야생 유럽들소에게 그늘을 만들어 주었을 법한) 오래된 30미터 높이의 참나무들 사이에서 경이로움을 느꼈다. 이런 마지막 야생 지역들은 이제 거의 없고, 멀리 떨어져 있으며, 사라지고 있다. 루마니아의 불법 벌목꾼들은 유럽에서 가장 큰 온전한 숲을 벌목하고 있으며, 일부 폴란드 관리들은 유럽연합 규정을 무시하고 비알로비에자를 벌목할 궁리를 하고 있다. 하지만 이런 사건들이 뉴스에 보도된 후, 소수의 자선가와 환경보호론자들의 영웅적인 노력에도 불구하고 유럽의 마지막 오래된 숲을 지키기 위해 수억 달러를 내놓은 억만장자는 나타나지 않았다. 각국 정부도 이러한 자연 학살natural massacre을 막기 위해 효율적으로 대처하지 않고 있다. 왜 그럴까?

왜 세상은 자연 대성당natural cathedral에 대해 동일한 비극적 상실감을 느끼지 않는 걸까? 나를 포함한 우리 모두는 노트르담 대성당의 화재에 큰 충격을 받았는데, 그 이유는 역사적 상징물이 사라질 거라고 예상한 사람이 아무도 없었기 때문이다. 노트르담 대성당, 에펠탑, 빅벤Big Ben, 파르테논 신전 유적 등이 그 대표적 예인데, 이 상징물들은 불변하는 문화 경관의 일부다. 우리 모두는 으레 그것들이 거기에 있기를 기대한다. 하지만 이러한 아이콘이 위험에 처했을 때, 대부분의 사람들은 비로소 그것이 단순한 돌과 나무 이상의 것이라는 것을 깨닫는다. 이 장소들은 문명으로서 우리 정체성의 일부로, 세계적인 관광지이자 많은 사람들에게 신성한 헌신의 장소이기도 하다. 하지만 〈대자연〉으로 일컬어지는 자연 세계도 우리 정체성의 일부이자 존경받는 목적지, 성지일진대, 위험에 처했을 때 그에 준하는 대우를 받아야 하지 않을까?

사실, 우리에게는 휘황찬란한 성당 건물보다 숲이 더 필요하다. 자연이 없다면 먹을 수 있는 좋은 음식도, 마실 수 있는 안전한 물도, 숨 쉴 산소도 없으며, 심지어 비가 내리지 않는 경우도 많다. 인류가 걱정하는 모든 것, 우리가 의지하는 모든 것은 건강한 자연계를 기반으로 한다. 황폐화된 환경은 인류에게 영향을 미치는 모든 문제의 온상이다. 가봉의 환경부 장관인 내 친구 리 화이트는 나에게 「서아프리카의 콩고 분지 숲이 대륙 반대편에 있는 에티오피아의 산악 지대를 적시는 비를 만든다」고 말했다. 콩고 숲이 파괴되면 에티오피아에는 더 이상 물이나 식량이 공급되지 않는다. 2019년 기준으로 1억 2500만 명인 에티오피아 인구는, 2050년에는 두 배가 될 것으로 예상된다. 또한 이 고지대는 나일 강의 절반에 물을 공급한다. 수단과 이집트를 포함하면 1억 3800만 명의 인구가 추가된다. 우리는 이미 물과 식량이 없는 지역에서 일어나는 일들 — 폭동, 불안정, 정부 붕괴, 부유한 국가로의 대규모 이주 등 — 을 똑똑히 보았다.

북동부 아프리카의 안정과 번영은 가봉과 콩고의 야생 숲에서 시작되는데, 이는 〈비를 부르고〉 엄청난 양의 탄소 오염을 흡수하는 큰 나무, 큰 열매를 먹은 후 멀리 이동하여 씨앗을 배설하는 둥근귀코끼리와 롤런드고릴라,* 최근 사물권을 분해하여 영양분으로 바꾸는 곤충과 벌레와 균류 덕분이다(이 영양분은 뿌리에 흡수된 다음, 증산작용을 통해 물과 함께 나무 위로 이동한다). 이 기적 같은 상호작용의 그물망은 너무 복잡해서, 우리의 재현을 불허한다. 수백만 종의 미생물, 균류, 식물, 동물이 개별적인 상호작용 — 경쟁, 포식, 촉진, 공생 — 을 수행하며, (생

* lowland gorilla. 고릴라의 세 아종(亞種) 중에서 마운틴고릴라를 제외한 종을 일컫는 명칭이다.

태적 천이 경로를 따라 진행하는) 시간과 (다양한 성숙 상태에 있는 하위 생태계들이 어우러져, 〈생태 커뮤니티〉라는 경이로운 모자이크를 빚어내는) 공간의 흐름에 따라 자가조립 시스템self-assembling system을 형성해 나간다.

야생이 바로크적 영광을 그대로 간직하고 있는 것은, 지구의 생명사를 통틀어 성능이 입증되었기 때문이다. 제대로 작동하지 않는 모든 상호작용은 더 이상 존재하지 않으며, 거대한 퍼즐에 맞는 조각만 남아 있다. 하지만 아이러니한 것은, 우리의 존재를 좌우하는 모든 종의 운명이 우리 손에 달려 있다는 것이다. 게다가 우리는 공룡을 멸종시킨 소행성에 버금가는 속도로 그들을 지구에서 몰아내고 있다. 어쩌면 우리의 파괴력이 소행성을 능가할지도 모른다. 하지만 우리는 여전히 우리 자신과 자연 세계를 구할 수 있다.

그러나 어떤 사람들은 이렇게 말할 것이다. 「2050년이 되면 90억 명의 인구를 먹여 살려야 하지 않나요? 우리가 지금 해야 할 일은, 비생산적인 숲이나 초원을 모두 풀가동하는 거라고요!」 이 대목에서, 우리는 또다시 〈생산과 보호 사이의 갈등〉에 직면한다. 단기적인 욕구와 필요로 인해, 식량 생산이 자연 생태계 보존보다 우선시되고 있는 것이다. 농업, 임업, 그 밖의 토지 이용은 육지의 생물 다양성을 감소시키는 주요 원인이며, (더 많은 담수를 사용하고, 강과 바다를 오염시키며, 전 세계 온실가스 배출의 24퍼센트를 차지하는) 인간 활동의 핵심 구성 요소다. 만약 우리가 경로를 변경하지 않는다면 경제가 (우리의 삶을 유지해 주는) 온전한 생태계를 잠식할 것이 뻔하므로, 지구의 지속 가능성에 대한 전망은 암울하기 짝이 없다.

그러나 〈음식을 섭취하는 방식〉과 〈땅과 바다를 경작하는 방식〉에 대해 조금만 더 현명해지면, 우리는 농업이나 어업의 탄소발자국carbon footprint을 늘리지 않고도 〈건강한 지구〉와 〈건강한 식량 공급〉이라는 두 마리의 토끼를 모두 잡을 수 있다. 그게 어떻게 가능할까?

첫째, 우리는 이미 100억 명이 먹을 수 있는 식량을 생산하고 있다. 그런데 그중 3분의 1이 밭에서 식탁까지 오는 과정에서 낭비되고 있는 실정이다. 전 세계적으로 손실되는 식량의 경제적 가치는 매년 1조 달러에 이른다. UN 식량 농업 기구(FAO)에 따르면, 이렇게 낭비되는 식량으로 매년 20억 명의 사람들을 먹여 살릴 수 있는 것으로 추정된다. 게다가 식량 손실 및 낭비가 모두 한 나라에 귀속된다고 가정한다면, 그 나라는 중국과 미국에 이어 세계에서 세 번째로 큰 온실가스 배출국이 될 것이다.

특히 공급망의 마지막 단계에서 폐기물이 많이 발생하는 곳 — 북미, 유럽, 그리고 아시아의 산업화된 국가 — 의 경우, 이러한 낭비의 상당 부분을 제거할 수 있다. 구체적인 방법이 뭐냐고? 과잉 구매를 삼가고, 1인분 양(이 중 상당 부분이 남아서 폐기됨)을 하향 조정하며, 테이크아웃 주문 횟수를 줄이는 것이다. (세 번째 방법의 경우, 식품 자체뿐만 아니라 식품 용기의 낭비도 줄일 수 있다. 2019년 중국에서는 테이크아웃 점심으로 인해 매일 600만 개의 식품 용기가 버려졌다.) 이 세 가지 방법은 낭비도 줄이고 허리 라인도 날씬하게 만드는 묘책인 것 같다. 덤으로, 우리는 〈모양은 완벽하나 맛은 별로인〉 상품 — 북반구의 슈퍼마켓을 가득 메운 상품들이 대체로 이렇다 — 을 선호하는 대신, 과일과 채소의 참맛을 음미하는 법을 배울 수 있다.

관점을 바꿔, 상품이 소비자에게 도달하기도 전에(심지어, 종종 농장에 가까운 곳에서) 식품 손실이 발생하는 경향이 있는 곳 — 저개발 국가 — 에서는 다른 노력이 필요할 것이다. 이런 경우에는 〈저장 및 냉장 시설〉과 〈효율적인 유통 시스템 및 시장〉에 대한 투자가 해결책에 기여할 것이다.

둘째, 식단을 조금만 바꾸면 탄소발자국과 온실가스 배출량을 획기적으로 줄일 수 있다. 현재 전 세계 농작물의 3분이 1이 동물 사료로 사용되고 있다. 동물 사료는 인간을 거치지 않고 가축의 입으로 직행하는 식량이다. 산업화된 소고기는 사육 효율이 가장 낮은 식품이다. 일반적으로 뼈 없는 식용 소고기 1킬로그램을 생산하려면 30킬로그램의 곡물이 필요하다. 또한 소는 이산화탄소보다 25배나 강력한 온실가스인 메탄가스를 가장 많이 배출한다. 미국에서는 소를 중심으로 한 축산업이 국토의 41퍼센트라는 놀라운 비율을 차지하며, 대부분의 땅은 방목에 사용된다. 2018년의 한 연구에 따르면, 축산업은 전 세계 농경지의 80퍼센트를 차지하지만 우리가 섭취하는 칼로리의 18퍼센트만 제공한다. 이것이 의미하는 것은, 이전의 초원과 대초원이 (탄소를 적게 저장하고, 소의 트림과 방귀를 통해 다량의 메탄을 생성하며, 다른 모든 생태계가 제공하는 혜택을 제공하지 못하는) 방목지로 전환됐다는 것이다.

그러므로 〈반(半)채식주의자〉* 식단으로 전환하여 주로 식물을 섭취하고 간헐적으로 육류를 섭취한다면, 단백질을 포함하여 인체에 필요한 모든 영양소를 공급하고 건강을 향상시킬 수 있다. 〈소고기→가금류〉라는 작은 변화도 상당한 메리트가 있다. 그리고 매우 중요한 것은, 이와 같은 식단 변화가 식량 생산의 환경적 영향을 줄일 수 있다는 것이다. 즉, 농업의 탄소발자국을 현재 수준으로 유지하면서, 칼로리 생산을 50퍼센트 증가시킴과 동시에 온실가스 배출량을 줄일 수 있다. 더 이상 식량 생산에 사용되지 않는 땅은 자연 초원으로 복원될 수 있다. 그

* flexitarian. 〈융통성 있는flexible〉과 〈채식주의자vegetarian〉의 합성어로, 채식을 위주로 하되 가끔 육류나 해산물 등도 섭취하는 사람을 말한다.

리고 삼림 벌채를 늦추거나 중단하고, 농업에 필요한 담수의 양을 줄일 수 있다.

셋째, 식량을 보다 효율적으로 생산할 수 있는 다양한 방법을 찾을 수 있다. 대규모 단일재배 농업의 폐해는 특히 심각하다. 정부의 막대한 보조금을 받는 산업형 농업은 살충제, 살균제, 과도한 비료로 토양을 오염시킨다. 경이로운 미세 생태계micro-ecosystem를 가진 건강한 토양은 건강을 잃고 결국 숨을 거두게 된다. 산업형 농업은 건조한 지역에 관개(灌漑)함으로써 담수를 남용하고, 자연이 보충할 수 있는 속도보다 훨씬 더 빨리 대수층*을 고갈시킨다. 잦은 경작으로 토양이 갈라지고 자연적 구조가 파괴되어, 함수(含水) 능력이 감소하고 비옥한 토양이 유실된다. 전 세계적으로 매년 240억 톤의 토양이 지표면 유출surface runoff로 인해 유실되고 있다. 피부에 와닿게 설명하자면, 우리는 매년 1인당 3.4톤 — 부피로 환산하면 2세제곱미터 — 의 토양을 잃고 있는 것이다. 그리고 그 토양에 뿌려진 비료와 기타 농약은 궁극적으로 바다로 흘러들어가, 대부분의 생명체를 질식시키는 〈죽음의 해역〉을 만든다(7장 참조). 지구상에는 이미 500개의 죽음의 해역이 존재하며, 그 규모와 수는 계속 증가하고 있다.

이러한 불길한 추세를 역전시키기 위해, 우리는 식량 생산에 대한 보존 및 복원 접근 방식conservation and restoration approach인 재생 농업으로 전환할 수 있다. 여러 가지 방법이 있지만, 경작을 줄이고, 피복작물**을 심고, 작물을 돌려 심고, 합성 비료 대신 농장 폐기물 — 퇴비 — 을 사용하는 등의 방법을 통해 토양을 재생할 수 있다. 이것들은 원래 오래된 관

* aquifer. 지하수를 품고 있는 지층.

** cover crop. 토양을 비료의 유출 및 침식으로부터 막기 위하여 과수 사이 또는 계절적 작물 사이에 재배하는 작물을 말한다.

행이었지만, 인류가 산업 및 화학 농업으로 전환하면서 사라졌다. 이러한 관행으로 복귀하면, 표토(表土)를 재생하고 생물 다양성을 증가시킴으로써 생산성을 높이고 자연 해충을 방제하며 물 낭비를 줄이는 데 성공할 수 있다. 핵심 요소는, 토양의 건강을 개선하여 비옥도를 높일 뿐만 아니라 (더 많은 물을 보유하고, 대수층을 재충전하고, 토양 침식을 줄이며, 다량의 탄소를 포집하는) 복잡한 지하 생태계로 되돌리는 것이다. 연구에 따르면, 전 세계적인 재생 농업으로의 전환global shift to regenerative agriculture은 우리가 대기로 배출하는 탄소 오염의 상당 부분을 격리하여 기후변화를 완화하는 데 기여할 것이다.

넷째, 바다에서는 〈살아 있는 바이오매스의 과잉 채취로 인한 생물 다양성 손실〉이라는 고질적 문제를 해결해야 한다. 우리의 최근 연구에 따르면, 완전한 보호 구역의 파급 효과 덕분에 어업 생산성을 높이면서 훨씬 더 많은 바다(최소한 30퍼센트)를 보호하는 것이 가능하다. 또한 몇 가지 조치를 통해, 비보호 해역에서도 어업을 지속 가능한 방식으로 관리할 수 있다. 현재의 상황을 간단히 정의하면, 〈너무 많은 어선이 너무 적은 물고기를 쫓고 있다〉는 것이다. 이와 관련하여, 세계은행 보고서는 어획 노력을 40퍼센트 줄이면 어업의 효율성과 수익성을 모두 높일 수 있다고 제안했다.

많은 바다에서 남획을 초래하는 개방형 접근 체제open access regime에서 권리 기반 어업rights-based fishery으로 전환하여, 남획을 자제하고 어획량 제한을 준수하는 어민들에게 기득권을 부여해야 한다. 과잉 생산과 남획을 영속화하는 보조금은 폐지되어야 한다. 이렇게 하면 전 세계적으로 연간 350억 달러 이상의 비용을 절감할 수 있으며, 절감된 비용은 각국의 수역 내 영세 어업을 복원하는 데 사용될 수 있다. 우리는 또한 더 나은 양식업이 필요하다. 현재의 양식업은 도입된 양식 어종introduced farmed species을 통해 연안 환경을 오염시키고, 질병을 확산시키며, 지역의 어류 개체군을 고갈시키는 등 엄청난 부정적인 영향을 미치고 있다. 그러므로 양식업자들은 어류의 사료 의존도를 낮추고, 해조류와 여과섭식자(예: 홍합 및 굴)의 생산을 늘리고, 해양 환경 오염을 방지하기 위해 해조류와 여과섭식자의 생산 주기production cycle를 단축해야 한다. 최근 연구에서, 현재 야생 어업의 총 어획량은 전 세계 해양 면적의 0.015퍼센트 미만을 사용하는 양식업으로 완전히 대체될 수 있는 것으로 나타났다.*

마지막으로, 지구 온난화(완곡한 표현으로 〈기후변화〉)는 종에서 생태계에 이르기까지 생물 다양성에 대한 가장 큰 위협이다. 기온 상승이 육지와 바다의 생명체에 미치는 영향에 대해서는, 이미 많은 논의가 이루어졌다. 2019년 내 친구 톰 러브조이Tom Lovejoy가 편집한 『생물 다양성과 기후변화: 생물권의 변화*Biodiversity and Climate Change: Transforming the Biosphere*』는 훌륭한 자료다.

한 가지 예를 들면, 미래에는 많은 종들이 고온을 견디지 못해, 더위를 피하기 위해 더 높은 고도와 위도로 이동하게 될 것이다. 이것은 이론이 아니라, 이미 일어나고 있는 일이다. 기온이 상승함에 따라 새, 포유류, 심지어 나무까지 산 위로 더 높이 이동하고 있으며, 물고기는 열대 바다에서 더 차가운 바다로 이동하고 있다. 하지만 산꼭대기나 북극에 사는 종들은 서식지가 뜨거워지면서 갈 곳이 없어질 테니, 많은 종들이 멸종하게 될 것이다. 종들이 이동함에 따라 그들이 형성하는 생태계도 변화할 것이다. 우리는 이미 매우 빠르게 진행되는 — 어느 정도

* 믿기지 않는 독자들은 권말의 참고 자료 중 14장의 두 번째 문헌과 https://theconversation.com/how-a-tiny-portion-of-the-worlds-oceans-could-help-meet-global-seafood-demand-82680을 참고하라.

냐 하면, 현재의 생태계가 스스로 조립하고 진화하는 데 걸리는 속도보다 훨씬 더 빠르다 — 전 지구적인 생물권의 변화를 목도하고 있다. 이로 인해 복잡한 생태계의 능력(우리가 즐기는 모든 서비스를 제공하고, 현재의 지속적인 기후변화 속에서 회복력을 발휘할 수 있음)이 감소하고 있다.

주어진 생태계의 종들이 허용 한계tolerance limit 이상의 온도에 거의 동시에 반응하기 때문에, 향후 생태계 구조의 변화는 갑작스러울 가능성이 높다. 2020년의 한 연구에 따르면, 〈산업화 이전 대비 4도의 온난화〉를 향한 현재의 추세가 계속될 경우, 이런 갑작스러운 변화가 열대 바다에서는 2030년 이전, 열대림과 고위도 지역에서는 2050년에 시작될 것으로 예상된다. 기온에는 경계가 없으므로, 보호 구역과 비보호 지역이 받는 영향은 동등할 것이다. 따라서 화석연료 사용을 단계적으로 줄이며 탄소 중립 사회carbon-neutral society로 전환하는 것은, 생명 유지 시스템의 안정성과 회복력을 유지하기 위한 필수 조건이다.

물론, 어떤 사람들은 〈비용이 너무 많이 들어서 그런 변화를 감당할 수 없다〉고 말할 것이다. 그것은 〈내 몸 하나 건사할 여유가 없다〉고 말하는 것이나 마찬가지다. 빙산에 부딪힌 후 타이태닉호 카지노에서 가능한 한 많은 돈을 벌려고 애쓰는 사람이 아닌 한, 변화의 필요성에 대해 왈가왈부하는 것조차 터무니없는 일이다.

이 문제는 2006년 세계은행 수석 경제학자였던 니콜라스 스턴 경Lord Nicholas Stern이 영국 재무부를 위해 수행한 스턴 검토Stern review를 통해 명쾌히 설명되었다. 스턴은 〈기후변화에 대응하는 비용〉과 〈아무것도 하지 않을 경우의 비용〉을 비교했다. 비교 결과, 기후변화에 신속히 대응할 경우 GDP의 1~2퍼센트를 지출하면 되지만, 차일피일 미루다

보면 나중에 최소한 5퍼센트를 지출하게 되는 것으로 나타났다. 한마디로 〈호미로 막을 것을 가래로 막게 된다〉는 것인데, 그의 분석의 타당성은 그 이후로 널리 인정받았다. 많은 국가들이 GDP의 2퍼센트를 국방비로 지출하고 있다는 점을 명심하라. 만약 기후변화에 대처하는 데 드는 비용(GDP의 1~2퍼센트)을 아낀다면, 현재의 경제 시스템은 기후변화의 공격을 감당할 수 없게 될 것이다.

〈자연을 지금보다 더 많이 보호하는 것은 불가능하다〉고 주장하는 사람들은 〈인류의 필요와 자연의 필요 사이에 균형이 필요하다〉고 말한다. 현재 상황이 불균형한 것은 사실이지만, 저울은 자연이 아니라 인간, 특히 경제적 이익을 위해 자연을 과도하게 착취하는 사람들 쪽으로 기울어져 있다. 그들이 선호하는 경제 성장은 〈생물 다양성 파괴〉와 〈화석연료의 과도한 사용〉에 기반을 두고 있으며, 우리는 〈경제 성장이 사람들의 삶의 질 향상과 행복 증진보다 우월하다〉는 말을 귀에 못이 박히도록 들어 왔다. 브리티시컬럼비아 대학교의 내 친구 대니얼 폴리가 말한 것처럼, 그들은 마치 폰지 사기꾼처럼 지구를 운영하고 있다. 폰지 사기꾼은 〈투자자 2〉의 자본을 〈투자자 1〉에게 지불하고 수익금을 지불한 것처럼 가장한 다음, 〈투자자 2〉에게 수익금을 지불하기 위해 〈투자자 3〉을 찾아야 한다. 그러나 폰지 사기는 〈속아 넘어갈 새로운 투자자〉가 존재하는 동안에만 작동한다. 피라미드가 너무 커져서 새로운 투자자를 더 이상 끌어들일 수 없게 되면, 전체 구조가 무너지기 때문이다. 우리의 땅과 바다도 마찬가지다. 〈파괴할 숲〉과 〈고갈될 어장〉이 점점 줄어들고 있다. 하지만 이러한 성장 기반 구조growth-based construct가 지속 가능하지 않다는 것을 깨닫기 위해 마지막 자원까지 탕진할 필요는 없다. 소비는 계속 증가하지만, 지구와 그 안의 다른 생물들의 개체 수는 그렇지 않다. 지금이야말로 우리가 자연 곳곳의 형제자매들에게 입힌 피해를 복구하고, 그들에게 더 많은 공간을 제공함으로써 힐링할 수 있도록 하며, 그 과정에서 우리 자신도 힐링할 때다.

그렇다면 우리 삶에 절실히 필요한 야생을 보존하기 위해, 우리는 무엇을 해야 할까? 연구에 따르면, 지구상의 대부분의 생물을 보호하고 자연으로부터 최대한의 혜택을 얻으려면 지구의 절반을 보호해야 한다고 한다. 하지만 우리는 아직 그 목표에 한참 못 미치고 있다.

현재까지 지구상의 육지는 15퍼센트만 보호되고 있으며, 바다는 7퍼센트만이 보호 구역으로 지정되었거나 지정될 예정이다. 아직 갈 길이 멀지만 가능성은 열려 있다. 일부 국가는 이미 국토의 상당 부분(예: 부탄은 60퍼센트, 베네수엘라는 54퍼센트)을 보호하고 있다. 그리고 다른 나라들은 이미 영해(領海)의 상당 부분(예: 팔라우는 80퍼센트, 칠레는 42퍼센트, 니우에는 40퍼센트, 영국은 30퍼센트, 세이셸은 30퍼센트, 가봉은 28퍼센트)을 보호하고 있다. 이들 국가는 자연이 생존하고 번성할 수 있는 공간을 더 많이 만드는 데 앞장서고 있다.

2021년 세계 각국은 UN 생물 다양성 협약Convention on Biological Diversity(CBD)의 후원으로 모임을 갖고, 〈자연계에 얼마나 많은 공간을 기꺼이 제공할 것인지〉를 결정할 예정이다.* 내셔널지오그래픽 소사이어티는 자연을 위한 위스 캠페인Wyss Campaign for Nature의 동료들과 함께 〈2030년까지 지구의 최소한 30퍼센트 — 육지와 바다 — 를 보호한다〉는 글로벌 목표를 추진해 왔으며, 이를 (지구의 절반을 보호하여 자연 상태의 건강과 생산성을 되찾을 수 있는) 이정표로 제안했다. 우리는 2030년까지 30퍼센트를 보호하는 것이 최소한의 목표이며, 더 이상 타협할 수 없는 마지노선이라고 믿는다. 내가 이 글을 쓰는 동안 주요

* CBD의 공식 발표문을 살펴보면 〈육지와 바다를 포함하여 최소한 30퍼센트를 보호한다〉라고 적혀 있다. https://www.cbd.int/doc/press/2021/pr-2021-07-12-gbf-en.pdf

국가들은 코스타리카와 프랑스 정부를 의장으로 하는 자연과 사람을 위한 높은 야망 연합High Ambition Coalition for Nature and People을 결성하여, 〈2030년까지 30퍼센트〉를 CBD 회의 결의안으로 채택하려고 노력하고 있다. 최근 전 세계를 대상으로 실시된 설문 조사에 따르면, 사람들은 〈우리가 이미 지구의 30퍼센트를 보호하고 있다고 믿으며, 더 나아가 지구의 절반이 보호되는 것을 보고 싶다〉는 열망을 압도적으로 표명했다. 과학적·경제적 근거가 명확하고 주요 정부가 시급성을 인식하고 발빠르게 대응하고 있으며, 사람들은 이를 요구하고 있다.

알도 레오폴드Aldo Leopold는 1949년 발간한 『모래 군(郡)의 열두 달*A sand county almanac*』에서, 〈공동체의 경계를 토양, 물, 식물, 동물, 또는 총칭하여 《땅》을 포함하도록 확장한다〉는 내용의 토지 윤리land ethic를 제시했다. 이제 우리는 공동체가 육지, 바다, 심지어 대기까지 포함하는 전체 생물권을 포괄한다는 것을 알고 있다. 하지만 이것만으로는 불충분하다. 이 책을 통해 자연의 본성에 대해 충분히 배웠으니만큼, 독자들은 지금쯤 〈인간을 포함하여 지구상의 모든 생명체는 서식지와 무관하게 복잡하고 불가분한 방식으로 서로 연결되어 있다〉는 것을 잘 알고 있을 것이다. 그러니 이제 우리는 토지 윤리를 넘어 행성 윤리planetary ethic로 나아가야 한다. 우리 모두는 우주에서 지구를 내려다본 우주 비행사들이 경험한 〈조망 효과〉를 떠올리며, 〈우리의 행동이 가장 가까운 소셜 네트워크에만 적용되는 일련의 윤리에 기반하는 것은 이치에 맞지 않으며, 우리 자신을 자연계 전체와 상호 연결되고 의존하며 책임지는 통합된 전체integrated whole의 일부로 보아야 한다〉는 것을 이해해야 한다. 이것은 우리의 도덕적 의무moral imperative다.

이것은 지구가 태양 주위를 도는 것이 아니라 그 반대라는 사실을 발견한 것만큼이나 혁명적인 변화가 될 것이다. 행성 윤리는 인간으로 하여금 자칭 세계의 중심self-proclaimed center of the world에서 벗어나 더 큰 생물권greater biosphere의 겸손하고 존중하는 구성원humble and respectful membership으로 거듭나게 한다. 그것은 우리를 〈자연계 위〉에서 〈자연계 안〉으로 이동시킨다. 우리는 지능이 더 높기 때문에 더 많은 책임을 지고 있지만, 그렇다고 해서 모든 생물을 지배한다고 생각하면 큰 오산이다. 지금은 우리의 지성intelligence과 공감compassion을 사용하여, 다른 모든 생물의 존재할 권리를 보호해야 할 때다. 그에 대한 진정한 보상은 금전이 아니라, 이 다양하고 아름다운 세상에서 우리가 누리는 경외감과 경이로움*이어야 한다.

* 올리버 색스Oliver Sacks는 이것을 〈엄청난 특권이자 모험〉이라고 했다. 〈무엇보다도 나는 이 아름다운 행성에서 지각 있는 존재이자 생각하는 동물로 살았다. 그것은 그 자체만으로도 엄청난 특권이자 모험이었다.〉 올리버 색스, 『고맙습니다』, 알마(2016).

# 맺는 글
# 코로나바이러스의 본성

이 책이 완전히 편집되어 인쇄소로 보내진 직후, 우리 세대에서 아무도 경험하지 못한 팬데믹으로 인해 전 세계가 큰 충격을 받았다. 신종 코로나바이러스 — SARS-CoV-2로 명명됨 — 로 인한 코로나19는 우리의 가속화된 생활방식accelerated lifestyle에 제동을 걸었다. 비행기는 운항을 중단하고, 술집과 레스토랑은 문을 닫았으며, 사람들은 〈외출하지 말고 집에 머물라〉는 지시를 받았다. 보이지 않는 적invisible enemy이 모든 국가에 침입하면서, 역사적으로 군사적 행동에 의해 그어졌던 국가 간의 경계는 그 의미를 상실했다. 이제 탱크나 미사일 대신 침 몇 방울이나 기침이 세계의 강대국과 그 경제를 위협하고 있다. 2019년 말 중국 우한(武汉)의 〈재래시장wet market〉— 최근 도축된 고기와 살아 있는 야생 동물이 식용 및 약용으로 판매되는 곳 — 에서 야생 동물을 통해 인간에게 전염된 것으로 보이는 작은 바이러스로 인해 전 세계가 멈춰 섰다. 단백질 보호막 안에 있는 미세한 유전물질 한 가닥이 지구의 초핵심 포식자인 인간을 초라하게 만들었다.

슬픔의 첫 단계인 초기의 충격과 부인* 이후 수많은 의문이 떠올

* shock & denial. 스위스 출신의 미국 정신과 의사 퀴블러 로스E. Kübler Rose가 제안한

랐다. 바이러스가 어떻게 그리고 왜 야생 동물에서 인간으로 갈아탔을까? 이 바이러스의 근원은 어떤 동물일까? 이 팬데믹이 생태계에 대해 시사하는 바는 무엇일까? 다음 팬데믹을 방지하기 위해 무엇을 할 수 있을까? 슬픔의 마지막 단계인 수용acceptance은 〈우리가 왜 여기까지 왔는지〉, 그리고 〈우리가 무엇을 할 수 있는지〉에 대한 깊은 이해와 함께 이루어져야 한다. 이에 대한 설명은 이 책 전체에 함축되어 있지만, 집필을 시작했을 때 예상치 못한 상황으로 인해 이 장(章)을 추가할 수밖에 없었다. 아이러니하면서도 비극적으로, 이 장은 생물 다양성이 인간의 건강, 그리고 궁극적으로는 인류의 생존에 왜 필요한지에 대한 가장 강력한 논거를 제시할 것이다.

팬데믹의 기원부터 시작하자. 내가 이 글을 쓰고 있는 시점에서 인정된 최고의 과학적 사고는 〈신종 코로나바이러스가 관박쥐horseshoe bat에서 기원했다〉고 추정하는 것이다. 사실, 박쥐가 치명적인 바이러스의 근원으로 지목된 것은 이번이 처음이 아니다. 지금은 악명 높은 코로나19 바이러스의 근원이지만, 과거에는 사스SARS(중증급성호흡기증후군), 메르스MERS(중동호흡기증후군), 에볼라, 광견병 바이러스의 근원이었는데, 이 바이러스들의 공통점은 〈인수공통zoonotic〉 바이러스 — 다른 동물에서 인간으로 전염되는 바이러스 — 라는 것이다. 그런데 바이러스가 어떻게 박쥐에서 인간으로 옮겨졌을까?

바이러스는 변이를 일으키고 자신의 유전물질을 숙주의 유전물질과 혼합함으로써 빠르게 진화할 수 있으며, 이 때문에 숙주의 병원체 퇴치 능력pathogen-fighting ability을 압도하는 경향이 있다. 박쥐는 이러한 바

죽음의 5단계(충격과 부인shock & denial → 분노anger → 타협bargaining → 우울depression → 수용acceptance)를 원용한 것이다. 죽음의 5단계란, 사람이 죽음을 선고받고 나서 이를 받아들이기까지의 과정을 5단계로 구분한 것이다.

이러스의 저장소reservoir로 간주되지만, 이 작은 날짐승은 강력한 면역계를 가지고 있다. 박쥐는 바이러스와 싸우면서 침, 오줌, 똥으로 바이러스를 배출하는데, 이것은 바이러스가 옮길 수 있는 질병을 극복하는 박쥐의 자연스러운 방법의 일부다.

박쥐 바이러스는 인간에게 위협이 되기 전에 중간숙주intermediate host — 일종의 디딤돌 — 를 통해 변이를 일으킬 필요가 있는 것 같다. 연구원들은 SARS-CoV-2의 유전체 염기서열을 분석하여, 박쥐에서 기원한 다른 베타코로나바이러스betacoronavirus와 밀접한 관련이 있음을 발견했다. 두 바이러스의 유전적 염기서열 차이를 감안하여, 연구자들은 이 글을 쓰는 시점에서 사용할 수 있는 최고의 과학적 증거를 기반으로 〈SARS-CoV-2에 대한 박쥐와 인간 사이의 중간숙주는 말레이천산갑Malayan pangolin일 가능성이 높다〉라고 추측하고 있다.* 천산갑은 쉽게 말해서 〈비늘로 뒤덮인 개미핥기〉로, 세계에서 가장 불법적으로 거래되는 포유류다. 왜냐하면, 고기를 먹거나 〈비늘에 약효가 있다〉고 믿는 사람들이 탐을 내며 킬로그램당 최대 3,000달러를 지불하기 때문이다. 이제 유전자 연구를 통해, 천산갑이 〈박쥐 바이러스가 인간 세계에 침입하는 통로〉 역할을 했다는 사실이 밝혀지고 있다.

1999년, 나는 보르네오의 고만통 동굴Gomantong Caves을 방문했다. 거대한 동굴에 들어서자마자 매캐한 냄새가 코를 찔렀다. 그것은 수십 년 동안 25만 마리 이상의 박쥐가 만들어 낸 구아노guano — 똥 — 냄새였다. 구아노는 바닥에 부드러운 카펫처럼 쌓여 있었는데, 그 두께가 얼마나

* 최근에는 너구리가 천산갑을 제치고 가장 유력한 용의자로 떠오르고 있지만, 다른 동물이 중간숙주일 가능성도 배제할 수는 없다. https://www.nature.com/articles/d41586-025-00426-3

될지는 아무도 짐작조차 할 수 없었다. 게다가 매일 수십만 마리의 박쥐가 먹이 사냥을 위해 동굴을 빠져나가 정글 전역에 배설물을 쏟아붓는다. 개미나 흰개미를 찾아 헤매는 작은 천산갑 한 마리가, 정글 속에서 박쥐의 배설물을 밟거나 그 냄새를 맡는다고 상상해 보라. 천산갑이 야생에서 박쥐 바이러스에 감염되는 이유를 짐작하고도 남음이 있을 것이다.

또는 중간숙주 — 천산갑이나 산 채로 포획된 다른 불운한 동물 — 가 박쥐와 함께 판매되는 시장에서 박쥐로부터 바이러스에 감염됐을 수도 있다. 최근의 또 다른 코로나바이러스 매개 호흡기 질환coronavirus-borne respiratory disease인 악명 높은 사스도 팜시벳*이 판매되는 중국 시장에서 발생한 것으로 보인다.

사향고양이는 고양이과 포유동물로, 짧은 다리와 긴 꼬리, 때로는 아름다운 얼룩무늬와 너구리 같은 안면 마스크를 가지고 있어 산적처럼 보이기도 한다. 팜시벳은 박쥐로부터 사스 코로나바이러스에 감염된 것으로 보인다. 팜시벳과 천산갑 같은 동물은 아프리카나 아시아의 열대우림에서 포획되어, 때로는 수천 킬로미터 떨어진 재래시장으로 산 채로 운반된 후, 다른 많은 종과 접촉하는 밀집한 환경에서 사육된다. 위대한 자연 작가인 내 친구 데이비드 쿼먼David Quammen은 2003년 사스 팬데믹 이후 중국의 재래시장 중 한 곳을 방문하여 이렇게 말했다. 「애완용이 아닌 식용으로 포획된 온갖 종류의 야생 조류가 엄청나게 많은데, 모두 얽히고설킨 채 갇혀 있고, 물과 피가 흐르는 매우 비위생적인 환경에서 도축되고 있다.」

이러한 동물들이 도대체 무슨 방법으로 사람에게 바이러스를 옮길

* palm civet. 식육목 사향고양이과의 포유동물로, 말레이사향고양이Asian palm civet라고도 한다.

까? 상인이 판매 과정에서 동물을 만질 수 있다. 고객이 구입 과정에서 동물을 만질 수도 있다. 동물이 사람을 깨물 수도 있다. 시장 청소부가 동물의 피와 접촉할 수도 있다. 도축되거나 시장 안팎으로 운반되는 동물의 오줌이나 피가 사람들에게 뿌려질 수도 있는데, 이 사람들이 다른 사람과 악수하거나 얼굴을 만질 수도 있다. 또는 동물이 누군가의 저녁 식사가 될 수도 있다. 이러한 시장에서 동물(중간숙주)에게서 옮은 바이러스가 인간 사이에서 전파되다가, 〈혼잡한 도시〉와 〈국경을 넘나드는 사회〉를 거쳐 전 세계로 확산되는 것은 시간문제다.

사람들은 수천 년 동안 야생 동물과의 접촉을 통해 유해한 바이러스와 세균에 감염되었다. 541~542년에 최대 1억 명의 생명을 앗아간 유스티니아누스 전염병Justinian plague이나 1347~1352년에 유럽 인구의 3분의 1을 감소시킨 흑사병과 같이, 과거에는 쥐와 벼룩으로 인한 전염병이 수백만 명의 죽음을 초래했다. 쥐들은 중세 유럽의 인간 정착지 주변의 열악한 환경에 매우 잘 적응하여 크게 번성했다.

2020년의 연구에서, 연구진은 〈인수공통 바이러스를 옮기는 종의 풍부함〉과 〈바이러스가 인간에게 확산될 가능성〉 사이의 상관관계를 조사했다. 그들은 과학 문헌을 샅샅이 뒤져 142종의 인수공통 바이러스에 대한 데이터를 수집한 결과, 설치류, 영장류, 박쥐가 다른 종보다 더 많이 인수공통 바이러스를 보유하고 있다는 사실을 발견했다. 사실, 이 그룹은 현재까지 기술된 인수공통 바이러스 중 76퍼센트의 숙주 역할을 했다. 연구원들은 또한, 인간이 지배하는 환경에 적응하여 개체 수가 증가한 동물 — 이를테면 중세 유럽의 쥐 — 의 경우 인간에게 바이러스를 옮길 위험이 가장 높다는 사실을 발견했다.

그런데 인간이 야생 서식지를 잠식함에 따라 동물이 인간과 상호작용할 가능성이 더 높아졌다. 예컨대 우간다의 경우, 인구 증가로 인해 숲에 더 가까운 곳에 있는 농장을 경작하면서, 농업과 성숙한 생태계 사이의 비대칭적인 경계가 허물어지고 긴장감이 고조되고 있다. 예를 들어 침팬지의 서식지인 키발레 국립공원Kibale National Park의 숲을 개간하는 것도 이러한 과정에 포함된다.

침팬지는 고도로 지능적인 종이며 우리와 가장 가까운 친척이기 때문에 농장에서 재배되는 옥수수의 유혹을 뿌리치지 못하는데, 일부는 공원 안에서도 마찬가지다. 침팬지들은 야간 습격을 감행하지만 인간과의 접촉은 불가피하다. 침팬지뿐만 아니라 다른 영장류도 간혹 인간과 접촉한다. 키발레 주변 지역 주민들과의 인터뷰에서, 한 소년이 콜로부스원숭이colobus monkey에게 물렸고 한 여성이 옥수수밭에서 버빗원숭이vervet monkey의 시체를 옮겼다는 사실이 밝혀졌다. 인간이 야생 영장류의 자연 서식지로 진출함에 따라 물, 음식, 영토를 둘러싼 경쟁이 일어난다. 인간이 끊임없이 자연으로 진출하는 과정에서, 야생 동물과의 갈등과 신체적 접촉을 피하는 것은 사실상 불가능하다.

농장은 숲을 침범하고, 벌목꾼과 광부는 자연 그대로의 생태계를 파괴한다. 우리는 농작물과 가축을 위해 숲을 벌목하고, 도시 개발을 위해 습지를 매립하고, 댐을 건설함으로써 계곡을 범람시킨다. 사냥꾼은 식량을 얻기 위해 외딴 숲으로 모험을 떠나고, 밀렵꾼은 고기를 먹기 위해 야생 동물을 죽이거나 불법 야생 동물 거래를 위해 덫을 놓는다. 광부들은 콩고 분지의 열대우림으로 모험을 떠나, 희귀 광물인 콜탄coltan — 당신과 내가 주머니에 넣고 다니는 휴대전화의 핵심 구성 요소 — 을 채굴한다. 한때 야생이었던 곳에 더 깊숙이 밀고 들어감에 따라, 우리는 생태계를 교란할 뿐만 아니라 그곳에 서식하는 동물들에게도 스트레스를 준다. 스트레스를 받거나 감염된 동물과 접촉하는 사람이 많아질수록, 면역력이 없는 새로운 질병에 노출될 가능성이 높아진다.

오늘날에는, 심지어 부시미트bush meat — 육상 야생 동물의 고기 — 를 거의 먹지 않고 동물성 생약을 판매하지 않는 온대 국가에서도 완벽한 전염병 온상이 형성되고 있다. 우리 집에서 가까운 미국 동부 숲의 경우, 1500년대 후반부터 시작된 영국 정착민들의 대규모 삼림 벌채 이후 다시 회복되고 있다. 하지만 아직 돌아오지 않고 있는 것이 하나 있는데, 바로 회색늑대다. 그들은 수 세기 전 이 지역에서 사냥되어 생태적으로 멸종한 토종 핵심 포식자다. 이 최상위 포식자가 제거된 것은, 오늘날 인간의 건강에 궁극적인 결과를 초래한 영양단계 연쇄효과의 시작이었다.

미국 동부에서 늑대가 멸종한 후 코요테 개체 수가 증가했다. 그리고 늘어난 코요테가 붉은여우를 더 많이 잡아먹음에 따라 붉은여우의 개체 수가 감소세를 보였다. 붉은여우는 인간에게 라임병을 옮기는 진드기 유충의 중간숙주인 소형 설치류의 주요 포식자다. 그러므로 붉은여우가 줄어들면 설치류가 늘어나고, 설치류가 늘어나면 진드기가 늘어난다. 진드기가 늘어났다는 것은 〈더 많은 진드기가 사슴에게 뛰어오를 수 있다〉는 것을 의미하는데, 사슴의 주요 포식자인 회색늑대가 없어진 상황에서 진드기는 〈물 만난 고기〉나 마찬가지라고 할 수 있다. 그래서 사슴 개체 수 급증과 라임병 사이의 연관성이 제안되기도 했지만, 연구에 따르면 〈늑대(-)→코요테(+)→여우(-)→소형 설치류(+)〉라는 영양단계 연쇄효과로 인한 소형 설치류의 증가 때문에 라임병 발병률이 급증했을 가능성이 더 높다고 한다. 이 가설에 대한 경험적 증거 중 하나는, 사슴과 여우가 모두 풍부한 뉴욕 서부 지역에 라임병이 드물다는 것이다.

우리가 먹는 포유류 — 소, 돼지, 염소 — 는 어떨까? (참고로, 이들은 모든 육상 포유류 바이오매스의 60퍼센트를 차지한다.) 우리가 그들을 통해 질병에 걸릴 수 있을까? 대답은 〈예스〉다. 실제로 가축은 야생 포유류보다 8배나 많은 인수공통 전염병을 옮긴다. 가축은 수가 많고 사육 환경이 밀집되어 있기 때문에, 우리의 주요 동물성 식품 공급원은 우리의 건강을 위협하는 요인으로 대두되고 있다. 예컨대 2009년 멕시코에서는 신종플루바이러스(H1N1)가 돼지에서 인간으로 넘어와 지역적 발병을 초래한 후 급속히 확산되어 전 세계적인 팬데믹이 되었다. 연구원들은 이 바이러스가 북미의 돼지 바이러스swine virus — 새에서 돼지로 점프한 바이러스 — 와 유럽의 또 다른 돼지 바이러스가 혼합된 것임을 발견했다. 이 신종 바이러스는 인간에게 전염될 수 있는 능력을 개발할 때까지 10년 동안 멕시코 현지에 머물렀던 것으로 보인다.

지구의 70퍼센트를 차지하는 바닷속의 생물은 어떨까? 해양 생물에 대한 우리의 착취가 우리 자신의 건강마저 위협하고 있는 것은 아닐까? 나는 중앙 태평양에서 가장 외딴 섬을 탐험하는 동안 이 질문에 대한 답을 발견했다.

2005년, 나는 동료들과 함께 킹먼 환초Kingman Reef와 인근의 섬으로 첫 번째 탐사 여행을 떠났다. 킹먼은 라인 제도 — 적도를 가로질러 2,350킬로미터에 걸쳐 뻗어 있는 11개의 산호섬 무리 — 의 가장 북쪽에 위치한 섬으로, 호놀룰루에서 남쪽으로 1,700킬로미터 떨어진 곳에 있다. 몇 년 후 출범한 청정 바다 프로젝트의 모태가 된 첫 번째 탐험에서, 우리는 적도 북쪽에 자리잡은 4개의 섬을 방문했다. 그 섬들은 〈인간이 산호초에 미친 영향〉을 정량적으로 비교하기 위한 완벽한 자연 실험을 제공했다.

킹먼에는 사람이 살지 않았고, 바로 남쪽에 있는 팔미라Palmyra에는

20명의 직원이 연구 기지를 운영하며, 팔미라 환초 국립 야생 동물 보호 구역Palmyra Atoll National Wildlife Refuge을 관리하고 있었다. 더 남쪽에는 키리바시공화국의 일부인 테라이나Teraina(당시 900명 거주), 타부아에란Tabuaeran(2,500명), 키리티마티Kiritimati(5,000명)가 있었다. 이 4개의 섬은 매우 가까웠기 때문에 거의 동일한 해양학 및 기후 조건과 동식물군을 보유했고, 각 섬의 두드러지는 차이 — 자연 실험의 변수variable — 는 〈거주하는 사람의 수〉였다.

천재일우의 기회에 들뜬 나는 과학자들로 구성된 팀을 꾸려, 〈작은 것부터 큰 것까지 모든 것 — 바이러스, 세균, 해조류, 무척추동물, 어류 — 의 다양성과 풍부성〉을 평가하고 〈산호초 생태계가 인간의 교란에 따라 어떻게 변화하는지〉를 측정했다. 우리는 5주 동안 620회의 개인 다이빙을 실시하며, 가능한 한 모든 종의 개체 수와 바이오매스를 헤아리고 추정했다. 그 결과 우리가 발견한 사실은 명약관화했다. 즉, 수백 명의 낚시꾼만 있어도, 먹이그물이 상단에서부터 무참하게 잘라져 나가는 것으로 나타났다. 그리고 사람의 수가 〈0명〉에서 〈수천 명〉으로 증가함에 따라 산호초는 〈상어와 산호가 많은 곳〉에서 〈상어는 없지만 작은 물고기와 해초가 많은 곳〉으로 바뀌는 것으로 나타났다.

그러나 우리는 〈산호초에 서식하는 가장 작은 생물〉에 대해 미처 예상하지 못했던 또 다른 사실을 발견했다.

나는 사랑하는 친구 포레스트 로워Forest Rohwer를 탐사 여행에 초대한 것을 결코 후회하지 않을 것이다. 포레스트는 샌디에이고 주립대학교의 뛰어난 미생물학자로, 유전체학genomics 기술을 이용하여 바다의 바이러스와 세균을 연구한 최초의 인물 중 하나다. 2005년에 포레스트와 그의 소규모 팀은 라인 제도에서 바닷물을 채취하여, 인간의 수가 증가함에 따라 미생물의 양이 얼마나 달라지는지를 측정했다. 그 결과, 키리티마티(5,000명)의 물에서 킹먼(0명)보다 10배 많은 세균이 발견되었다.

인구 증가에 따라 미생물의 수가 증가한 것은 물론 세균의 종류도 극적으로 바뀌었다. 킹먼의 수정처럼 맑은 물에서는 미생물 수가 감소했을 뿐만 아니라, 미생물의 절반이 생계를 위해 단순히 광합성을 하는 미세한 세균(예: 7장에서 언급한 프로클로로코쿠스)이었다. 키리티마티의 탁한 물에서는 미생물 수가 증가했으며, 미생물의 3분의 1이 포도상구균, 비브리오균, 병원성 대장균과 같은 병원균이었다. 특히 우려스러운 것은 산호에 질병을 일으킬 수 있는 비브리오균으로, 〈산호 위주의 산호초〉에서 〈해조류 위주의 산호초〉로 변화하면서 미생물이 번성하는 데 기여했다. 또한 비브리오균은 사람에게 콜레라, 위장염gastroenteritis, 상처 감염 및 패혈증 등의 치명적인 질병을 일으킬 수 있다. 이처럼 〈성숙하고 안정적이며, 큰 동물로 가득 찬 생태계〉가 〈미성숙하고, 작은 생물이 지배하는 생태계〉로 변화하는 현상을, 포레스트는 산호초의 〈미생물화microbialization〉라고 부른다.

그로부터 4년 후인 2009년 4월과 5월, 나는 라인 제도로 돌아와 적도 남쪽의 무인도 5곳을 방문하는 첫 번째 내셔널지오그래픽 청정 바다 탐사팀에 합류했다. 그곳에서 우리는 킹먼에서 발견한 것들 — 깨끗한 물, 매우 풍부한 어류 바이오매스(많은 상어 포함), 살아 있는 산호가 지배하는 산호초 — 을 발견했다. 밀레니엄 환초의 석호로 들어갔을 때, 우리는 킹먼의 석호에서도 관찰했던 무지개 빛깔의 푸른색과 녹색을 띠는 대왕조개가 많이 서식하는 것을 보고 감탄했다.

대왕조개는 몸으로 물을 걸러 내고, 그 과정에서 미생물을 포획하여 먹이로 삼는다. 한마디로 그들은 천연 정수 필터라고 할 수 있는데, 우리는 그들이 물을 얼마나 깨끗하게 유지하는지 궁금했다. 궁금증을 해결하기 위해, 포레스트는 석호에서 물을 채취하여 배에 있는 3개의 실험용 수족관 — 첫 번째 수족관에는 대왕조개, 두 번째 수족관에는 빈 조개껍데기, 세 번째 수족관에는 물만 있었다 — 에 넣었다. 그런 다음, 그는 시간이 지남에 따라 세균의 양이 어떻게 변화하는지 측정했다.

결과는 놀라웠다. 대왕조개가 있는 수족관의 물은 12시간 이내에 대부분의 세균이 제거된 반면, 다른 수족관의 물은 미생물로 가득 차 혼탁해졌다. 다음으로, 포레스트는 연구실에서 가져온 비브리오 배양액을 각 수족관에 추가했다. (포레스트 말고, 비브리오와 함께 여행하는 사람이 또 있을까?) 역시 예상했던 대로, 다른 수족관에서는 비브리오가 번성한 데 반해, 대왕조개가 있는 수족관에서는 비브리오의 양이 크게 감소했다. 대왕조개는 자연이 어떻게 해독제를 제공하는지 보여 주는 또 다른 예인데, 우리는 그들의 공로를 이제야 인식하고 있다. 대왕조개는 대부분의 태평양 산호초에서 조갯살과 껍데기를 얻기 위해 채취되어, 많은 곳에서 사실상 자취를 감췄다. 사람들은 자신도 모르게 질병으로부터 자신을 보호해 주던 천연 필터 — 석호의 N95 마스크 — 를 제거해 왔던 것이다.

뉴욕 브롱크스 동물원의 호랑이 나디아Nadia가 SARS-CoV-2 양성 판정을 받았을 때 알게 된 것처럼, 우리는 지구상의 모든 종들과 함께 이 문제에 직면해 있다. 나디아는 바이러스를 보유한 사육사에게 옮은 것으로 보이지만, 아무런 증상도 보이지 않았다. 우리의 가장 가까운 친척인 침팬지와 고릴라도 위험에 처해 있다. 그들이 SARS-CoV-2에 감염될 수 있는지 여부는 알 수 없지만, 다른 인간 호흡기 질환에 취약한 것으로 알려져 있다. SARS-CoV-2가 인간에서 마운틴고릴라로 확산되는 것을 방지하기 위해, 콩고민주공화국의 비룽가 국립공원Virunga

National Park과 르완다의 화산 국립공원은 2020년 3월 말 관광객의 출입을 금지했다. 마운틴고릴라는 가족 단위로 생활하기 때문에 다른 동물과 거의 만나지 않지만, 한 마리가 감염되면 몇 주 만에 전 가족이 몰살할 수 있다. 지구상에 남아 있는 마운틴고릴라는 1000마리가 조금 넘기 때문에 모든 가족 하나하나가 중요하다.

그렇다면 우리가 할 수 있는 일은 무엇일까? 지금 당장 도움이 필요한 사람들을 돕기 위해 두 배로 노력해야 하지만, 다음 인수공통 팬데믹을 예방하는 방법에 대해서도 고민해야 할 것이다. 코로나19의 발원지가 박쥐인 것으로 밝혀지자마자, 소셜 미디어 사용자 중 일부는 박쥐를 박멸하는 것이 해결책이라고 재빨리 제안했다. 그러나 박쥐, 사향고양이, 천산갑 등 최근 신종 전염병의 원천이나 매개체로 부상한 다른 야생 동물을 박멸하자는 제안은 자연계의 작동 방식에 대한 우리의 무지를 증명할 뿐이다.

우리는 이 책에서 〈자세한 내막을 알 수는 없지만, 모든 야생 동물이 생물권을 유지하는 데 중요한 역할을 한다〉라는 사실을 몇 번이고 확인했다. 박쥐는 사람들에게 많은 혜택을 주는 방식으로 생태계에 기여한다. 즉, 그들은 탐욕스러운 곤충 포식자로, 말라리아를 옮기는 모기 개체군을 제어함으로써 인간의 건강에 기여할 뿐만 아니라, 농작물 해충을 줄여 농부들을 도울 수 있는 잠재력을 지녔다. 게다가 꿀벌의 포유류 버전으로, 바나나, 망고, 빵나무, 용설란, 두리안 등 중요한 작물을 포함하여 258종 이상의 식물을 수분시킨다. 연구자들은 전 세계 박쥐의 수분 서비스pollination service의 경제적 가치를 2000억 달러로 추정했다. 하지만 여전히, 우리는 이 경이로운 동물 — 밤에 날아다니며 생물학적 레이더로 길을 찾는 포유류 — 에 대해 아는 것보다 모르는 게 더 많다. 어떤 박쥐는 곤충을 사냥하고, 다른 박쥐는 과일을 먹거나 꽃에서 꿀을

빨고, 또 다른 박쥐는 강에서 물고기를 잡는다. 이 얼마나 비범한가!

최근의 질병에 적용되는 〈자연 생태계에 관한 연구〉를 통해 우리가 배운 것이 있다면, 질병이 사람에게 전염되는 것을 막으려면 야생 동물을 박멸하는 대신 정반대로 행동해야 한다는 것이다. 즉, 우리는 야생 동물의 터전인 자연 생태계를 보호하고, 필요하다면 재야생화를 통해 성숙의 길로 다시 나아가도록 도와야 한다. 〈우리가 자연 서식지를 훼손하면, 박쥐, 천산갑, 사향고양이, 침팬지와 같은 동물들이 스트레스를 받아 더 많은 바이러스를 배출한다〉는 증거가 계속 누적되고 있다. 반면에 다양한 미생물, 식물, 동물이 서식하는 숲에서는 질병이 덜 발생한다. 왜냐하면 생물 다양성이 박쥐 배설물이나 다른 출처에서 유래한 모든 바이러스를 희석시키기 때문이다. 우리가 라인 제도의 산호초에서 발견한 것과 같은 원리다. 생물 다양성은 병원균의 분비물을 흡수하는 천연 보호막을 제공하며, 이 모든 것은 우리의 간섭 없이 발생한다. 요컨대 건강한 자연계는 최고의 항바이러스제antivirus다.

그와 동시에, 우리는 사람들이 생계형 농업을 위해 절박하게 숲을 벌목하고 불태워 문제를 악화시키는 일이 없도록 경제 여건을 개선해야 한다. 그리고 식용·약용·사육용 야생 동물의 거래를 금지해야 한다. 물론 반대하는 사람들은 〈자연계를 더 많이 보호하거나 야생 동물 거래를 금지할 여력이 없다〉라고 주장할 것이다. 하지만 수치를 살펴보자. 케임브리지 대학교의 앤서니 월드론Anthony Waldron이 주도한 최근 경제 보고서에 따르면, 지구의 30퍼센트를 보호 구역으로 지정하는 데 드는 비용은 지역에 따라 연간 1030억~1710억 달러에 달할 것으로 추산된다. 이는 코로나19 팬데믹이 세계 경제에 끼친 수조 달러의 손실 — 그리고 모든 인명 피해 — 중 극히 일부에 불과하다. 자연에 투자하는 예방은 다음 팬데믹에 대응하는 것보다 훨씬 더 안전하고 저렴하며 현명한 투자다.

이번 팬데믹은 〈우리 모두가 생물권에서 연결되어 있으며, 지구의 한 부분에 대한 우리의 행동이 다른 모든 부분에 영향을 미칠 수 있다〉는 사실을 일깨워 주는 가장 큰 알림이다. 중국의 재래시장을 방문했던 한 사람이 팬데믹을 일으켰을 가능성이 높다는 점을 생각해 보라. 우리는 흔히 개인의 행동을 대수롭지 않게 생각하지만, 코로나19는 그 생각이 틀렸다는 것을 증명했다.

고대에는 〈소규모 인구 집단〉과 〈제한된 이동성〉으로 인해 질병이 국지적으로 발생했을 것이다. 하지만 인류는 역사를 통해, 바이러스가 진화적으로 매우 쉽게 성공할 수 있는 환경을 만들었다. 우리는 우리가 구축한 생태계에 매우 빽빽하게 모여 살며, 이전에 다른 어떤 종도 경험하지 못한 방식으로 전 세계를 이동한다. 우리는 비대칭적인 경계를 구축했지만, 그와 동시에 다른 많은 경계를 제거했다. 우리는 야생 서식지를 도시, 농지, 쇼핑몰로 바꾸어, 우리와 지구를 공유하는 종들 가까이로 몰려들었다. 그리하여 현대 전염병이 창궐하기에 안성맞춤인 조건을 만들었다.

코로나19는 환경 보호가 부유한 국가만의 사치나 낭만적인 이상이 아님을 다시 한번 상기시켜 준다. 우리의 생존은 더 큰 공동체 — 생물권 — 의 더 나은 구성원이 될 것인지 여부에 달려 있다. 바이러스도 생물권의 일부이며, 세균, 식물, 동물을 모두 합친 것보다 더 다양하고 풍부하다. 포유류 하나만 봐도 최소한 23만 종의 바이러스에 감염된다. 그중 일부는 인간에게 치명적일 수 있지만 다른 것들은 유익하다. 예컨대 박테리오파지bacteriophage — 특정 세균을 감염시키고 파괴하는 바이러스 — 는 소화관, 호흡기, 생식기의 점막 내벽에서 발견되며, 우리 몸을 감염시킬 수 있는 세균에 대한 방어벽을 제공한다. 현재 의학 연구에서는, 박테리오파지를 사용하여 인간에게 치명적일 수 있는 항생제 내성 세균antibiotic-resistant bacteria을 파괴하는 방법을 조사하고 있다. 또한 암 연구자들은 방사선이나 화학 요법의 대안으로, 바이러스를 사용하여 암세포를 선택적으로 살해하는 방법을 모색하고 있다. 인체에 상주하는 다른 미생물과 마찬가지로, 바이러스는 인간과 나머지 생물권 사이의 경계를 모호하게 만든다.

그럼에도 불구하고 해로운 바이러스, 세균, 그 밖의 병원균은 사라지지 않을 것이다. 우리는 여러 가지 방법으로 질병의 확산을 줄이고 건강에 이로운 미생물의 번식을 촉진할 수 있지만, 박쥐 또는 바이러스의 숙주인 다른 야생 동물을 죽이는 것은 그중 하나가 아니다. 야생 동물의 거래와 소비를 단속하고, 삼림 벌채를 중단하고, 온전한 생태계를 보호하고, 야생 동물 소비의 위험성을 사람들에게 알리고, 식품 생산 방식을 바꾸고, 화석연료 사용을 단계적으로 중단하고, 순환 경제로 전환하는 것은 우리가 할 수 있고 반드시 해야 하는 일이다.

무분별한 성장 대신, 우리는 안정성과 회복력을 위한 기반을 구축해야 한다. 자연계를 보호하는 것은, 너무 늦기 전에 지금 당장 우리에게 필요한 예방 접종이다. 설사 우리 자신의 생존을 위한 이기적인 이유일지라도, 지금은 그 어느 때보다도 야생이 필요하다.

# 감사의 글

책은 생태계와 같다. 그것은 수많은 상호작용의 산물인데, 그중에는 우리에게 알려진 것도 있고 알려지지 않은 것도 있다. 하지만 생태계에서와 마찬가지로, 이 모든 것들은 서로 작용하여 뭔가를 만들어 낸다.

이 책의 아이디어는 생태적 천이에 대해 30년 동안 생각한 끝에 나온 것이다. 처음에는 바르셀로나 대학교의 강의실에서, 나중에는 인간이 천이를 역전시키고 보호 구역이 그것을 다시 역전시키는 것을 두 눈으로 보면서 말이다. 학창 시절과 그 이후에 내가 운 좋게 교류할 수 있었던 거인들은 이 책에 설명된 생태학적 원리를 가르치고 훌륭한 고전 자료로 안내해 주었다. 키케 발레스테로스Kike Ballesteros, 샤를프랑수아 부두르스크Charles-François Boudouresque, 폴 데이턴Paul Dayton, 짐 에스테스Jim Estes, 마이크 페이Mike Fay, 앨런 프리들랜더Alan Friedlander, 조지프 M. 길리Josep M. Gili, 조 하르믈랭Jo Harmelin, 미레유 하르믈랭비비앵Mireille Harmelin-Vivien, 제러미 잭슨Jeremy Jackson, 낸시 놀턴Nancy Knowlton, 톰 러브조이Tom Lovejoy, 제인 루브첸코Jane Lubchenco, 엔리케 맥퍼슨Enrique Macpherson, 라몬 마르갈레프Ramón Margalef, 밥 페인Bob Paine, 대니얼 폴리Daniel Pauly, 루이스 폴로Lluís Polo, 포레스트 로워Forest Rohwer, 에드 윌슨Ed

Wilson, 보리스 웜Boris Worm, 미켈 자발라Mikel Zabala에게 특별한 감사를 표한다. 이들은 사실과 통계를 넘어, 자연계에 대한 나의 사랑을 더욱 깊게 해준 자연의 시인들이다. 이들 모두와 다른 많은 이들에게 나는 앞으로도 항상 감사할 것이다. 이저벨라 트리Isabella Tree는 원고에 귀중한 의견을 제공해 준 영감의 원천이다.

10년이 넘도록 신뢰와 지원을 아끼지 않은 내셔널지오그래픽 소사이어티에 나는 큰 빚을 지고 있다. 우리에게 절실히 필요한 야생 자연을 보호하기 위해 지칠 줄 모르고 노력한 내셔널지오그래픽 청정 바다 팀과 내셔널지오그래픽-위스 자연 보호 팀에게 감사드린다. 전 세계에서 야생을 구하고 복원하기 위해 헌신하는 내 친구 및 동료와 마찬가지로, 이들은 나에게 지속적인 영감을 준다.

이 책은 많은 파트너와 친구들의 아낌없는 지원을 받아 온 우리의 환경 보존 작업을 계속하는 데 보탬이 되도록 작성되었다. 특히 모나코 재단의 알베르 2세 왕자, 비요크Bjork, 블랑팡Blancpain, 미구엘 보세Miguel Bosé, 키스 캠벨Keith Campbell 환경 재단, 진과 스티브 케이스Jean and Steve Case, 존 코디John Codey, 레오나르도 디카프리오Leonardo DiCaprio 재단, 로저와 로즈메리 엔리코Roger and Rosemary Enrico, 구글, 로익 구저Loic Gouzer, 헬름슬리Helmsley 자선 신탁, 스벤 린드블라드Sven Lindblad, 앤 러스키Ann Luskey, 오러클Oracle 교육 재단, 진과 톰 러더퍼드Jean and Tom Rutherford, 비키와 로저와 샤리 산트Vicki, Roger, and Shari Sant, 필립 스티븐슨Philip Stephenson 재단, 반 라파드van Rappard 가족, 레오노르 바렐라Leonor Varela, 웨이트Waitt 재단, 위스Wyss 재단, 그리고 많은 개인 기부자들께 감사드린다. 야생을 구하려는 여러분의 헌신에 대해 아무리 감사해도 지나치지 않을 것이다.

자연계를 구하는 데 있어서 영성spirituality의 중요성을 일깨워 준 프란치스코 교황, 피터 턱슨Peter Turkson 추기경, 아우구스토 잠피니Augusto Zampini 신부에게 깊은 감사를 드린다.

내셔널지오그래픽 북스National Geographic Books의 훌륭한 수장인 리사 토머스Lisa Thomas와 나의 글을 크게 향상시켜 준 훌륭한 편집자 수전 히치콕Susan Hitchcock의 열렬한 지원와 격려, 조언이 없었다면 이 책은 출간되지 못했을 것이다. 이들과 함께 책을 쓰는 것은 생각보다 훨씬 재미있었다. 훌륭한 파트너가 되어 준 것에 다시 감사드린다. 철저한 교열을 해준 제인 선덜랜드Jane Sunderland에게도 감사드린다. 책을 구상하고 발표하고 집필하는 방법을 조언해 준 내 친구 제니퍼 자켓Jennifer Jacquet에게 감사한다.

마지막으로, 나의 가장 위대한 멘토이자 내 삶을 야생의 정글이나 산호초처럼 다양하고 멋지게 만들어 준 내 인생의 부조종사이자 나의 쐐기돌keystone인 크리스틴 레크버거Kristin Rechberger에게 무한한 감사를 드린다.

# 참고 자료

내셔널지오그래픽 청정 바다National Geographic Pristine Seas에 대한 정보는 pristineseas.org에서 온라인으로 확인할 수 있다.

### 1. 자연의 재현

Bar-On, Y. M., R. Phillips, and R. Milo. "The Biomass Distribution on Earth." *Proceedings of the National Academy of Sciences* 115, no. 25 (2018): 6506–11.

Burgess, T. B., V. D. Marino, and J. Joyce. Internal report of the Biosphere 2 Science and Research Department. Biodiversity Working Group Summary, August 11–12, 1996.

Dempsey, R. C., ed. *The International Space Station: Operating an Outpost in the New Frontier*. Government Printing Office, 2017.

Díaz, S., J. Settele, E. Brondizio, eds. *Summary for Policymakers of the Global Assessment Report on Biodiversity and Ecosystem Services of the Intergovernmental Science- Policy Platform on Biodiversity and Ecosystem Services*. IPBES Secretariat, 2019.

Grooten, M., and R. E. A. Almond, eds. *Living Planet Report — 2018: Aiming Higher*. World Wildlife Fund, 2018.

Intergovernmental Panel on Climate Change (IPCC). *Climate Change and Land: An IPCC Special Report on Climate Change, Desertification, Land Degradation, Sustainable Land Management, Food Security, and Greenhouse Gas Fluxes in Terrestrial Ecosystems*. IPCC, 2019. Available online at www.ipcc.ch/srccl-report-download-page/.

Montanarella, L., R. Scholes, and A. Brainich, eds. *The IPBES Assessment Report on Land Degradation and Restoration*. IPBES Secretariat, 2018.
Walter, A., and S. C. Lambrecht. "Biosphere 2 Center as a Unique Tool for Environmental Studies." *Journal of Environmental Monitoring* 6, no. 4 (2004): 267–77.

## 2. 생태계란 무엇인가

Pickett, S. T., and J. M. Grove. "Urban Ecosystems: What Would Tansley Do?" *Urban Ecosystems* 12, no. 1 (2009): 1–8.
Sanderson, E. W. *Mannahatta: A Natural History of New York City*. Abrams, 2013.
Tansley, A. G. "The Use and Abuse of Vegetational Concepts and Terms." *Ecology* 16, no. 3 (1935): 284–307.
Weisman, A. *The World Without Us*. Macmillan, 2008.

## 3. 가장 작은 생태계

D'Ancona, U. *Dell'influenza della stasi peschereccia del periodo 1914–18 sul patrimonio ittico dell'Alto Adriatico*. Comitato Talassografico Italiano, 1926.
Darwin, C. *On the Origin of Species by Means of Natural Selection, or the Preservation of Favoured Races in the Struggle for Life*. John Murray, 1859.
Gause, G. F. *The Struggle for Existence*. Williams and Wilkins, 1934.
Volterra, V. "Variations and Fluctuations of the Number of Individuals in Animal Species Living Together." *ICES Journal of Marine Science* 3, no. 1 (1928): 3–51.

## 4. 생태적 천이

Clements, F. E. *Plant Succession: An Analysis of the Development of Vegetation*. Carnegie Institution of Washington, 1916.
Connell, J. H., and R. O. Slatyer. "Mechanisms of Succession in Natural Communities and Their Role in Community Stability and Organization. *The American Naturalist* 111, no. 982 (1977): 1119–44.
Grigg, R. W., and J. E. Maragos. "Recolonization of Hermatypic Corals on Submerged Lava Flows in Hawaii." *Ecology* 55, no. 2 (1974): 387–95.
Margalef, R., 1963. "On Certain Unifying Principles in Ecology." *American Naturalist* 97, no. 897 (1963): 357–74.
________. *Our Biosphere*. Vol. 10 of *Excellence in Ecology*. Ecology Institute, 1997.
Odum, E. "The Strategy of Ecosystem Development." *Science* 164, no. 3877 (1969):

262–70.
Pandolfi, J. M., and J. B. Jackson. "Ecological Persistence Interrupted in Caribbean Coral Reefs." *Ecology Letters* 9, no. 7 (2006): 818–26.
Putts, M. R., F. A. Parrish, F. A. Trusdell, and S. E. Kahng. "Structure and Development of Hawaiian Deep-Water Coral Communities on Mauna Loa Lava Flows." *Marine Ecology Progress Series* 630 (2019): 69–82.

## 5. 생태계의 경계

Berthold, P. *Bird Migration: A General Survey*. Oxford University Press, 2001.
Davis, W. "The World Until Yesterday by Jared Diamond — Review." The *Guardian* (Jan. 9, 2013).
Margalef, R. *Ecologia*. Ediciones Omega, 1974.
________. *Our Biosphere*. Vol. 10 of *Excellence in Ecology*. Ecology Institute, 1997.
Stiglitz, J. E., A. Sen, and J. P. Fitoussi. *Mismeasuring Our Lives: Why GDP Doesn't Add Up*. The New Press, 2010.
Van Der Lingen, C. D., J. C. Coetzee, and L. Hutchings. "Overview of the KwaZulu-Natal Sardine Run." *African Journal of Marine Science* 32, no. 2 (2010): 271–77.

## 6. 모든 종은 평등할까

Ballesteros, E. *Els vegetals i la zonació litoral: espècies, comunitats i factors que influeixen en la seva distribució*. Vol. 101. Institut d'Estudis Catalans, 1992.
Dayton, P. K. "Toward an Understanding of Community Resilience and the Potential Effects of Enrichments to the Benthos at McMurdo Sound, Antarctica." In *Proceedings of the Colloquium on Conservation Problems in Antarctica*, edited by B. C. Parker, 81–96. Allen Press, 1972.
________. 1985. "Ecology of Kelp Communities." *Annual Review of Ecology and Systematics* 16, no. 1 (1985): 215–45.
Estes, J. *Serendipity: An Ecologist's Quest to Understand Nature*. University of California Press, 2016.
Estes, J. A., N. S. Smith, and J. F. Palmisano. "Sea Otter Predation and Community Organization in the Western Aleutian Islands, Alaska." *Ecology* 59, no. 4 (1978): 822–33.
Estes, J. A., J. Terborgh, J. S. Brashares, M. E. Power, J. Berger, W. J. Bond, S. R. Carpenter, et al. "Trophic Downgrading of Planet Earth." *Science* 333, no. 6040 (2011): 301–306.

Estes, J. A., M. T. Tinker, T. M. Williams, and D. F. Doak. "Killer Whale Predation on Sea Otters Linking Oceanic and Nearshore Ecosystems." *Science* 282, no. 5388 (1998): 473–76.

Howard Hughes Medical Institute (HHMI). "Some Animals Are More Equal Than Others: Keystone Species and Trophic Cascades." Biointeractive video. HHMI, 2016. Available online at naturedocumentaries.org/14877/animals-equal-others-keystone-species-trophic-cascades-hhmi-2016/.

Hughes, T. P. "Catastrophes, Phase Shifts, and Large-Scale Degradation of a Caribbean Coral Reef." *Science* 265, no. 5178 (1994): 1547–51.

Paine, R. T. "Food Web Complexity and Species Diversity." *American Naturalist* 100, no. 910 (1966): 65–75.

________. "Trophic Control of Production in a Rocky Intertidal Community." *Science* 296, no. 5568 (2001): 736–39.

Sala, E., C. F. Boudouresque, and M. Harmelin- Vivien. "Fishing, Trophic Cascades, and the Structure of Algal Assemblages: Evaluation of an Old but Untested Paradigm." *Oikos* 82, no. 3 (1998): 425–39.

Sala, E., and M. Zabala. "Fish Predation and the Structure of the Sea Urchin *Paracentrotus lividus* Populations in the NW Mediterranean." *Marine Ecology Progress Series* 140, no. 1/3 (1996): 71–81.

Terborgh, J., and J. A. Estes, eds. *Trophic Cascades: Predators, Prey, and the Changing Dynamics of Nature*. Island Press, 2013.

### 7. 생물권

Bristow, C. S., K. A. Hudson-Edwards, and A. Chappell. "Fertilizing the Amazon and Equatorial Atlantic With West African Dust." *Geophysical Research Letters* 37, no. 14 (2010).

Chisholm, S. W., R. J. Olson, E. R. Zettler, R. Goericke, J. B. Waterbury, and N. A. Welschmeyer. "A Novel Free-Living Prochlorophyte Abundant in the Oceanic Euphotic Zone." *Nature* 334, no. 6180 (1998): 340.

Crisp, A., C. Boschetti, M. Perry, A. Tunnacliffe, and G. Micklem. "Expression of Multiple Horizontally Acquired Genes Is a Hallmark of Both Vertebrate and Invertebrate Genomes." *Genome Biology* 16 (2015): 50.

Dewar, W. K., R. J. Bingham, R. L. Iverson, D. P. Nowacek, L. C. St. Laurent, and P. H. Wiebe. "Does the Marine Biosphere Mix the Ocean?" *Journal of Marine Research* 64 (2006): 541–61.

Garrido, D., D. C. Dallas, and D. A. Mills. "Consumption of Human Milk Glycoconjugates by Infant-Associated Bifidobacteria: Mechanisms and Implications." *Microbiology* 159 (2013; Pt. 4): 649–64.

Gorshkov, V. G., and A. M. Makar'eva. "The Biotic Atmospheric Moisture Pump: Its Relationship to Global Atmospheric Circulation and Significance for Water Turnover on Land." Preprint no. 2655 of Petersburg Nuclear Physics Institute, Gatchina, 2006.

Huang, Y. J., and H. J. Boushey. "The Microbiome and Asthma." *Annals of the American Thoracic Society* 11 (2014; Suppl. 1): S48–S51.

Kelly, J. R., Y. Borre, C. O'Brien, E. Patterson, S. El Aidy, J. Deane, P. J. Kennedy, et al. "Transferring the Blues: Depression- Associated Gut Microbiota Induces Neurobehavioural Changes in the Rat." *Journal of Psychiatric Research* 82 (2016): 109–18.

Locey, K. J., and J. T. Lennon. "Scaling Laws Predict Global Microbial Diversity." *Proceedings of the National Academy of Sciences* 113, no. 21 (2016): 5970–75.

Lovelock, J. E., and L. Margulis. "Atmospheric Homeostasis by and for the Biosphere: The Gaia Hypothesis." *Tellus* 26, no. 1/2 (1974): 2–10.

Mikkelsen, K. H., F. K. Knop, M. Frost, J. Hallas, and A. Pottegård. "Use of Antibiotics and Risk of Type 2 Diabetes: A Population- Based Case-Control Study." *Journal of Clinical Endocrinology & Metabolism* 100 (2015): 10.

Nicol, S., A. Bowie, S. Jarman, D. Lannuzel, K. M. Meiners, and P. Van Der Merwe. "Southern Ocean Iron Fertilization by Baleen Whales and Antarctic Krill." *Fish and Fisheries* 11, no. 2 (2010): 203–09.

Pennisi, E. "The Secret Life of Fungi." *Science* 304, no. 5677 (2004): 1620–22.

Qian, J., D. Hospodsky, N. Yamamoto, W. W. Nazaroff, and J. Peccia. "Size-Resolved Emission Rates of Airborne Bacteria and Fungi in an Occupied Classroom." *Indoor Air* 22, no. 4 (2012): 339–51.

Sender, R., S. Fuchs, and R. Milo. "Revised Estimates for the Number of Human and Bacteria Cells in the Body." *PLoS Biology* 14, no. 8 (2016): e1002533.

Simard, S. W. "How Trees Talk to Each Other." Presentation at TED Summit, June 2016 Available online at www.ted.com/talks/suzanne_simard_how_trees_talk_to_each_other/.

Simard, S. W., and D. M. Durall. "Mycorrhizal Networks: A Review of Their Extent, Function, and Importance." *Canadian Journal of Botany* 82, no. 8 (2004): 1140–65.

Sugden, A., R. Stone, and C. Ash. "Ecology in the Underworld." *Science* 304, no. 5677 (2004): 1613.

Wohlleben, P. *The Hidden Life of Trees: What They Feel, How They Communicate — Discoveries From a Secret World*. Greystone Books, 2014.

### 8. 우리는 어떻게 다른가

Bolton, J. R., and D. O. Hall. "The Maximum Efficiency of Photosynthesis." *Photochemistry and Photobiology* 53, no. 4 (1991): 545–48.

Buxton, R. T., M. F. McKenna, D. Mennitt, K. Fristrup, K. Crooks, L. Angeloni, and G. Wittemyer. "Noise Pollution Is Pervasive in U.S. Protected Areas." *Science* 356, no. 6337 (2017): 531–33.

Darimont, C. T., C. H. Fox, H. M. Bryan, and T. E. Reimchen. "The Unique Ecology of Human Predators." *Science* 349, no. 6250 (2015): 858–60.

Darwin, C. *The Descent of Man, and Selection in Relation to Sex*. John Murray, 1871.

Desforges, J.-P., A. Hall, B. McConnell, A. Rosing- Asvid, J. L. Barber, A. Brownlow, S. De Guise, et al. "Predicting Global Killer Whale Population Collapse From PCB Pollution." *Science* 361, no. 6409 (2018): 1373–76.

Global Footprint Network. "Earth Overshoot Day, 2019." Available online at www.footprintnetwork.org/our-work/earth-overshoot-day/.

Jackson, J. B. "Ecological Extinction and Evolution in the Brave New Ocean." *Proceedings of the National Academy of Sciences* 105 (2008; Suppl 1): 11458–65.

Margalef, R. *Our Biosphere*. Vol. 10 of *Excellence in Ecology*. Ecology Institute, 1997.

Seed, A., and R. Byrne. "Animal Tool-Use." *Current Biology* 20, no. 23 (2010): R1032–R1039.

Smith, C. R., A. G. Glover, T. Treude, N. D. Higgs, and D. J. Amon. "Whale-Fall Ecosystems: Recent Insights Into Ecology, Paleoecology, and Evolution." *Annual Review of Marine Science* 7 (2015): 571–96.

Teske, S., ed. *Achieving the Paris Climate Agreement Goals*. Available online at link.springer.com/content/pdf/10.1007/978-3-030-05843-2.pdf.

Worm, B., and R. T. Paine. "Humans as a Hyperkeystone Species." *Trends in Ecology & Evolution* 31, no. 8 (2016): 600–607.

### 9. 다양성의 이점

Cardinale, B. J., J. E. Duffy, A. Gonzalez, D. U. Hooper, C. Perrings, P. Venail, A. Narwani, et al. "Biodiversity Loss and Its Impact on Humanity." *Nature* 486, no. 7401 (2012): 59–67.

Darwin, C. *On the Origin of Species by Means of Natural Selection, or the Preservation of*

*Favoured Races in the Struggle for Life*. John Murray, 1859.
Pauly, D., and D. Zeller. "Catch Reconstructions Reveal That Global Marine Fisheries Catches Are Higher Than Reported and Declining." *Nature Communication* 7 (2016): 10244.
Sala, E., and N. Knowlton. "Global Marine Biodiversity Trends." *Annual Review of Environment and Resources* 31 (2006): 93–122.
Wilson, E. O. *The Diversity of Life*. W. W. Norton and Company, 1999.
Worm, B., E. B. Barbier, N. Beaumont, J. E. Duffy, C. Folke, B. S. Halpern, J. B. C. Jackson, et al. "Impacts of Biodiversity Loss on Ocean Ecosystem Services." *Science* 314, no. 5800 (2006): 787–90.
Zhu, Y., H. Chen, J. Fan, Y. Wang, Y. Li, J. Chen, J. Fan, et al. "Genetic Diversity and Disease Control in Rice." *Nature* 406, no. 6797 (2000): 718.

## 10. 보호 구역

Aburto-Oropeza, O., B. Erisman, G. R. Galland, I. Mascareñas-Osorio, E. Sala, and E. Ezcurra. "Large Recovery of Fish Biomass in a No-Take Marine Reserve." *PLoS One* 6, no. 8 (2011): e23601.
Atwood, T. B., R. M. Connolly, E. G. Ritchie, C. E. Lovelock, M. R. Heithaus, G. C. Hays, J. W. Fourqurean, and P. I. Macreadie. "Predators Help Protect Carbon Stocks in Blue Carbon Ecosystems." *Nature Climate Change* 5, no. 12 (2015): 1038.
Babcock, R. C., N. T. Shears, A. C. Alcala, N. S. Barrett, G. J. Edgar, K. D. Lafferty, T. R. McClanahan, and G. R. Russ. "Decadal Trends in Marine Reserves Reveal Differential Rates of Change in Direct and Indirect Effects." *Proceedings of the National Academy of Sciences* 107, no. 43 (2010): 18256–61.
Ban, N. C., G. G. Gurney, N. A. Marshall, C. K. Whitney, M. Mills, S. Gelcich, N. J. Bennett, et al. "Well-Being Outcomes of Marine Protected Areas." *Nature Sustainability* 2, no. 6 (2019): 524.
Dinerstein, E., C. Vynne, E. Sala, A. R. Joshi, S. Fernando, T. E. Lovejoy, J. Mayorga, et al. "A Global Deal for Nature: Guiding Principles, Milestones, and Targets." *Science Advances* 5, no. 4 (2019): eaaw2869.
Garnett, S. T., N. D. Burgess, J. E. Fa, A. Fernández- Llamazares, Z. Molnár, C. J. Robinson, J. E. M. Watson, et al. "A Spatial Overview of the Global Importance of Indigenous Lands for Conservation." *Nature Sustainability* 1 (2018): 369–74.
Guidetti, P., and E. Sala. "Community-Wide Effects of Marine Reserves in the Mediterranean Sea." *Marine Ecology Progress Series* 335 (2007): 43–56.

Haddad, N. M., L. A. Brudvig, J. Clobert, K. F. Davies, A. Gonzalez, R. D. Holt, T. E. Lovejoy, et al. "Habitat Fragmentation and Its Lasting Impact on Earth's Ecosystems." *Science Advances* 1, no. 2 (2015): e1500052.

Hansen, M. M., R. Jones, and K. Tocchini. "Shinrin-Yoku (Forest Bathing) and Nature Therapy: A State-of-the-Art Review." *International Journal of Environmental Research and Public Health* 14, no. 8 (2017): 851.

Jackson, J. B. "Reefs Since Columbus." *Coral Reefs* 16, no. 1 (1997): S23–S32.

Jackson, J. B. C., M. X. Kirby, W. H. Berger, K. A. Bjorndal, L. W. Botsford, B. J. Bourque, R. H. Bradbury, et al. "Historical Overfishing and the Recent Collapse of Coastal Ecosystems." *Science* 293, no. 5530 (2001): 629–37.

Lester, S. E., B. Halpern, K. Grorud-Colvert, J. Lubchenco, B. I. Ruttenberg, S. D. Gaines, S. Airamé, and R. R. Warner. "Biological Effects Within No-Take Marine Reserves: A Global Synthesis." *Marine Ecology Progress Series* 384 (2009): 33–46.

Lovejoy, T. E., and C. Nobre. "Amazon Tipping Point." *Science Advances* 4, no. 2 (2018): eaat2340.

McClenachan, L., F. Ferretti, and J. K. Baum. "From Archives to Conservation: Why Historical Data Are Needed to Set Baselines for Marine Animals and Ecosystems." *Conservation Letters* 5, no. 5 (2012): 349–59.

Naidoo, R., D. Gerkey, D. Hole, A. Pfaff, A. M. Ellis, C. D. Golden, D. Herrera, et al. "Evaluating the Impacts of Protected Areas on Human Well-Being Across the Developing World." *Science Advances* 5, no. 4 (2019): eaav3006.

Pandolfi, J. M., R. H. Bradbury, E. Sala, T. P. Hughes, K. A. Bjorndal, R. G. Cooke, D. McArdle, et al. "Global Trajectories of the Long-Term Decline of Coral Reef Ecosystems." *Science* 301, no. 5635 (2003): 955–58.

Pauly, D. "Anecdotes and the Shifting Baseline Syndrome of Fisheries." *Trends in Ecology & Evolution* 10, no. 10 (1995): 430.

Sala, E., C. Costello, D. Dougherty, G. Heal, K. Kelleher, J. H. Murray, A. A. Rosenberg, and R. Sumaila. "A General Business Model for Marine Reserves." *PLoS One* 8, no. 4 (2013): e58799.

Sala, E., and S. Giakoumi. "No-Take Marine Reserves Are the Most Effective Protected Areas in the Ocean." *ICES Journal of Marine Science* 75, no. 3 (2017): 1166–68.

Sala, E., J. Lubchenco, K. Grorud-Colvert, C. Novelli, C. Roberts, and U. R. Sumaila. "Assessing Real Progress Towards Effective Ocean Protection." *Marine Policy* 91 (May 2018): 11–13.

Shears, N. T., and R. C. Babcock. "Continuing Trophic Cascade Effects After 25 Years of No-Take Marine Reserve Protection." *Marine Ecology Progress Series* 246 (2003): 1–16.

Veldhuis, M. P., M. E. Ritchie, J. O. Ogutu, T. A. Morrison, C. M. Beale, A. B. Estes, W. Mwakilema, et al. "Cross-Boundary Human Impacts Compromise the Serengeti-Mara Ecosystem." *Science* 363, no. 6434 (2019): 1424–28.

## 11. 재야생화

Cromsigt, J. P., M. te Beest, G. I. H. Kerley, M. Landman, E. le Roux, and F. A. Smith. "Trophic Rewilding as a Climate Change Mitigation Strategy?" *Philosophical Transactions of the Royal Society B: Biological Sciences* 373, no. 1761 (2018): 20170440.

Gates, B. "The Deadliest Animal in the World." *Gates Notes* (blog), April 25, 2014. Available online at www.gatesnotes.com/Health/Most-Lethal-Animal-Mosquito-Week?WT.mc_id=MosquitoWeek2014_SharkWeek_tw&WT.tsrc=Twitter/.

Koel, T. M., J. L. Arnold, L. A. Baril, K. A. Gunther, D. W. Smith, J. M. Syslo, and L. M. Tronstad. "Non-native Lake Trout Induce Cascading Changes in the Yellowstone Lake Ecosystem." *Yellowstone Science* 25, no. 1 (2017): 42–50.

Mayer, A., Z. Hausfather, A. D. Jones, and W. L. Silver. "The Potential of Agricultural Land Management to Contribute to Lower Global Surface Temperatures." *Science Advances* 4, no. 8 (2018): eaaq0932.

Ripple, W. J., and R. L. Beschta. "Trophic Cascades in Yellowstone: The First 15 Years After Wolf Reintroduction." *Biological Conservation* 145, no. 1 (2011): 205–13.

Sinclair, A. R. E., and M. Norton-Griffith. *Serengeti: Dynamics of an Ecosystem.* University of Chicago Press, 1979.

Smith, D., R. O. Peterson, and D. B. Houston. "Yellowstone After Wolves." *BioScience* 53, no. 4 (2003): 330–40.

Tree, I. *Wilding: The Return of Nature to a British Farm*. Picador, 2018.

Vera, F. W. M. *Grazing Ecology and Forest History*. CABI Publishing, 2000.

## 12. 도덕적 의무

Diamond, J. *Collapse: How Societies Choose to Fail or Succeed*. Penguin, 2005.

Fay, J. M., and M. Nichols. *The Last Place on Earth: With Mike Fay's African Megatransect Journals*. 2 vols. National Geographic, 2005.

Garson, J., A. Plutynski, and S. Sarkar. *The Routledge Handbook of Philosophy of Biodiversity*. Taylor and Francis, 2016.

New Zealand Parliament. "Innovative Bill Protects Whanganui River With Legal Personhood," March 28, 2017. Available online at www.parliament.nz/en/getinvolved/features/innovative-bill-protects-whanganui-river-with-legal-personhood.

Pope Francis. "Laudato Si' – Encyclical Letter, Francis." Vatican: the Holy See. Libreria Editrice Vaticana, 2015. Available online at w2.vatican.va/content/francesco/en/encyclicals/documents/papa-francesco_20150524_enciclica-laudato-si.html.

Safina, C. "The New Threat to Endangered Species? The Trump Administration." *New York Times*, August 13, 2019.

Tucker, M. E., and J. Grim. *Ecology and Religion*. Island Press, 2013.

———. (series eds.). Religions of the World and Ecology Series. Distributed by Harvard University Press. Further information online at fore.yale.edu/publications/books/cswr.

Wilson, E. O. *Biophilia*. Harvard University Press, 1984.

Wilson, E. O. *The Creation: An Appeal to Save Life on Earth*. W. W. Norton and Company, 2007.

### 13. 자연의 경제학

Aburto-Oropeza, O., I. Dominguez Guerrero, J. J. Cota-Nieto, and T. Plomozo-Lugo. "Recruitment and Ontogenetic Habitat Shifts of the Yellow Snapper *(Lutjanus argentiventris)* in the Gulf of California." *Marine Biology* 156, no. 12 (2009): 2461–72.

Aburto-Oropeza, O., E. Ezcurra, G. Danemann, V. Valdez, J. Murray, and E. Sala. "Mangroves in the Gulf of California Increase Fishery Yields." *Proceedings of the National Academy of Sciences* 105, no. 30 (2008): 10456–59.

Chong, J. "Protective Values of Mangrove and Coral Ecosystems: A Review of Methods and Evidence." International Union for Conservation of Nature, 2005.

Coady, D., I. Parry, L. Sears, and B. Shang. "How Large Are Global Fossil Fuel Subsidies?" *World Development* 91 (2017): 11–27.

Costanza, R., R. de Groot, P. Sutton, S. van der Ploeg, S. J. Anderson, I. Kubiszewski, S. Farber, and R. K. Turner. "Changes in the Global Value of Ecosystem Services." *Global Environmental Change* 26 (2014): 152–58.

Dahdouh-Guebas, F., L. P. Jayatissa, D. Di Nitto, J. O. Bosire, D. Lo Seen, N. Koedam. "How Effective Were Mangroves as a Defence Against the Recent Tsunami?" *Current Biology* 15, no. 12 (2005): R443–R447.

Foley, J. A. "Can We Feed the World and Sustain the Planet?" *Scientific American* 305, no. 5 (2011): 60–65.

Food and Agriculture Organization of the United Nations (FAO). *The State of World Fisheries and Aquaculture 2018*. FAO, 2018. Available online at www.fao.org/state-of-fisheries-aquaculture.

Goñi, R., R. Hilborn, D. Díaz, S. M. Martínez, and S. Adlerstein. "Net Contribution of Spillover From a Marine Reserve to Fishery Catches." *Marine Ecology Progress Series* 400 (2010): 233–43.

Intergovernmental Panel on Climate Change (IPCC). *Climate Change and Land: An IPCC Special Report on Climate Change, Desertification, Land Degradation, Sustainable Land Management, Food Security, and Greenhouse Gas Fluxes in Terrestrial Ecosystems*. IPCC, 2019. Available online at www.ipcc.ch/srccl-report-download-page/.

Kroodsma, D. A., J. Mayorga, T. Hochberg, N. A. Miller, K. Boerder, F. Ferretti, A. Wilson, et al. "Tracking the Global Footprint of Fisheries." Science 359, no. 6378 (2018): 904–08.

Kumar, P., ed. *The Economics of Ecosystems and Biodiversity: Ecological and Economic Foundations*. Earthscan, 2010.

Maekawa, M., A. Lanjouw, E. Rutagarama, and D. Sharp. "Mountain Gorilla Tourism Generating Wealth and Peace in Post-conflict Rwanda." *Natural Resources Forum* 37, no. 2 (2013): 127–37.

Marshall, D. J., S. Gaines, R. Warner, D. R. Barneche, and M. Bode. "Underestimating the Benefits of Marine Protected Areas for the Replenishment of Fished Populations." *Frontiers in Ecology and the Environment*. 17, no. 7 (2019): 407–13. doi: 10.1002/fee.2075/.

McCook, L. J., T. Ayling, M. Cappo, J. H. Choat, R. D. Evans, D. M. De Freitas, M. Heupel, et al. "Adaptive Management of the Great Barrier Reef: A Globally Significant Demonstration of the Benefits of Networks of Marine Reserves." *Proceedings of the National Academy of Sciences* 107, no. 43 (2010): 18278–85.

Sala, E., C. Costello, D. Dougherty, G. Heal, K. Kelleher, J. H. Murray, A. A. Rosenberg, and R. Sumaila. "A General Business Model for Marine Reserves." *PLoS One* 8, no. 4 (2013): e58799.

Sala, E., C. Costello, J. De Bourbon Parme, M. Fiorese, G. Heal, K. Kelleher, R. Moffitt, et al. "Fish Banks: An Economic Model to Scale Marine Conservation." *Marine Policy* 73 (2016): 154–61.

Sala, E., et al. "Reconciling Biodiversity Protection, Food Production, and Climate Change Mitigation in the Global Ocean." *Nature* (2020; forthcoming).

Sathirathai, S., and E. B. Barbier. "Valuing Mangrove Conservation in Southern Thailand." *Contemporary Economic Policy* 19, no. 2 (2011): 109–22.

Sumaila, U. R., N. Ebrahim, A. Schuhbauer, D. Skerritt, Y. Li, H. S. Kim, T. G. Mallory, V. W. L. Lam, and D. Pauly. "Updated Estimates and Analysis of Global Fisheries Subsidies." *Marine Policy* 109 (2019): 103695.

Thomas, C. C., L. Koontz, and E. Cornachione. "2018 National Park Visitor Spending Effects: Economic Contributions to Local Communities, States, and the Nation." Natural Resource Report NPS/ NRSS/EQD/NRR — 2019/1922. National Park Service, Fort Collins, CO, 2019.

Waldron, A., et al. *Protecting 30% of the Planet for Nature: Costs, Benefits and Economic Implications*. National Geographic Society and Wyss Campaign for Nature, 2020.

World Economic Forum. "Nature Risk Rising: Why the Crisis Engulfing Nature Matters for Business and the Economy." New Nature Economy series 1 (2020). Available online at www3.weforum.org/docs/WEF_New_Nature_Economy_Report_2020.pdf.

Worm, B., E. B. Barbier, N. Beaumont, J. E. Duffy, C. Folke, B. S. Halpern, J. B. C. Jackson, et al. "Impacts of Biodiversity Loss on Ocean Ecosystem Services." *Science* 314, no. 5800 (2006): 787–90.

Yu, F., Z. Chen, X. Ren, and G. Yang. "Analysis of Historical Floods on the Yangtze River, China: Characteristics and Explanations." *Geomorphology* 113, no. 3/4 (2009): 210–16.

### 14. 우리에게는 왜 야생이 필요한가

Clay, J. "Freeze the Footprint of Food." *Nature* 475, no. 7356 (2011): 287.

Gentry, R. R., H. E. Froehlich, D. Grimm, P. Kareiva, M. Parke, M. Rust, S. D. Gaines, and B. S. Halpern. "Mapping the Global Potential for Marine Aquaculture." *Nature Ecology & Evolution* 1, no. 9 (2017): 1317.

Leopold, A. *A Sand County Almanac and Sketches Here and There*. Oxford University Press, 1949.

Lovejoy, T. E., and L. Hannah (eds.). *Biodiversity and Climate Change: Transforming the Biosphere*. Yale University Press, 2019.

Pauly, D. "Aquacalypse Now: The End of Fish." *New Republic*, September 28, 2009.

Rhodes, C. J. "The Imperative for Regenerative Agriculture." *Science Progress* 100, no. 1

(2017): 80–129.
Rockström, J., J. Williams, G. Daily, A. Noble, N. Matthews, L. Gordon, H. Wetterstrand, et al. "Sustainable Intensification of Agriculture for Human Prosperity and Global Sustainability." *Ambio* 46, no. 1 (2017): 4–17.
Rodale Institute. *Regenerative Organic Agriculture and Climate Change: A Down-to- Earth Solution to Global Warming*. Rodale Institute, 2017. Available online at rodaleinstitute.org/wp-content/uploads/rodale-white-paper.pdf.
Sala, E., and K. Rechberger. "Protecting Half the Ocean?" In *From Summits to Solutions: Innovations in Implementing the Sustainable Development Goals*, edited by R. M. Desai, H. Kato, H. Kharas, and J. W. McArthur, 239–61. Brookings Institution Press, 2018.
Springmann, M., M. Clark, D. Mason-D'Croz, K. Wiebe, B. L. Bodirsky, L. Lassaletta, W. de Vries, et al. "Options for Keeping the Food System Within Environmental Limits." *Nature* 562, no. 7728 (2018): 519.
Stern, N. *The Economics of Climate Change: The Stern Review*. Cambridge University Press, 2007.
Stuart, T. *Waste: Uncovering the Global Food Scandal*. W. W. Norton and Company, 2009.
Trisos, C. H., C. Merow, and A. L. Pigot. "The Projected Timing of Abrupt Ecological Disruption from Climate Change." *Nature* (2020). Available online at https://doi.org/10.1038/s41586-020-2189-9.
Willett, W., J. Rockström, B. Loken, M. Springmann, T. Lang, S. Vermeulen, T. Garnett, et al. "Food in the Anthropocene: The EAT–Lancet Commission on Healthy Diets From Sustainable Food Systems." *Lancet* 393, no. 10170 (2019): 447–92.
Wilson, E. O. *Half Earth: Our Planet's Fight for Life*. Knopf, 2017.
World Bank. *The Sunken Billions Revisited: Progress and Challenges in Global Marine Fisheries*. World Bank, 2017. doi: 10.1596/978-1-4648-0919-4.
Zeller, D., and D. Pauly. "Back to the Future for Fisheries, Where Will We Choose to Go?" *Global Sustainability* 2 (2019): e11. doi: 10.1017/sus.2019.8.

### 맺는 글: 코로나바이러스의 본성

Afelt, A., R. Frutos, and C. Devaux. "Bats, Coronaviruses, and Deforestation: Toward the Emergence of Novel Infectious Diseases?" *Frontiers in Microbiology* 9 (2018): 702.

Barr, J. J., R. Auro, M. Furlan, K. L. Whiteson, M. L. Erb, J. Pogliano, A. Stotland, R. Wolkowicz, A. S. Cutting, K. S. Doran, and P. Salamon. "Bacteriophage Adhering to Mucus Provide a Non–host-derived Immunity." *Proceedings of the National Academy of Sciences* 110, no. 26 (2013): 10771–76.

Bloomfield, L. S. P., T. L. McIntosh, and E. F. Lambin. "Habitat Fragmentation, Livelihood Behaviors, and Contact Between People and Nonhuman Primates in Africa." *Landscape Ecology* 35 (2020): 985–1000. Available online at doi .org/10.1007/s10980-020-00995-w.

Boni, M. F., P. Lemey, X. Jiang, T. T. Y. Lam, B. Perry, T. Castoe, A. Rambaut, and D. L. Robertson. "Evolutionary Origins of the SARS-CoV-2 Sarbecovirus Lineage Responsible for the COVID-19 Pandemic." *bioRxiv* (2020). Available online at www. biorxiv.org/content/10.1101/2020 .03.30.015008v1.

Brook, C. E., M. Boots, K. Chandran, A. P. Dobson, C. Drosten, A. L. Graham, B. T. Grenfell, M. A. Müller, M. Ng, L. F. Wang, and A. van Leeuwen. "Accelerated Viral Dynamics in Bat Cell Lines, with Implications for Zoonotic Emergence." *eLife* 9 (2020).

Civitello, D. J., J. Cohen, H. Fatima, N. T. Halstead, J. Liriano, T. A. McMahon, C. N. Ortega, E. L. Sauer, T. Sehgal, S. Young, and J. R. Rohr. "Biodiversity Inhibits Parasites: Broad Evidence for the Dilution Effect." *Proceedings of the National Academy of Sciences* 112, no. 28 (2015): 8667–71.

Dinsdale, E. A., O. Pantos, S. Smriga, R. A. Edwards, F. Angly, L. Wegley, M. Hatay, D. Hall, E. Brown, M. Haynes, and L. Krause. "Microbial Ecology of Four Coral Atolls in the Northern Line Islands." *PloS ONE* 3, no. 2 (2008).

Fujita, M. S., and M. D. Tuttle. "Flying Foxes (Chiroptera: Pteropodidae): Threatened Animals of Key Ecological and Economic Importance." *Conservation Biology* 5, no. 4 (1991): 455–63.

Gao, F., E. Bailes, D. L. Robertson, Y. Chen, C. M. Rodenburg, S. F. Michael, L. B. Cummins, L. O. Arthur, M. Peeters, G. M. Shaw, and P. M. Sharp. "Origin of HIV-1 in the Chimpanzee *Pan troglodytes troglodytes*." *Nature* 397, no. 6718 (1999): 436–41.

Guo, Y. R., Q. D. Cao, Z. S. Hong, Y. Y. Tan, S. D. Chen, H. J. Jin, K. S. Tan, D. Y. Wang, and Y. Yan. "The Origin, Transmission and Clinical Therapies on Coronavirus Disease 2019 (COVID-19) Outbreak — An Update on the Status." *Military Medical Research* 7, no. 1 (2020): 1–10.

Haas, A. F., M. F. Fairoz, L. W. Kelly, C. E. Nelson, E. A. Dinsdale, R. A. Edwards, S. Giles, M. Hatay, N. Hisakawa, B. Knowles, and Y. W. Lim. "Global Microbialization of Coral Reefs." *Nature Microbiology* 1, no. 6 (2016): 1–7.

Johnson, C. K., P. L. Hitchens, P. S. Pandit, J. Rushmore, T. S. Evans, C. C. W. Young, and M. M. Doyle. "Global Shifts in Mammalian Population Trends Reveal Key Predictors of Virus Spillover Risk." *Proceedings of the Royal Society B: Biological Sciences* 287 (2020): 20192736.

Lau, S. K., P. C. Woo, K. S. Li, Y. Huang, H. W. Tsoi, B. H. Wong, S. S. Wong, S. Y. Leung, K. H. Chan, and K. Y. Yuen. "Severe Acute Respiratory Syndrome Coronavirus-Like Virus in Chinese Horseshoe Bats." *Proceedings of the National Academy of Sciences* 102, no. 39 (2005): 14040–45.

Levi, T., A. M. Kilpatrick, M. Mangel, and C. C. Wilmers. "Deer, Predators, and the Emergence of Lyme Disease." *Proceedings of the National Academy of Sciences* 109, no. 27 (2012): 10942–47.

Lu, R., X. Zhao, J. Li, P. Niu, B. Yang, H. Wu, W. Wang, H. Song, B. Huang, N. Zhu, and Y. Bi. "Genomic Characterisation and Epidemiology of 2019 Novel Coronavirus: Implications for Virus Origins and Receptor Binding." *The Lancet* 395, no. 10224 (2020): 565–74.

Mena, I., M. I. Nelson, F. Quezada-Monroy, J. Dutta, R. Cortes-Fernández, J. H. Lara-Puente, F. Castro-Peralta, L. F. Cunha, N. S. Trovão, B. Lozano-Dubernard, and A. Rambaut. "Origins of the 2009 H1N1 Influenza Pandemic in Swine in Mexico." *eLife* 5 (2016): p.e16777.

Mietzsch, M., and M. Agbandje-McKenna. "The Good That Viruses Do." *Annual Review of Virology* 4 (2017): pp. iii–v. Available online at https://doi.org/10.1146/annurev-vi-04-071217-100011.

Nellemann, C. (editor in chief); R. Henriksen, A. Kreilhuber, D. Stewart, M. Kotsovou, P. Raxter, E. Mrema, and S. Barrat (eds.). *The Rise of Environmental Crime — A Growing Threat to Natural Resources, Peace, Development and Security*. A UNEP-INTERPOL Rapid Response Assessment, United Nations Environment Programme and RHIPTO Rapid Response–Norwegian Center for Global Analyses, 2016.

Patil, R. R., C. S. Kumar, and M. Bagvandas. "Biodiversity Loss: Public Health Risk of Disease Spread and Epidemics." *Annals of Tropical Medicine and Public Health* 10, no. 6 (2017): 1432.

Quammen, David. *Spillover: Animal Infections and the Next Human Pandemic*. W. W. Norton & Company, 2012.

Sandin, S. A., J. E. Smith, E. E. DeMartini, E. A. Dinsdale, S. D. Donner, A. M. Friedlander, T. Konotchick, M. Malay, J. E. Maragos, D. Obura, and O. Pantos.

"Baselines and Degradation of Coral Reefs in the Northern Line Islands." *PloS ONE* 3, no. 2 (2008).

Vezzulli, L., R. R. Colwell, and C. Pruzzo. "Ocean Warming and Spread of Pathogenic *Vibrios* in the Aquatic Environment." *Microbial Ecology* 65, no. 4 (2013): 817–25.

Waldron, A., et al. *Report on the Costs, Benefits, and Economic Implications of Protecting 30% of the Planet.* National Geographic Society and Wyss Campaign for Nature, 2020.

Wolfe, N. D., C. P. Dunavan, and J. Diamond, J. "Origins of Major Human Infectious Diseases." *Nature* 447, no. 7142 (2007): 279–83.

Wood, C. L., K. D. Lafferty, G. DeLeo, H. S. Young, P. J. Hudson, and A. M. Kuris. "Does Biodiversity Protect Humans Against Infectious Disease?" *Ecology* 95, no. 4 (2014): 817–32.

World Wildlife Fund. "The Loss of Nature and Rise of Pandemics: Protecting Human and Planetary Health." World Wildlife Fund, 2020. Available online at wwf .panda. org/?361716.

Zhang, Z., Q. Wu, and T. Zhang. "Pangolin Homology Associated with 2019-nCoV." *bioRxiv* (2020). Available online at doi.org/10.1101/2020.02.19.950253.

# 화보 내 도판 저작권 및 출처

| | |
|---|---|
| 1면 | Jim Richardson/National Geographic Image Collection (NGIC) |
| 2면 | (위) Enric Sala<br>(아래) Michael Nichols/NGIC |
| 3면 | (위) Aleksander Bolbot/Shutterstock<br>(아래) Fraser Hall/robertharding/NGIC |
| 4면 | Thomas P. Peschak/NGIC |
| 5면 | (위, 아래) Octavio Aburto |
| 6-7면 | Science Source |
| 8면 | (위) Mattias Klum/NGIC<br>(아래) Konrad Wothe/Minden Pictures |
| 9면 | (위) Norbert Rosing/NGIC<br>(아래) Cagan H. Sekercioglu/NGIC |
| 10면 | (위) NASA Goddard Space Flight Center Image by Reto Stôkli (land surface, shallow water, clouds). Enhancements by Robert Simmon (ocean color, compositing, 3D globes, animation). Data and technical support: MODIS Land Group; MODIS Science Data Support Team; MODIS Atmosphere Group; MODIS Ocean Group Additional data: USGS EROS Data Center (topography); USGS Terrestrial Remote Sensing Flagstaff Field Center (Antarctica); Defense Meteorological Satellite Program (city lights)<br>(아래) Brian Skerry/NGIC |
| 11면 | (위) Xose Manuel Casal Luis/Alamy Stock Photo<br>(아래) Cyril Ruoso/Minden Pictures |

12-13면 Art: Beau Daniels. Sources: Suzanne Simard and Camille Defrenne, University of British Columbia; Kevin Beiler, Eberswalde University for Sustainable Development

14면 (위) C.R. Burrell

(아래) Tom Murphy/NGIC

15면 Colin Monteath/age fotostock

16면 Enric Sala

# 찾아보기

ㅇ

토양은 육지에 서식하는 생명체의 기초다. 건강한 토양에는 당분과 교환하여 식물에 영양분을 공급하는 미로 같은 균류 네트워크network of fungi가 있다. 미국 중서부의 경작되지 않은 토양은 키가 큰 대초원 목초prairie grass를 지탱하고 많은 양의 탄소를 격리한다. 사진 속 해바라기 뿌리의 길이는 약 2미터다.

(위) 팔라우의 산호초는 다른 어떤 해양 생태계보다도 많은 종을 포함하고 있기 때문에 〈바다의 열대우림〉이라고 불린다. 하지만 개발과 기후변화로 인해 이 울창한 수중 정원이 무덤으로 변하고 있다.

(아래) 아마존 숲에는 수십만 종의 동식물이 서식할 뿐만 아니라, 자체적인 날씨와 비가 생성되기도 한다. 현재 숲의 20퍼센트 이상이 사라지면 사바나로 변할 것이다.

(위) 폴란드와 벨라루스 국경에 걸쳐 있는 비알로비에자 숲은 유럽에 남아 있는 마지막 고대 — 또는 오래된 — 숲 중 하나이며, 늑대와 유럽들소가 여전히 서식하고 있는 유럽 대륙의 몇 안 되는 생태계 중 하나다.

(아래) 도시 환경은 인간이 만든 생태계의 극단적인 예다. 뉴욕과 같은 도시는 스스로를 지탱할 수 있는 충분한 식량이나 에너지를 생산하지 못하기 때문에, 전 세계의 다른 생태계를 착취하는 데 의존하고 있다.

매년 수십억 마리의 정어리가 남아프리카 연안에 모여드는데, 이는 이 해역의 높은 생산성 덕분이다. 정어리 뒤에는 상어, 바다사자, 돌고래, 고래 등의 포식자가 있다. 포식자가 풍부하다는 것은 건강한 해양 생태계임을 의미한다.

1990년대 중반, 멕시코 바하칼리포르니아의 카보풀모는 남획으로 인해 수중 불모지처럼 보였다(위). 지역 어부들은 고심 끝에 멕시코 정부에 국립공원 — 7제곱킬로미터 규모의 해양 보호 구역 — 으로 지정해 달라고 요청하기로 결정했다. 그 결과 10년 만에, 카보풀모는 상어, 그루퍼, 잭과 같은 대형 포식자가 돌아오는 등 자연 그대로의 모습을 되찾았다(아래). 선견지명을 발휘했던 어부들은 이제 보호 구역 내 다이빙 관광으로 훨씬 더 많은 수입을 올리고 있으며, 보호 구역 주변에서 더 나은 어로 생활을 영위하고 있다.

1807년 프로이센의 자연사학자 알렉산더 폰 훔볼트는 침보라소 지도Chimborazo Map라고도 불리는 『자연의 풍경들*Naturgemälde*』을 출판하여, 다양한 고도의 식물 분포에 대한 최초의 설명을 남겼다. 훔볼트의 관찰은 생태계 과학의 토대를 마련했다.

Höhe von 7016m zu welcher Gay Lussac von Paris aus, am 16 Sept 1804, allein in einem Luftball gestiegen ist, um die Intensität der Magnetkraft, die Sauerstoff Menge der atmosphärischen Luft und die Abnahme der Wärme zu bestimmen. Bar. 0m,3283 Bar. in Paris 0m,7652 Therm. – 9°,5 (zu Paris 30°,7) Intensität der Magnetkraft bestimmbar dieselbe wie in der Ebene Hygrom. 33° Sauss (zu Paris 60°) Sauerstoff-Menge dieselbe wie in der Meeresebene. Wasserstoff nicht bemerkbar.
Gipfel des Cotopaxi
Gipfel des Pico von Orizava oder Sitaltepetel
Höhe des Montblanc, zu welcher Saussure gelangt ist, im Jahr 1787.
Höhe der Stadt Quito
Höhe des Vesuvs
Region der Lichenen
Grenze der Cinchona
Untere Grenze der Cinchona
Region der unterirdischen Pflanzen
Bolet paradoxus
Tuber cupaniae
Lichen pinnatus
Byssus speciosa
Lich verticill

(위) 보르네오의 팜유 농장은 생물 다양성 손실의 악명 높은 사례다. 열대우림이 파괴되고, 온전한 열대우림의 생태계 서비스를 전혀 제공하지 않는 단일재배로 대체되었기 때문이다.

(아래) 내 친구이자 동료인 밥 페인은, 육지와 바다의 경계인 조간대에서 오커불가사리와 같은 핵심 포식자가 생태계를 유지한다는 사실을 발견했다.

옐로스톤 국립공원의 아메리카들소와 같은 토종 초식동물이 서식하는 자연 초원에는 다양한 동식물이 서식하고 있다(위). 건강한 대초원 토양은 많은 양의 탄소를 저장하고, 빗물을 머금어 홍수를 방지한다. 그러나 토착 초식동물이 가축으로 대체되면 과잉 방목과 토양 고갈이 발생하고, 결국 토양 유실까지 초래하는 경향이 있다(아래). 가축은 전 세계 농경지의 77퍼센트를 차지하지만, 전 세계 칼로리 공급량의20퍼센트만을 생산한다.

(위) 생물권 — 지구의 생명층 — 은 장내 미생물부터 비를 만드는 열대우림에 이르기까지 모든 생명체가 어떤 식으로든 연결되어 있는 하나의 생태계다. 우주에서 보면, 인간이 만든 모든 경계는 사라진다.

(아래) 대형 포식자는 기후변화의 영향을 완화하는 데 도움을 줄 수 있다. 호주 샤크베이의 뱀상어는 듀공이 기피하는 〈살벌한 풍경〉을 조성한다. 듀공이 활개 치지 않으면, 해초는 계속 성장하여 탄소를 저장할 수 있다.

(위) 카탈루냐 레스타르티트L'Estartit 앞바다의 메데스 제도에는 지중해에서 가장 많은 해양 생물이 서식하는 어획 금지 구역이 조성되어 있다. 유럽 전역에서 온 방문객들이 이곳에서 다이빙을 즐기며 지역 경제에 기여하고 있다.

(아래) 맹그로브는 자연의 기적이다. 맹그로브는 바닷물에서 자라고, 열대우림보다 10배나 많은 탄소를 포집하고, 다양한 종류의 상업용 어류와 무척추동물의 서식처를 제공하며, 폭풍으로부터 해안을 보호한다.

숲은 보이지 않는 연결망으로 이루어져 있다. 나무는 복잡한 지하 균류 네트워크의 도움으로 영양분과 당분을 교환하고, 서로에게 스트레스 신호를 전달할 수 있다.

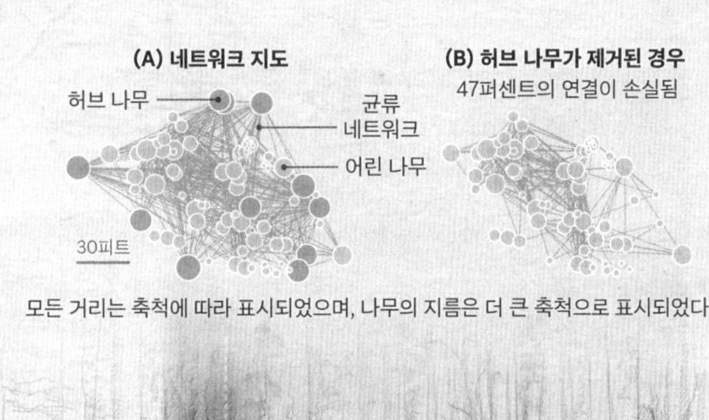


모든 거리는 축척에 따라 표시되었으며, 나무의 지름은 더 큰 축척으로 표시되었다.

(위) 영국 웨스트서식스의 넵 야생지는 한때 상업용 농장이었지만, 소유주의 〈재야생화〉를 통해 다양한 새와 대형 초식동물(예: 사진 속의 붉은사슴)이 서식하는 복잡한 생태계가 되었다.

(아래) 사진에 보이는 옐로스톤강의 컷스로트연어는 곰, 수달, 대형 조류의 안정적인 먹이원이었지만, 낚시 애호가들이 풀어 놓은 외래 송어의 유입으로 인해 생존에 위협을 받고 있다.

뉴질랜드의 황가누이강은 현지 마오리 부족이 제기한 법정 소송 끝에, 2017년 의회의 결정으로 인격적 지위를 인정받았다. 이제 황가누이는 나눌 수 없는 하나의 생명체로 인정받고 있다.

지구상에는 약 1,000마리의 마운틴고릴라가 남아 있었지만, 르완다, 콩고민주공화국, 우간다의 보존 노력 덕분에 개체 수가 회복되고 있으며, 생태 관광을 통해 일부 자금을 조달하여 일자리도 창출하고 있다.

옮긴이 **양병찬** 서울대학교 경영학과와 동 대학원을 졸업한 후 대기업에서 직장 생활을 하다 진로를 바꿔 중앙대학교에서 약학을 공부했다. 약사로 활동하며 틈틈이 의약학과 생명과학 분야의 글을 번역했다. 진화론의 교과서로 불리는 『센스 앤 넌센스』와, 알렉산더 폰 훔볼트를 다룬 화제작 『자연의 발명』을 번역했고, 2019년에는 『아름다움의 진화』로 한국출판문화상 번역상을 수상했다. 최근에 옮긴 책으로 『이토록 굉장한 세계』, 『브레인 케미스트리』, 『하나의 세포로부터』 등이 있다. 요즘에는 자발적인 정보 공유자로서 『네이처』와 『사이언스』 등 해외 과학 저널에 실린 의학 및 생명과학 기사를 번역해 페이스북에 소개하고 있다.

자연 그대로의 자연

발행일 **2025년 6월 10일 초판 1쇄**

지은이 **엔리크 살라**
옮긴이 **양병찬**
발행인 **홍예빈**
발행처 **주식회사 열린책들**

**경기도 파주시 문발로 253 파주출판도시**
전화 **031-955-4000** 팩스 **031-955-4004**
홈페이지 **www.openbooks.co.kr** 이메일 **humanity@openbooks.co.kr**


ISBN 978-89-329-2520-2 03400